职业教育精品教材·"步步为赢"学技能

中文Photoshop CC 2017 案例教程

主　编　关　莹　沈大林　王浩轩

副主编　王爱赪　雷　鸣

参　编　丰金兰　沈　昕　肖柠朴　曾　昊

电子工业出版社

Publishing House of Electronics Industry

北京·BEIJING

内 容 简 介

Photoshop 是 Adobe 公司开发的图像处理软件，具有强大的图像处理功能，已经成为众多图像处理软件中的佼佼者，是计算机美术设计中不可缺少的图像处理软件。本书介绍中文 Photoshop CC 2017 版本。

本书共 8 章，包括 46 个案例的制作方法和相关知识，较全面地介绍了中文 Photoshop CC 2017 的基本使用方法和使用技巧。本书的特点是知识与案例制作相结合、结构合理、条理清楚、通俗易懂，便于初学者学习。

本书可以作为中职、高职院校等计算机类专业的教材，也可以作为初学者的自学用书。

图书在版编目（CIP）数据

中文 Photoshop CC 2017 案例教程 / 关莹，沈大林，王浩轩主编 . —北京：电子工业出版社，2023.10

ISBN 978-7-121-46527-7

Ⅰ . ①中… Ⅱ . ①关… ②沈… ③王… Ⅲ . ①图象处理软件—教材 Ⅳ . ① TP391.413

中国国家版本馆 CIP 数据核字（2023）第 195401 号

责任编辑：郑小燕　　　　　特约编辑：田学清
印　　刷：北京雁林吉兆印刷有限公司
装　　订：北京雁林吉兆印刷有限公司
出版发行：电子工业出版社
　　　　　北京市海淀区万寿路 173 信箱　　　　邮编：100036
开　　本：880×1230　　1/16　　印张：22.75　　字数：483 千字
版　　次：2023 年 10 月第 1 版
印　　次：2023 年 10 月第 1 次印刷
定　　价：58.00 元

凡所购买电子工业出版社图书有缺损问题，请向购买书店调换。若书店售缺，请与本社发行部联系，联系及邮购电话：（010）88254888，88258888。

质量投诉请发邮件至 zlts@phei.com.cn，盗版侵权举报请发邮件至 dbqq@phei.com.cn。

本书咨询联系方式：（010）88254550，zhengxy@phei.com.cn。

前　言

Photoshop 软件广泛地应用于网页设计、包装装潢设计、商业展示、服饰设计、广告宣传、徽标和营销手册设计、建筑及环境艺术设计、多媒体画面制作、插画设计、海报制作、印刷出版物等各方面。Photoshop 的版本很多，本书介绍目前较新版本——中文Photoshop CC 2017（以下简称"Photoshop CC 2017"）。

本书除第 1 章和第 8 章外，其他各章均以一节（相当于1～4课时）为一个教学单元，对知识点进行了细致的编排，按节细化和序化了知识点，以知识为核心，配有应用这些知识的案例，通过介绍案例的制作方法，带动相关知识的学习，使知识和案例相结合。全书提供了 46 个案例，较全面地介绍了 Photoshop CC 2017 的使用方法。另外，书中还提供了大量的思考与练习题。

第1章介绍了Photoshop CC 2017的基本使用方法和使用技巧。第2～7章的各节均由"案例效果""制作方法""链接知识""思考练习" 4 部分组成。"案例效果"在每节的开始位置，没有设标题，介绍了案例完成的效果；在"制作方法"中，介绍了完成案例的具体操作方法；在"链接知识"中，介绍了与本案例制作有关的知识，具有总结和提高的作用；在"思考练习"中，提供了一些与本案例"制作方法"和"链接知识"部分介绍的内容有关的思考与练习题，主要是操作性练习题。第 8 章介绍了 11 个综合案例。

在编写过程中，编者遵从教学规律、面向实际应用、理论联系实际、便于自学等原则，注重训练和培养学生分析与解决问题的能力；注重提高学生的学习兴趣和对创造能力的培养；注重将重要的制作技巧融于任务完成的过程中。另外，本书在内容上还特别注意由浅入深、循序渐进，使学生在阅读学习时不仅能够快速入门，还可以达到较高的水平。学生可以边进行案例制作，边学习相关知识和技巧。采用这种方法学习，学生掌握知识的速度快、效果好，特别有利于教师教学和学生自学，可以用较短的时间引导学生快速步入 Photoshop CC 2017 的殿堂。

本书由关莹、沈大林、王浩轩担任主编，由王爱赖、雷鸣担任副主编，参加本书编写工作的主要人员还有丰金兰、沈昕、肖柠朴、曾昊等。

由于编者水平有限，加上编著、出版时间仓促，书中难免有疏漏和不妥之处，恳请广大读者批评指正。

编　者

目　录

第1章 Photoshop CC 2017基础

本章主要介绍Photoshop CC 2017工作界面的基本结构、图像和图像文件的基础知识、图像文件的基本操作、图像的常用操作方法等，为全书的学习奠定一定的基础。

1.1 Photoshop CC 2017的工作界面

双击Windows桌面上的Photoshop CC 2017启动图标，或者单击桌面左下角的"开始"按钮调出菜单，执行该菜单内的"Adobe Photoshop CC 2017"命令，两种方法都可以启动Photoshop CC 2017，调出Photoshop CC 2017的欢迎界面，如图1-1-1所示。

图1-1-1 Photoshop CC 2017的欢迎界面

在Photoshop CC 2017的欢迎界面中，单击"打开"按钮，调出"打开"对话框，利用该对话框打开一个图像文件。Photoshop CC 2017的工作界面如图1-1-2所示。

Photoshop CC 2017的工作界面主要由菜单栏、工具面板（也叫工具箱）、选项栏、状态栏、文档窗口和各种面板等组成。其中菜单栏是标准的Windows菜单栏，有11个主命令。单击主命令，会调出其子菜单。单击菜单之外的任何地方或按Esc键、Alt键都可以关闭已打开的菜单。单击"窗口"→"工具"命令，可以显示或隐藏工具面板；单击"窗口"→"选项"命令，可以显示或隐藏选项栏；单击"窗口"→"××"命令（"××"是"窗口"菜单的第3栏中的命令），可以显示或隐藏相应的面板。当命令左边有✔时，表示该面板已经显示；当命令左边没有✔时，表示该面板已经隐藏。工具面板内提供了各种与绘图和编辑图像有关的工具，单击工具面板内不同的工具按钮，选项栏会随之变化。

按 Tab 键可以在隐藏或显示所有面板（包括工具面板和选项栏）之间切换，按 Shift+Tab 组合键可以在隐藏或显示所有面板（不包括工具面板和选项栏）之间切换。

图1-1-2　Photoshop CC 2017 的工作界面

在安装完 Photoshop CC 2017 后，其界面的底色是深灰色的，文字是白色的。如果想更换界面颜色，则可以单击"编辑"→"首选项"→"界面"命令，调出"首选项"对话框的"界面"选项卡。通过单击"外观"选区内"颜色方案"中的色块来更换所需的界面颜色。为了印刷效果更加清晰，本书后续所有图片都将采用最右边色块的颜色方案，如图1-1-3 所示。单击"确定"按钮，关闭该对话框，完成设置。

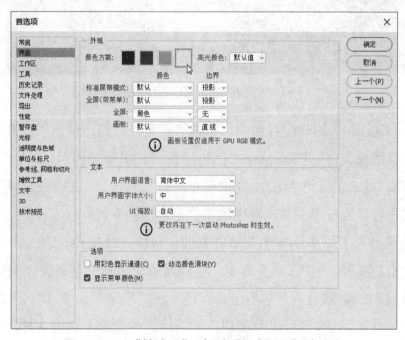

图1-1-3　"首选项"对话框的"界面"选项卡

1.1.1 工具面板、选项栏和面板组

1．工具面板

工具面板也叫工具箱，通常在工作界面的最左侧，从上到下按功能分为"图像编辑"工具、"查看"工具、"编辑工具栏"按钮、"前景色和背景色"工具和"切换模式"工具5部分，如图1-1-4所示。利用"图像编辑"工具，可以进行输入文字、创建选区、绘制图像、编辑图像、移动图像或选中的选区、注释和查看图像等操作；"查看"工具可以用来移动、旋转和缩放图像；"前景色和背景色"工具可以用来更改画布的前景色和背景色；"切换模式"工具部分有两个按钮，左边按钮用来切换标准和快速蒙版模式，右边按钮用来选择屏幕显示格式。

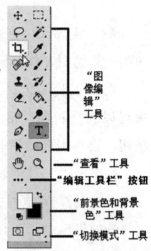

图1-1-4 工具箱

（1）工具箱内工具的切换：工具箱内的大部分工具图标的右下角都有个小黑三角，表示这是一个按钮组，存放有其他待用工具。单击鼠标右键或工具按钮，都可以调出一个列表，其内列出了工具组的所有工具按钮，单击其中一个按钮，即可完成工具组内工具的切换。

例如，单击工具箱内的"套索工具"按钮 ⬭，调出该工具组内的所有工具图标选项，如图1-1-5（a）所示，选择"多边形套索工具"选项，工具箱内的对应按钮就会变成"多边形套索工具"按钮，完成工具切换后如图1-1-5（b）所示。

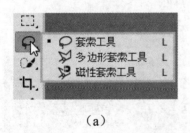

（a）   （b）

图1-1-5 切换工具

另外，按住Alt键，同时单击工具组按钮，或者按住Shift键并按工具的快捷键（选项名称右边的大写字母为其快捷键），也可完成工具组内大部分工具的切换。例如，按住Shift键并按L键，即按Shift+L组合键，可以切换如图1-1-5（a）所示的工具组中的其他工具。

（2）选择工具：单击工具箱内的工具按钮，即可选择该工具。

（3）展开工具箱：单击工具箱顶部的 ⏵⏵ 按钮（"单列和双列工具切换"按钮），可以分两列显示工具按钮，同时该按钮变为 ⏴⏴；再次单击该按钮 ⏴⏴，可以分单列显示工具按钮，按钮 ⏴⏴ 又变回 ⏵⏵。

（4）移动工具箱：拖动工具箱顶部的黑色矩形条或水平虚线条 ⚍⚍⚍，可以将工具箱移动到其他位置。

2．选项栏

在选择工具箱内的大部分工具后，选项栏会随之发生变化，在其内可以进行工具参数的设置。例如，"画笔工具" ✎.选项栏如图1-1-6所示，它由以下几部分组成。

图1-1-6 "画笔工具"选项栏

（1）头部区▌：在选项栏的最左边，拖动它可以调整选项栏的位置。当选项栏紧靠在菜单栏的下边时，头部区呈一条虚竖线状；当它被移出时，头部区呈灰色矩形状。

（2）工具图标✎ ˅：在头部区的右边，单击它可以调出"工具预设"面板，利用该面板可以选择和预设相应的工具参数、保存工具的参数设置等。例如，先单击"画笔工具"按钮，再单击选项栏中的工具图标，调出的"工具预设"面板如图1-1-7所示。

- 单击"工具预设"面板中的工具名称或图标，可以选中相应的工具（包括相应的参数设置），同时关闭"工具预设"面板。单击该面板外部也可以关闭该面板。
- 如果选中"工具预设"面板内的"仅限当前工具"复选框，则"工具预设"面板内只显示与选中工具有关的工具参数设置选项。
- 右击工具名称或图标，调出其快捷菜单，如图1-1-8所示，利用其内的命令可以进行工具预设的一些操作。单击"工具预设"面板右上角的 ✿.按钮，可以调出"工具预设"面板菜单，利用它可以更换、添加、删除和管理各种工具。

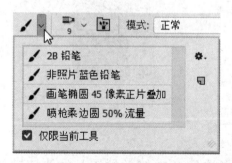

图1-1-7 "工具预设"面板

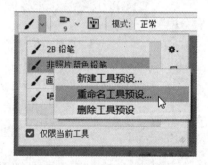

图1-1-8 快捷菜单

- 单击"工具预设"面板内的"创见新的工具预设"按钮▯或单击"工具预设"面板菜单内的"新建工具预设"命令，都可以调出"新建工具预设"对话框，如图1-1-9所示。

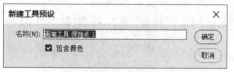

图1-1-9 "新建工具预设"对话框

在"名称"文本框中输入工具的名称，单击"确定"按钮，即可将当前选择的工具和设置的参数保存在"工具预设"面板内。

（3）参数设置区：位于工具图标的右边，由按钮和下拉列表等组成，用来设置工具的各种参数。

3. 管理面板

面板具有随着调整即可看到效果的特点，通过对面板进行管理可以使工作界面高效简洁。

（1）停放面板：工作界面的右边通常是停放面板的区域，可以叫作"停靠区域"，停放的是一组放在一起显示的面板或面板组，通常在垂直方向上显示。可以将面板拖动到停靠区域中，也可以将停靠区域中的面板移走。例如，如果需要将"图层"面板单独停放在最上方，则可以拖动"图层"面板标签到目标位置，此时会出现一条蓝色线段，该线段标识"图层"面板新的停放位置，如图1-1-10（a）所示；松开鼠标左键，"图层"面板便停放到了最上方，如图1-1-10（b）所示。如果要停放一个面板组，就拖动其标题栏灰色无面板标签名称的部分。

（a） （b）

图1-1-10 停放"图层"面板

（2）移动面板：在移动面板时，会看到蓝色突出显示的放置区域，可以在该区域中移动面板。若拖移到的区域不是放置区域，则该面板将在界面中自由浮动。例如，拖动"颜色"面板和"色板"面板组成的面板组（简称"颜色＆色板"面板组）的标题栏灰色无面板名称的部分，将其移动到文档窗口浮动显示，如图1-1-11所示。

拖动面板组内面板的标签，将该面板移出放置区域，可以使该面板独立浮动显示。例如，拖动"颜色＆色板"面板组内"颜色"面板的"颜色"标签到文档窗口内，可以使"颜色"面板自由浮动，如图1-1-12所示。

拖动面板的标签，可以将该面板移动到其他面板或面板组中。例如，拖动"色板"面板的标签到"属性＆调整"面板组标题栏处，松开鼠标左键，即可将"色板"面板和"属性＆调整"面板组合在一起，形成新的"属性＆调整＆色板"面板组，如图1-1-13所示。

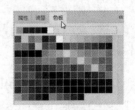

图1-1-11 移动面板组 　　图1-1-12 独立的"颜色"面板 　　图1-1-13 "属性＆调整＆
色板"面板组

（3）单击面板组内的面板标签，可以切换面板。例如，单击"属性＆调整＆色板"面板组内的"属性"标签，可以切换到"属性"面板，如图1-1-14所示。

（4）在面板组内，水平拖动面板标签，可以改变面板组内标签的相对位置。例如，在如图1-1-14所示的"属性＆调整＆色板"面板组内，水平向右拖动"属性"标签，可以移动"属性"标签到"色板"标签的右边，形成"调整＆色板＆属性"面板组，如图1-1-15所示。

（5）对于界面右边折叠的面板区（参看图1-1-2，即停靠区域）内的面板和面板组，也可以通过上下拖动面板、面板组图标或标签名称来改变面板的相对位置，组成新的面板组。

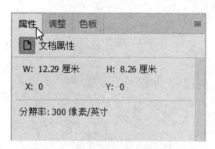

图1-1-14　"属性"面板

图1-1-15　"调整＆色板＆属性"面板组

（6）拖动折叠的面板区内的面板或面板组顶部的水平虚线条，可以将面板或面板组移出折叠的面板区。将移出的面板或面板组拖动到折叠的面板区，又可以停放到折叠的面板区中。单击折叠的面板区内面板的图标或标签名称，可以展开该面板。例如，单击"历史记录"面板的图标或"历史记录"标签名称，可以展开"历史记录"面板，如图1-1-16所示；再次单击"历史记录"面板的图标或"历史记录"标签，可以将"历史记录"面板折叠起来。

（7）调整面板大小：通过双击选项卡可以将面板或面板组最小化或最大化，还可以通过拖动面板的任意一条边来调整面板大小，如调整折叠的面板区以使其显示面板名称，如图1-1-17所示。注意：某些面板无法通过拖动来调整大小，如"颜色"面板。

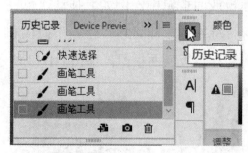

图1-1-16　"历史记录"面板

图1-1-17　调整面板大小

（8）单击面板组内右上角的"展开面板"按钮，可将相应的面板组展开，同时按钮变为。单击面板组内右上角的"折叠为图标"按钮，可以将面板组收缩为面板图标和名称，可以将停靠区域内的多个面板组收缩为面板图标和名称，同时 ◂◂ 按钮变为 ▸▸。

（9）面板菜单：展开的面板的右上角均有一个 ☰ 按钮，单击该按钮可以调出该面板的菜单（叫作面板菜单），利用该菜单可以扩充面板的功能。

1.1.2 文档窗口和状态栏

1．文档窗口

文档窗口是一个标准的 Windows 窗口，对它可以进行移动、调整大小、最大化、最小化和关闭操作。文档窗口用来显示、绘制和编辑图像，其标题栏内显示当前图像文件的名称、显示比例和彩色模式等信息。可以同时打开多个文档窗口。

（1）新建文档窗口：单击"文件"→"新建"命令，调出"新建文档"对话框，利用该对话框可以新建一个文档，或者单击"文件"→"打开"命令，调出"打开"对话框，利用该对话框可以打开一个图像文件。这两种方法均可以新建一个新的文档窗口。

（2）选择文档窗口：当打开多个文档窗口时，只能在一个文档窗口内进行操作，这个窗口叫作当前文档窗口，其标题栏呈高亮度显示状态。单击文档标签、窗口内部或标题栏，都可选择该文档窗口，使它成为当前文档窗口。

（3）调整文档窗口的大小：拖动文档窗口选项卡的标签，可以移出文档窗口，使它独立浮动。将鼠标指针移到文档窗口的边缘处，鼠标指针会呈双箭头状，拖动即可调整文档窗口的大小。若文档窗口小于其内的图像，则会在文档窗口的右边和下边出现滚动条。拖动浮动的文档窗口标题栏到选项栏下边，可以将其恢复到如图 1-1-2 所示的选项卡状态。

（4）在两个文档窗口中打开同一幅图像：例如，打开"宝宝.jpg"图像文件，单击"窗口"→"排列"→"为'宝宝.jpg'新建窗口"命令，可以在两个文档窗口内都打开"宝宝.jpg"图像。在其中一个文档窗口内进行的操作会在另一个文档窗口内产生相同的效果。

（5）多个文档窗口相对位置的调整：单击"窗口"→"排列"命令，调出"排列"菜单，其内第 2 栏的"层叠""平铺"等 4 个命令，以及第 1 栏的"将所有内容合并到选项卡中"等命令都是用来进行不同方式的文档窗口的排列的。

2．状态栏

状态栏 50% 文档:426.6K/426.6K ▸ 位于每个文档窗口的底部，由 3 部分组成，主要用来显示当前图像的有关信息。状态栏中从左到右 3 部分的作用如下。

（1）第 1 部分：显示图像百分比的数值框。该数值框内显示的是当前文档窗口内图像的显示百分比。可以单击该数值框内部，输入所需的图像显示比例。

（2）第 2 部分：显示当前文档窗口内图像文件的大小（见图 1-1-18）、虚拟内存大小、效率或当前使用工具等信息。单击第 2 部分，不松开鼠标左键，可以调出一个信息框，给出了图像的宽度、高度、通道、分辨率信息，如图1-1-19所示。

（3）第3部分：单击 > 按钮，可以调出状态栏的下拉菜单，如图1-1-20所示。单击其中的命令，可设置第2部分显示的信息内容，其中部分命令的含义如下。

- "文档大小"选项：显示图像文件的大小信息。左边数字表示图像的打印大小，近似于以Adobe Photoshop格式拼合并存储的文件大小，不含任何图层和通道等的大小；右边数字表示文件的近似大小，包括图层和通道。
- "文档配置文件"选项：显示图像所使用的颜色配置文件的名称。
- "文档尺寸"选项：显示图像文件的尺寸。
- "测量比例"选项：显示当前图像中设置的一个与比例单位（如in、mm或μm）数相等的指定像素数。

图1-1-18　文件大小　　　图1-1-19　状态栏的图像信息　　　图1-1-20　状态栏的下拉菜单

- "暂存盘大小"选项：显示处理图像的RAM量和暂存盘的信息。左边数字表示当前所有打开图像的内存量；右边数字表示可用于处理图像的总RAM量，单位是B。
- "效率"选项：以百分数的形式显示Photoshop CC 2017的工作效率。它是执行操作所花时间的百分比，不是读/写暂存盘所花时间的百分比。
- "计时"选项：显示前一次操作到目前操作所用的时间。
- "当前工具"选项：显示当前工具的名称。
- "图层计数"选项：显示当前文档的图层数量。

1.1.3　用网格、标尺和参考线定位

1. 网格

网格可以帮助用户精确地定位图像或元素。网格显示为浮动在图像上方的一些不会被打印出来的线条。单击"视图"→"显示"→"网格"命令，可以在显示和取消显示网格之间切换，图1-1-21为显示网格的图像。另外，单击"视图"→"显示额外内容"命令，也可以在显示和取消显示网格等内容之间切换。

2．标尺

标尺同样可以帮助用户精确地定位图像或元素。标尺显示在当前窗口的顶部和左侧。当移动鼠标指针时，标尺内的标记会显示指针的位置。

（1）显示标尺：单击"视图"→"标尺"命令，可以在显示和隐藏标尺之间切换。

（2）更改标尺原点：标尺原点［左上角标尺上的(0, 0)标志］使用户可以从图像上的特定点开始度量。标尺原点也确定了网格的原点。将鼠标指针移到窗口左上角标尺的交叉点处，沿对角线方向向下将其拖动到图像上，此时会看到一组十字线，它们标出了标尺上的新原点。

（3）改变标尺单位：将鼠标指针移到标尺之上，单击鼠标右键，调出标尺单位菜单，如图1-1-22所示，单击该菜单中的命令，可以改变标尺单位。

3．参考线

参考线也可以帮助用户精确地定位图像或元素。

（1）创建参考线：从标尺处向窗口内拖动，可创建水平或垂直的参考线，如图1-1-23所示。参考线不会随图像输出。单击"视图"→"显示"→"智能参考线"命令，可以在显示和隐藏参考线之间切换。

图1-1-21　显示网格的图像

图1-1-22　标尺单位菜单

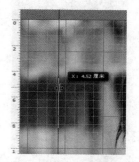

图1-1-23　创建参考线

（2）新增参考线：单击"视图"→"新建参考线"命令，调出"新建参考线"对话框，如图1-1-24所示。在该对话框的"取向"选区内选择一种参考线的方向，在"位置"数值框内输入水平参考线的垂直坐标位置，或者输入垂直参考线的水平坐标位置，进行新参考线取向与位置的设置，单击"确定"按钮，即可以在指定的方向和位置新增参考线。

图1-1-24　"新建参考线"
对话框

（3）调整参考线：单击工具箱内的"移动工具"按钮✛，将鼠标指针移到参考线处，鼠标指针变为带箭头的双线状↔，拖动可以调整参考线的位置。

（4）清除所有参考线：单击"视图"→"清除参考线"命令，即可清除所有参考线。

（5）锁定参考线：单击"视图"→"锁定参考线"命令，即可锁定参考线，锁定的参考线不能移动；再次单击"视图"→"锁定参考线"命令，即可解除参考线的锁定。

1.1.4 工作区和屏幕模式

1. 工作区

在 Photoshop 中，用户可以使用各种元素（如面板、栏及窗口）创建和处理图像文件。这些元素的任何排列方式都称为工作区。用户也可以通过从多个预设工作区中进行选择或创建自己的工作区来调整 Photoshop，以适合自己的工作方式。

（1）新建工作区：单击"窗口"→"工作区"→"新建工作区"命令，调出"新建工作区"对话框，在"名称"文本框中输入工作区的名称（如"我的工作区"），如图 1-1-25 所示。该对话框中有 3 个复选框，分别用来确定是否保存工作区内建立的快捷键、菜单和工具栏。单击"存储"按钮，可保存当前工作区。

（2）切换工作区：单击"窗口"→"工作区"命令，调出"工作区"菜单，单击其内相应的工作区名称命令，即可切换到指定的工作区，如图 1-1-26 所示。

另外，单击选项栏最右边的工作区切换按钮▣，也可以调出"工作区"菜单。

图1-1-25 "新建工作区"对话框

图1-1-26 "工作区"菜单

2. 屏幕模式

当需要隐藏部分用户界面而专注于图像本身的编辑时，可以使用 Photoshop 提供的更改屏幕模式功能来控制显示的方式。有时候这也是向同学或朋友展示自己的创意的一个好方式。更改屏幕模式的常用方法有以下 3 种。

（1）单击"视图"→"屏幕模式"命令，调出"屏幕模式"菜单，如图 1-1-27 所示。单击其内的命令，可以切换到不同的屏幕模式。当单击"全屏模式"命令时，会调出一个"信息"消息框，单击"全屏"按钮，即可切换到全屏模式；按 Esc 键，可以退出全屏模式。

图1-1-27 "屏幕模式"菜单

（2）工具箱的最下方是"更改屏幕模式"按钮▣，单击其右下角的小黑三角也可以调出"屏幕模式"菜单。多次单击"更改屏幕模式"按钮▣，可以在 3 个模式之间进行切换。

（3）多次按快捷键 F，也可以在 3 个模式之间进行切换。

1.2 图像文件

1.2.1 图像文件的分类

图像文件主要分为点阵图文件和矢量图文件两大类，它们的特点如下。

1．点阵图文件

点阵图也叫位图，由许多颜色不同、深浅不同的像素组成。像素是组成图像的最小单位，许许多多的像素构成一幅（或帧）图像。在一幅图像中，像素越小、数目越多，图像越清晰。例如，每帧电视画面约有40万个像素。

当人眼观察由像素组成的画面时，为什么看不到像素的存在呢？这是因为人眼对细小物体的分辨力有限，当相邻两个像素对人眼所张的视角小于 $1' \sim 1.5'$（$1°=60'$）时，人眼就无法分清两个像素了。图1-2-1（a）是一幅在 Photoshop CC 2017 中打开的点阵图像。用放大镜将其放大为原来的4倍，部分图像的显示效果如图1-2-1（b）所示。

点阵图文件记录的是组成点阵图的各像素的色度和亮度信息，颜色的种类越多，图像文件越大。通常，点阵图可以表现得更自然、逼真；但文件一般较大，在将它放大、缩小和旋转时会失真。

（a）　　　　　　（b）

图1-2-1　点阵图像

2．矢量图文件

矢量图文件由一些基本的图元组成，这些图元是一些几何图形，如点、线、矩形、多边形、圆和弧线等。这些几何图形均可以由数学公式计算获得。矢量图的图形文件是绘制图形中各图元的命令。当显示矢量图时，需要用相应的软件来读取这些命令，并将命令转换为组成图形的各个图元。由于矢量图是采用数学描述方式的图形，所以通常由它生成的图形文件相对比较小，而且图形颜色的多少与文件的大小基本无关。另外，在将它放大、缩小和旋转时，不会失真。它的缺点是色彩相对比较单一。

1.2.2 图像的参数和文件格式

1．分辨率

通常，分辨率可分为图像分辨率和显示分辨率。

（1）图像分辨率：在打印图像时，每个单位长度上打印的像素个数，通常以"像素/英寸"（ppi）或"像素/厘米"来表示。它也可以描述为组成一帧图像的像素数。它既反映了图像的精细度，又给出了图像的大小若图像分辨率大于显示分辨率，则图像只会显示其中的一部分。在显示分辨率一定的情况下，图像分辨率越高，图像越清晰，但文件越大。

（2）显示分辨率：也叫屏幕分辨率，是指每个单位长度内显示的像素个数，以"点/英寸"（dpi）来表示。它也可以描述为：在屏幕的最大显示区域内，水平与垂直方向的像素或点的个数。例如，1680×1050 的分辨率表示屏幕可以显示 1050 行像素，每行有 1680 个像素，即 1764000 个像素。屏幕可以显示的像素数越多，图像越清晰、逼真。

显示分辨率不但与显示器和显示卡的质量有关，还与显示模式的设置有关。右击 Windows 桌面，调出快捷菜单，单击该菜单内的"显示设置"命令，调出"设置"窗口，在"分辨率"下拉列表中，可以选择显示分辨率，如图 1-2-2 所示。

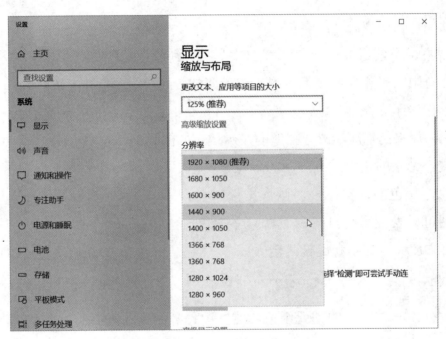

图 1-2-2 "设置"窗口

2．颜色模式

颜色模式决定了用于显示和打印图像的颜色模型，以及如何描述和重现图像的色彩。颜色模式不仅影响图像中显示的颜色数量，还影响通道数和图像文件的大小。另外，选用何种颜色模式还与图像的文件格式有关。

（1）灰度模式：只有灰度色（图像的亮度），没有彩色。在灰度色图像中，每个像素都以 8 位或 16 位表示，取值为 0（黑色）～ 255（白色）。

（2）RGB 模式：用红（R）、绿（G）、蓝（B）三基色来描述颜色的方式，是相加混色模式，用于光照、视频和显示器。对于真彩色，R、G、B 三基色分别用 8 位二进制数来描述，共有 256 种。R、G、B 的取值为 0 ～ 255，可以表示的彩色数目为 256×256×256=16777216。这是计算机绘图中经常使用的模式。当 R=255、G=0、B=0 时，表示红色；当 R=0、G=255、B=0 时，表示绿色；当 R=0、G=0、B=255 时，表示蓝色。

（3）HSB 模式：利用颜色的三要素来表示颜色，与人眼观察颜色的方式最接近，是一种定义颜色的直观方式。其中，H 表示色相，S 表示色饱和度，B 表示亮度。这种方式与绘画的习惯一致，用它来描述颜色比较自然，但实际使用中不太方便。

（4）CMYK 模式：以打印在纸上的油墨的光线吸收特性为基础。当白光照射到半透明油墨上时，某些可见光波长被吸收（减去），而其他波长则被反射回眼睛。因此，这些颜色被称为减色。理论上，纯青色（C）、品红（M）和黄色（Y）色素在合成后可以吸收所有光线并产生黑色。由于所有的打印油墨都存在一些杂质，所以这 3 种油墨实际会产生土棕色。因此，在四色打印中，除了使用纯青色、品红和黄色油墨，还会使用黑色（K）油墨。

（5）Lab 模式：由 3 个通道组成，即亮度通道，用 L 表示；a 通道包括的颜色从深绿色到灰色再到亮粉红色；b 通道包括的颜色从亮蓝色到灰色再到焦黄色。L 的取值是 $0 \sim 100$，a 和 b 的取值是 $-120 \sim 120$。该颜色模式可以表示的颜色最多，是目前所有颜色模式中色彩范围（也叫色域）最广的，可以产生明亮的颜色。在进行不同颜色模式之间的转换时，常使用该颜色模式作为中间颜色模式。另外，Lab 模式与光线和设备无关，而且其处理速度与 RGB 模式的处理速度一样快，是 CMYK 模式处理速度的数倍。

（6）索引颜色模式：也称"映射颜色"，在该模式下，只能存储一个 8 位色彩数量的文件，即最多 256 种颜色，且颜色都是预先定义好的。该模式的颜色种类较少，但是文件字节数少，多用于多媒体演示文稿、网页文档等。

3．颜色深度

在点阵图像中，各像素的颜色信息是用若干二进制数据来描述的，二进制数的位数就是点阵图像的颜色深度。颜色深度决定了图像中可以出现的颜色的最大个数。目前，颜色深度有 1、4、8、16、24 和 32 几种。例如，当颜色深度为 1 时，点阵图像中各像素的颜色只有 1 位，可以表示黑色和白色；当颜色深度为 8 时，点阵图像中各像素的颜色为 8 位，可以表示 $2^8=256$ 种颜色；当颜色深度为 24 时，点阵图像中各像素的颜色为 24 位，可以表示 $2^{24}=16777216$ 种颜色，这种颜色深度的图像是用 3 个 8 位来分别表示 R、G、B 颜色的，叫作真彩色图像；当颜色深度为 32 时，也是用 3 个 8 位来分别表示 R、G、B 颜色的，另一个 8 位用来表示图像的其他属性（如透明度等）。颜色深度不仅与显示器和显示卡的质量有关，还与显示设置有关。

4．色阶和色域

（1）色阶：它是图像亮度强弱的指示数值。色阶有 $2^8=256$ 个等级，范围是 $0 \sim 255$，其值越大，亮度越暗；其值越小，亮度越亮。色阶决定了图像色彩的丰满程度、精细度和层次感的大小。图像的色阶等级越多，则图像的层次越丰富，图像也越好看。

（2）色域：它是某种模式图像的颜色数目。例如：灰色模式的图像，每个像素用一个字节表示，则灰色模式的图像最多可以有 $2^8=256$ 种颜色，它的色域为 $0 \sim 255$。RGB 模式的图像，如果一种基色用一个字节表示，则 RGB 模式的图像最多可以有 2^{24} 种颜色，它的色域为

$0 \sim 2^{24}\text{-}1$。CMYK 模式的图像，每个像素的颜色由4种基色按不同比例混合得到，如果一种基色用一个字节表示，则CMYK 模式的图像最多可以有 2^{32} 种颜色，它的色域为 $0 \sim 2^{32} - 1$。

5. 图像的文件格式

由于记录的内容和压缩的方式不同，所以图像的文件格式也不同。不同的文件格式具有不同的文件扩展名。每种格式的图像文件都有不同的特点，常见的图像文件格式如下。

（1）PSD 格式：Adobe Photoshop 图像处理软件的专用图像文件格式。采用RGB 和CMYK 颜色模式的图像可以存储成该格式。另外，还可以将不同图层分别进行存储。

（2）JPG 格式：用 JPEG 压缩标准压缩的图像文件格式。JPEG 压缩是一种高效有损压缩，它将人眼很难分辨的图像信息删除，使压缩比较大。这种格式的图像文件不适合放大观看和制成印刷品。由于它的压缩比较大，文件较小，所以应用较广。

（3）TIFF 格式（TIF）：有压缩和非压缩两种模式，支持包含一个Alpha 通道的RGB 和CMYK 等颜色模式。另外，它还可以设置透明背景。

（4）PDF 格式：Adobe 公司推出的专用于网上的格式。采用RGB、CMYK 和Lab 等颜色模式的图像都可以存储成该格式。

（5）BMP 格式：Windows 系统下的标准格式。该格式结构较简单，每个文件只存放一幅图像。压缩的BMP 格式图像文件使用行编码方法进行压缩，压缩比适中，压缩和解压缩较快；非压缩的BMP 格式是一种通用的格式，但文件较大。

（6）GIF 格式：能够将图像存储成背景透明的形式，还可以将多幅图像存储成一个图像文件，形成动画效果，常用于网页制作。它适用于各种计算机平台，各种软件均支持这种格式。

（7）PNG 格式：其压缩比一般大于GIF 格式的压缩比，利用Alpha 通道可以调节图像的透明度，可提供16 位灰度和48 位真彩色图像。它是一种用于网络传输的图像文件格式。

1.2.3 打开和新建图像文件

1. 打开图像文件

（1）打开一个文件：单击"文件"→"打开"命令，调出"打开"对话框，如图1-2-3所示。可以在该对话框中选择图像文件，并单击"打开"按钮。

（2）打开多个文件若同时打开多个连续的文件，则需要先选中第1 个文件，再按住Shift 键，选中最后一个文件，最后单击"打开"按钮若同时打开多个不连续的文件，则先按住Ctrl 键，依次选中要打开的各个文件，再单击"打开"按钮。

（3）按照上述操作打开多个文件后，单击"文件"→"最近打开文件"命令，如图1-2-4所示，给出了最近打开的图像文件名称。单击这些图像文件名称，即可打开相应的文件。单击"清除最近的文件列表"命令，可以清除这些命令。

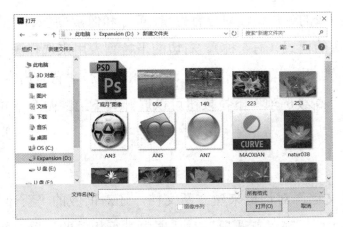

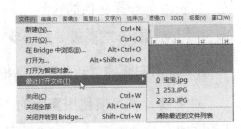

图1-2-3 "打开"对话框　　　　　　　图1-2-4 "最近打开文件"菜单

2. "新建文档"对话框

单击"文件"→"新建"命令，调出"新建文档"对话框，如图1-2-5所示。设置完后，单击"创建"按钮，即可增加一个新文档窗口。该对话框内各选项的作用如下。

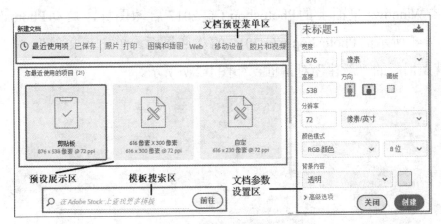

图1-2-5 "新建文档"对话框

（1）文档预设菜单区：位于对话框的上方，按用途对文档进行了分类，包括"照片""打印""图稿和插图""Web""移动设备""胶片和视频"，几乎囊括了当下最主流的文档尺寸。此外，还有"最近使用项"和"已保存"两个菜单，都兼顾到了，非常贴心。

（2）预设展示区：位于文档预设菜单区的下方，以图文的方式显示选中菜单所包含的各种文档，非常直观和方便。在默认情况下，显示"最近使用项"菜单中的文档，这也是高效的关键之一。

（3）模板搜索区：位于预设展示区的下方，与Adobe Stock链接，在搜索框中输入想用的文档或图像的名称，单击"前往"按钮，即可打开Adobe Stock网页中的相应素材。

（4）文档参数设置区：位于对话框的右边，包括了旧版"新建"对话框的大部分功能。其中的文本框用来输入图像文件的名称。"宽度"和"高度"栏用来设置图像的尺寸，单位有像素、厘米等。"方向"栏用来设置文档页面是横向的还是纵向的。"画板"复选框用来设置是否为画板。"分辨率"栏用来设置图像的分辨率，单位有像素/英寸和像素/厘米。"颜色模式"栏左边的下拉列表用来选择图像的模式（有5种），右边的下拉列表用来选择图像的位数，不同的图像模式具有的可选择位数不一样（有1位、8位、16位和32位）。"背景内容"下拉列表用来选择文档的背景色。单击"高级选项"下拉按钮可以展开其下边的两个下拉列表，用来选择一些高级参数选项。

3. 使用旧版的"新建"对话框

如果读者不习惯使用新版的"新建文档"对话框来建立新文档，还对旧版的"新建"对话框情有独钟，感觉使用比较习惯，就可以在"首选项"对话框内进行相关的设置，具体操作方法如下。

单击"编辑"→"首选项"→"常规"命令，调出"首选项"对话框的"常规"选项卡，如图1-2-6所示。在"选项"选区内选中"使用旧版'新建文档'界面"复选框，单击"确定"按钮，关闭该对话框，完成设置。关闭 Photoshop CC 2017。

重新双击 Windows 桌面上的 Photoshop CC 2017 启动图标，启动 Photoshop CC 2017，再调出如图1-1-1所示的 Photoshop CC 2017 的欢迎界面。单击"文件"→"新建"命令，此时调出的就是旧版的"新建"对话框，如图1-2-7所示。

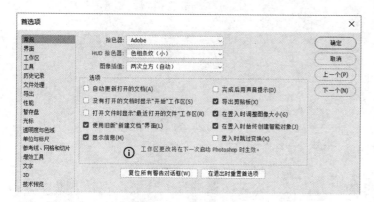

图1-2-6 "首选项"对话框的"常规"选项卡

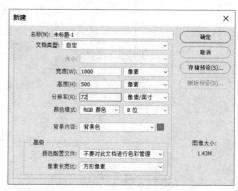

图1-2-7 旧版的"新建"对话框

若读者想恢复使用新版的"新建文档"对话框来建立新文档，则可以首先再次调出"首选项"对话框并取消"使用旧版'新建文档'界面"复选框。然后关闭 Photoshop CC 2017 并再次重启，单击"文件"→"新建"命令，此时调出的就是新版风格的"新建文档"对话框，如图1-2-5所示。

1.2.4 存储和关闭图像文件

1. 存储图像文件

（1）单击"文件"→"存储为"命令，调出"另存为"对话框，利用该对话框，选择文件类型、文件夹和输入文件名称等。单击"保存"按钮，即可调出相应图像格式的对话框，设置有关参数，单击"确定"按钮，即可保存图像。

（2）单击"文件"→"存储"命令。若是存储新建的图像文件，则会调出"另存为"对话框，操作方法与（1）相同。若不是存储新建的图像文件或存储没有进行修改的、打开的图像文件，则不会调出"另存为"对话框，直接进行存储。

2．关闭图像文件

（1）单击当前文档窗口内图像标签的按钮⊠，可以关闭当前图像的文档窗口。

（2）单击"文件"→"关闭"命令或按Ctrl+W组合键，可以关闭当前图像的文档窗口。若在修改图像后没有存储图像，则会调出一个提示框，提示用户是否保存图像。单击该提示框中的"是"按钮，即可保存图像，并关闭当前的文档窗口。

（3）单击"文件"→"关闭全部"命令，可以将所有文档窗口关闭。

1.3 图像常用操作

1.3.1 改变图像显示比例

1．使用缩放工具

单击工具箱内的"缩放工具"按钮Q，此时的选项栏如图1-3-1所示。单击⊕或Q按钮，鼠标指针会变成相应的图案，此时单击图像可以放大或缩小显示比例。当鼠标指针是放大状态时，按住Alt键会切换到缩小状态，此时单击图像可将图像显示比例缩小，反之亦然。

若选中"调整窗口大小以满屏显示"复选框，则浮动窗口会根据图像的大小自动调整窗口大小以将图像完全显示出来。

图1-3-1 "缩放工具"选项栏

2．使用命令

（1）单击"视图"→"放大"命令，可以使图像显示比例放大。

（2）单击"视图"→"缩小"命令，可以使图像显示比例缩小。

（3）单击"视图"→"按屏幕大小缩放"命令，可使图像以文档窗口大小显示。

（4）单击"视图"→"100%"命令，可以使图像以100%的比例显示。

（5）单击"视图"→"打印尺寸"命令，可以使图像以实际的打印尺寸显示。

3．使用"导航器"面板

单击"窗口"→"导航器"命令，调出"导航器"面板，如图1-3-2所示。拖动"导航

器"面板内的滑块或改变数值框内的数值，均可以改变图像的显示比例；当图像被放大得

比文档窗口大时，拖动"导航器"面板预览区域内的红框，可以调整图像的显示区域。只有红框内的图像才会在文档窗口内显示。

单击"导航器"面板最右边的按钮▤，在弹出的菜单中单击"面板选项"命令，可以调出"面板选项"对话框，利用该对话框可以改变"导航器"面板内红框的颜色。

图1-3-2 "导航器"面板

4．抓手工具

只有在图像大于文档窗口时，才有必要改变图像的显示部位。使用窗口滚动条可以滚动浏览图像，使用工具面板中的"抓手工具"🖑可以移动文档窗口内显示的图像部位。

（1）单击按下"抓手工具"按钮🖑，鼠标指针变成相同的图案，此时在图像上拖动，可以调整图像的显示部位。

（2）在非文本输入状态下按下空格键，鼠标指针会变成🖑，此时可以拖动图像调整显示部位；松开空格键后，又回到原来的工具状态。

（3）双击工具箱的"抓手工具"按钮🖑，可使图像完整地、尽可能大地显示在窗口中。

1.3.2 更改画布

1．改变画布大小

画布是图像的完全可编辑区域。"画布大小"命令可以让用户增大或减小图像的画布大小。增大画布的大小会在现有图像周围添加空间。减小图像的画布大小会裁剪部分图像。单击"图像"→"画布大小"命令，调出"画布大小"对话框，如图1-3-3所示。利用该对话框可以改变画布大小，同时对图像进行裁剪。其中各选项的作用如下。

（1）"宽度"和"高度"栏：数值框用来输入画布大小；下拉列表用来选择单位，有百分比、像素、英寸和厘米等。

（2）"相对"复选框：若选中该复选框，则在"宽度"和"高度"数值框中输入的数据是相对原始图像的宽和高，输入正数表示添加一部分，负数表示减去一部分。

（3）"定位"栏：通过单击其中的按钮，可以选择图像扩展或裁剪的起始位置。

（4）"画布扩展颜色"栏：用来设置画布扩展部分的颜色。"画布扩展颜色"下拉列表内有几个选项，选中"前景"选项，可以使用当前的前景颜色填充；选中"背景"选项，可以使用当前的背景颜色填充。

选择"画布扩展颜色"下拉列表内的"其他"选项，可以调出"拾色器"对话框，如图1-3-4所示。在该对话框中，可以精确设置所需的颜色。也可以单击"画布扩展颜色"栏

右侧的方形图标来打开"拾色器"对话框。若图像中的"图层"面板内没有背景图层，则"画布扩展颜色"栏不可用。

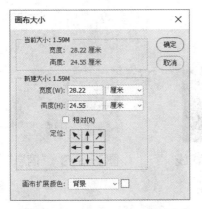

图1-3-3 "画布大小"对话框

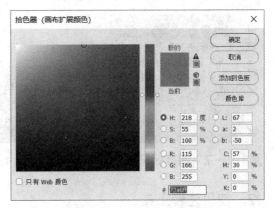

图1-3-4 "拾色器"对话框

设置完成后，单击"确定"按钮，即可完成画布大小的调整。若设置的新画布比原画布小，则会调出一个提示框，单击该提示框内的"继续"按钮，即可完成画布大小的更改和图像的裁剪。

2．旋转画布

（1）单击"图像"→"图像旋转"→"××"命令，即可按选定的方式旋转图像。其中，"××"是"图像旋转"（旋转画布）菜单的子命令，如图1-3-5 所示。

（2）单击"图像"→"图像旋转"→"任意角度"命令，调出"旋转画布"对话框，如图1-3-6 所示，设置旋转角度和旋转方向，单击"确定"按钮即可旋转图像。

图1-3-5 "图像旋转"菜单的命令

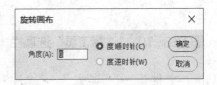

图1-3-6 "旋转画布"对话框

1.3.3 图像测量和注释

1．使用标尺工具

使用工具箱内的"标尺工具" ，可以精确地测量出画布窗口内任意两点间的距离和两点间直线与水平直线的夹角。有时候会发现，在工具箱中找不到"标尺工具"按钮，这是因为其位置显示了同组的其他工具按钮。此时，右击其位置显示的同组按钮，调出如图1-3-7 所示的按钮组菜单，单击该菜单内的"标尺工具"命令即可。

单击"标尺工具"按钮 后，在画布内拖出一条直线，如图1-3-8 所示。此时"信息"面板内"A:"右边的数据是直线与水平线的夹角；"L:"右边的数据是两点间的距离，如

图1-3-9所示。测量结果会显示在"标尺工具"选项栏内（该直线不与图像一起输出）。单击选项栏内的"清除"按钮或其他工具按钮，可清除直线。

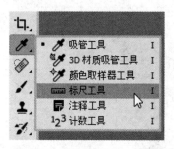

图1-3-7　切换标尺工具

图1-3-8　拖出一条直线

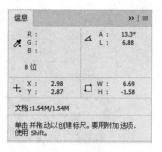

图1-3-9　"信息"面板

2．使用注释工具

"注释工具"命令📝 是用来给图像加文字注释的。它与"标尺工具"命令在同一个按钮组内。它的选项栏如图1-3-10所示，其中各选项的作用如下。

（1）"作者"文本框：用来输入作者名字，作者名字会出现在注释窗口的标题栏。

（2）"颜色"按钮：单击此按钮，可调出"拾色器"对话框，用来选择注释文字的颜色。

（3）"清除全部"按钮：单击此按钮，可清除全部注释文字。

单击工具箱内的"注释工具"按钮📝，在图像上单击或拖动，即可调出"注释"面板，用来给图像输入注释文字，如图1-3-11所示。是否关闭"注释"面板都会在图像上留有注释图标📝，可以拖动该图标（不会输出），双击该图标，可打开"注释"面板。

图1-3-10　"注释工具"选项栏

图1-3-11　"注释"面板

单击"文件"→"导入"→"注释"命令，可调出"载入"对话框，利用该对话框可以导入外部注释文件。

1.3.4　图像的基本操作

1．调整图像大小

（1）单击"图像"→"图像大小"命令，调出"图像大小"对话框，如图1-3-12所示。该对话框的左边是预览窗口，通过它可以即时查看调整后的效果。在预览窗口内拖动图像，可以查看图像的其他区域。将鼠标指针移动到预览窗口，显示比例的百分比会出现在预览图像的底部，单击"加号"或"减号"按钮可以放大或缩小图像。此外，还可以通过拖动"图像大小"对话框的一角来调整对话框的大小，进而调整预览窗口的大小。

（2）单击"尺寸"下拉按钮，可以调出一个菜单，用来选择图像尺寸的度量单位。

（3）"宽度"和"高度"数值框分别用来设置图像的宽度和高度，数值框右侧的下拉列表用来设置宽度和高度的度量单位。

图标⑧有"限制长宽比"和"不约束长宽比"两个状态，单击该图标，可以在两种状态间切换。当处于"限制长宽比"状态时，会保证图像的宽高比例。例如，图1-3-12为"限制长宽比"状态（图像宽794像素、高680像素），若在"宽度"数值框右侧的下拉列表中选择"像素"选项，在其数值框中输入宽度数据900，则"高度"数值框中的数据会自动改为771。当处于"不约束长宽比"状态时，可以分别调整图像的高度和宽度，改变图像原来的长宽比。

（4）"分辨率"数值框用来设置文档的分辨率。要更改图像大小或分辨率及按比例调整像素总数，必须选中"重新采样"复选框，并在必要时，从"重新采样"下拉列表中选取插值方法。要更改图像大小或分辨率而又不改变图像的像素总数，就要取消选中"重新采样"复选框。

（5）"调整为"下拉列表用来选取预设的尺寸，即调整图像的大小。选择其中的"自动分辨率"命令，可以调出"自动分辨率"对话框，如图1-3-13所示。利用它可以设置图像的品质，在下拉列表内可以设置"线/英寸"或"线/厘米"形式的分辨率。单击"确定"按钮，完成分辨率设置。在做出任何调整后，新的图像文件的大小会出现在"图像大小"对话框的顶部，而旧文件的大小则会显示在括号内。

图1-3-12 "图像大小"对话框

图1-3-13 "自动分辨率"对话框

2．移动、复制和删除图像

（1）移动图像：单击工具箱内的"移动工具"按钮✥，鼠标指针变为▸状，单击"图层"面板内要移动图像所在的图层，即可移动该图像。若选中了"移动工具"选项栏中的"自动选择图层"复选框，则在拖动图像时，可以自动选择被移动图像所在的图层，保证可以移动和调整该对象。

在选中要移动的图像之后，按方向键，可以每次将图像移动1个像素。在按住Shift键的同时按方向键，可以每次将图像移动10个像素。

（2）复制图像：按住Alt键，同时拖动图像，可复制图像，此时的鼠标指针呈重叠的黑白双箭头状。若使用"移动工具"命令 ✛ 将一个画布中的图像移到另一个画布中，则可以将该图像复制到其他画布中，同时在"图层"面板内增加一个图层，用来放置复制的图像。

（3）删除图像：使用"移动工具" ✛ 命令，选中选项栏中的"自动选择图层"复选框，首先选中要删除的图像，会同时选中该图像所在的图层；然后按 Delete 键或 BackSpace 键，将选中的图像删除，同时删除该图像所在的图层。

注意：若图像只有一个图层，则不可以删除图像，也不可以将"背景"图层中的图像进行移动和复制。若要处理"背景"图层内的图像，则可在"图层"面板中双击"背景"选项，如图1-3-14所示，调出"新建图层"对话框，如图1-3-15所示。单击该对话框内的"确定"按钮，将"背景"图层转换为常规图层。

图1-3-14 "图层"面板中的"背景"选项

图1-3-15 "新建图层"对话框

3．变换图像

单击"编辑"→"变换"→"××"命令，即可按选定的方式调整选中的图像。其中，"××"是"变换"菜单下的子命令，如图1-3-16所示。利用该菜单可以完成选中图像的缩放、旋转、斜切、扭曲和透视等操作。

（1）缩放图像：单击"变换"菜单内的"缩放"命令，在选中图像的四周会显示一个矩形框、8个控制柄和中心点标记 ✛。将鼠标指针移到图像4个角的控制柄处，它变为直线双箭头状，此时即可拖动以调整图像的大小，同时黑底白字显示宽度和高度值提示，如图1-3-17所示。

图1-3-16 "变换"菜单下的子命令

图1-3-17 缩放图像

（2）旋转图像：单击"变换"菜单内的"旋转"命令，将鼠标指针移到图像4个角的控制柄处，它会变为弧线的双箭头状，此时即可拖动旋转图像，同时黑底白字显示旋转角度值提示，如图 1-3-18 所示。拖动矩形框中间的中心点标记✛，可以改变旋转的中心点位置。

（3）斜切图像：单击"变换"菜单内的"斜切"命令，将鼠标指针移到图像 4 条边的控制柄处，鼠标指针会添加一个双箭头，此时即可拖动图像呈斜切状，同时黑底白字显示斜切角度值提示，如图 1-3-19 所示。在按住 Alt 键的同时拖动，可以使选中图像对称斜切。

（4）扭曲图像：单击"变换"菜单内的"扭曲"命令，将鼠标指针移到图像 4 条边的控制柄处，当它变成三角箭头状时拖动，即可使选中图像呈扭曲状，同时黑底白字显示扭曲角度值提示，如图 1-3-20 所示。在按住 Alt 键的同时拖动，可使选中图像对称扭曲。

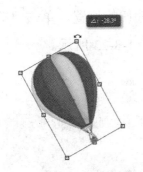  

图1-3-18　旋转图像　　　　图1-3-19　斜切图像　　　　图1-3-20　扭曲图像

（5）透视图像：单击"变换"菜单内的"透视"命令，将鼠标指针移到图像 4 个角的控制柄处，当它变成三角箭头状时拖动，使选中图像呈透视状，同时黑底白字显示透视角度值提示，如图 1-3-21 所示。

（6）变形图像：单击"变换"菜单内的"变形"命令，将鼠标指针移到图像 4 个角的控制柄处并拖动，可使图像变形，如图 1-3-22（a）所示；将鼠标指针移到切线的黑色圆形控制柄处并拖动，也可以使图像变形，如图 1-3-22（b）所示。

（7）按特殊角度旋转图像：单击"变换"菜单内的"水平翻转"命令，即可将选中图像水平翻转。单击"变换"菜单内的"垂直翻转"命令，即可将选中图像垂直翻转。另外，还可以使图像旋转 180°、顺时针旋转 90° 和逆时针旋转 90°。

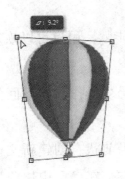 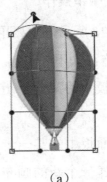 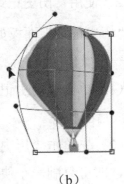

　　　　　　　　　　　　　　　　　　　　（a）　　　　　　　　　　（b）

图1-3-21　透视图像　　　　　　图1-3-22　变形图像

（8）自由变换图像：单击"编辑"→"自由变换"命令，在选中图像的四周会显示矩形框、控制柄和中心点标记，此时可按照变换图像的方法自由变换选中的图像。

4．裁切图像四周的白边

"裁切"命令通过移去不需要的图像数据来修整图像，其所用的方式与后面要介绍的"裁剪"命令所用的方式不同，可以通过删除周围的透明像素或指定颜色的背景像素来修整图像。若一幅图像的四周有白边，则可通过"裁切"命令将白边删除。例如，利用"画布大小"对话框（见图1-3-3）将如图1-3-23所示的图像的画布向四周扩展1cm，效果如图1-3-24所示。单击"图像"→"裁切"命令，调出"裁切"对话框，如图1-3-25所示。其中，"基于"选区用来设置裁切内容所依据的像素颜色，"裁切"选区用来确定裁切的位置。单击"确定"按钮，即可将如图1-3-24所示的图像四周的白边裁切掉，效果如图1-3-23所示。

图1-3-23　图像　　　　　图1-3-24　向四周扩展1cm　　　图1-3-25　"裁切"对话框

1.3.5　撤销与"重作"操作

1．撤销与"重作"一次操作

（1）单击"编辑"→"还原××"命令，可撤销刚刚进行的一次操作。

（2）单击"编辑"→"重作××"命令，可"重作"刚刚撤销的一次操作。

（3）单击"编辑"→"前进一步"命令，可向前执行一条历史记录的操作。

（4）单击"编辑"→"后退一步"命令，可返回一条历史记录的操作。

2．使用"历史记录"面板撤销操作

"历史记录"面板如图1-3-26所示，主要用来记录用户操作的步骤，用户可以恢复到以前某一步操作的状态，其使用方法如下。

（1）单击"历史记录"面板中的某一步历史操作，定位到该历史操作，即可回到该操作完成后的状态。

（2）先单击"历史记录"面板中的某一步操作，再单击"从当前状态创建新文档"按钮 ，即可复制一个快照，创建一个新的画布窗口，保留当前状态，在"历史快照"栏内增加一行，名称为最后操作的名称。拖动"历史记录"面板中的某一步操作到"从当前状

态创建新文档"按钮 ⊞ 处，也可以达到相同的目的。

（3）单击"创建新快照"按钮 ◙，可以为某几步操作后的图像建立一个快照，在"历史快照"栏内增加一行，名称为"快照×"（"×"是序号）。

（4）双击"历史快照"栏内的快照名称，即可进入给快照重命名的状态。

（5）先单击"历史记录"面板中的某一步操作，再单击"删除当前状态"按钮 🗑，即可删除从选中的操作到最后一步操作的全部操作。拖动"历史记录"面板中的某一步操作到"删除当前状态"按钮 🗑 处，也可以达到相同的目的。

图1-3-26 "历史记录"面板

1.4 裁剪图像

1.4.1 使用裁剪工具裁剪图像

裁剪是移除图像某部分的操作，可以用来建立焦点或加强构图。使用裁剪工具还可以在 Photoshop 中将图像进行透视形状裁切，把画面拉直，并校正视角，从而保证图像构图完美。

1. 裁剪工具的基本使用方法

单击工具箱内的"裁剪工具"按钮 ц，图像四周会产生与画布大小一样的矩形裁剪框，矩形裁剪框四周有 8 个控制柄，围成一个剪裁区域，中间有一个剪裁区域的旋转中心标记，如图1-4-1 所示。当将鼠标指针移到剪裁区域内时，鼠标指针会变为如图1-4-1 所示的形状。在图像中拖动鼠标指针，即可选出需要保留的部分，其他将要被裁剪的部分会虚化显示，如图1-4-2 所示。也可以将鼠标指针移到 4 个角的控制柄处，鼠标指针呈倾斜双箭头状，此时向中心拖动鼠标指针可以等比例调整矩形裁剪框的大小。当将鼠标指针移到 4 个角的控制柄上时，鼠标指针呈水平或垂直双箭头状，此时拖动鼠标指针可以只改变矩形裁剪框的宽度或高度。

将鼠标指针移到剪裁区域外，它会变成弧线双箭头状，此时拖动鼠标指针可以旋转图像，如图1-4-3 所示。调整裁剪框的大小和旋转角度后，在保留部分内拖动图像，可以将要保留的图像部分拖动到裁剪框内，即可看到裁剪效果，还可以看到原始图像。调整完成后，单击工具箱内的任意一个工具，会调出一个提示框，单击"裁剪"按钮，即可完成裁剪图像的工作，如图1-4-4所示；单击"不裁剪"按钮，可取消裁剪调整，还原为原始状态。

 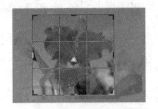  

图1-4-1 矩形裁剪框　　图1-4-2 选择要保留的部分　　图1-4-3 旋转图像　　图1-4-4 裁剪效果

2．"裁剪工具"选项栏

单击工具箱内的"裁剪工具"按钮 后，在图像内拖动而产生一个矩形裁剪框。此时，"裁剪工具"选项栏如图1-4-5所示，其内各选项的作用如下。

图1-4-5 "裁剪工具"选项栏

（1）第一个下拉列表：将鼠标指针移到该下拉列表上，会显示"选择预设长宽比或裁剪尺寸"字样，这是该下拉列表的名称（也是使用提示信息）。单击它调出"选择预设长宽比或裁剪尺寸"下拉列表，如图1-4-6所示，可以在其中选择预设好的长宽比（宽高比，后面根据具体情况灵活使用两者）和分辨率（"原始比例"选项表示保持原始图像的宽高比），也可以选择"比例"或"宽×高×分辨率"选项，并在后面的数值框中输入所需的长宽比和分辨率。例如，选择"比例"选项，其右边有两个数值框，分别用来输入矩形裁剪框的宽度和高度的比例数值，中间的按钮 用来互换高度和宽度的比倒数值。

当这两个数值框内无数值时，拖动裁剪框的控制柄，可以调整裁剪框的宽度和高度为任意值；在画布内拖动，可以重新创建任意宽度和高度的裁剪框。当这两个数值框内有数值时，其数值决定了裁剪框的宽高比，拖动裁剪框的控制柄和在画布内拖动，裁剪框的长宽比都不会改变。

若需要将自定义的宽高比保存以便今后使用，则可以单击"新建剪裁预设"选项，调出"新建剪裁预设"对话框，如图1-4-7所示。该对话框用来将当前设置的宽高比以在"名称"文本框内输入的名称进行保存，以后在下拉列表中会显示该预设的名称。保存了自定义预设后，下拉列表中的"删除剪裁预设"选项变为有效状态。

单击"删除剪裁预设"选项，可以调出"删除剪裁预设"对话框，在该对话框的列表框内选中一种自定义的预设选项，单击"删除"按钮，即可将选中的一种自定义的预设选项从列表框中删除。

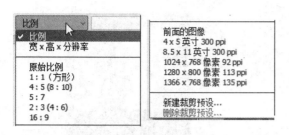

图1-4-6 "选择预设长宽比或裁剪尺寸"下拉列表　　**图1-4-7 "新建剪裁预设"对话框**

（2）"清除"按钮：用来清除长宽比值的设定，此时两个数值框内变成无数值，裁剪框的宽度和高度可以为任意值。

（3）"设置裁剪工具的叠加选项"按钮⊞：单击该按钮会调出一个菜单，用来设置裁剪框内的参考线的显示方式。

（4）"拉直"按钮 ：单击该按钮后，鼠标指针变为 ，在图像上拖动鼠标指针，可以使图像按照拖动的直线旋转以调整图像的倾斜角度。通常利用该功能校正地平线倾斜的图像。例如，打开一幅风景图像，在"裁剪工具"选项栏内，单击"拉直"按钮，沿着地平线拖动出一条直线，如图1-4-8所示；松开鼠标，即可将图像调整好，使地平线水平，如图1-4-9所示。单击选项栏内的 ✔ 按钮，即可完成图像水平线的调整和图像的裁剪工作，效果如图1-4-10所示。

图1-4-8 沿着地平线拖动出　　**图1-4-9 校正地平线**　　**图1-4-10 校正地平线及裁剪后**
一条直线　　　　　　　　　　　　　　　　　　　　　　　　　　　**的效果**

（5）"设置其他裁切选项"按钮✿：单击该按钮，会调出一个"设置其他裁切选项"面板，如图1-4-11所示。该面板内各选项的作用如下。

- "使用经典模式"复选框：选中它后，"裁剪工具"的使用方法与以前Photoshop版本的"裁剪工具"的使用方法一样，裁剪框也和以前一样，是一个矩形框，四周有8个控制柄，形状是黑色正方形，如图1-4-12所示。此时可以按照以前版本的方法调整裁剪框的大小和旋转角度等。

选中"使用经典模式"复选框后，可以移动裁剪框的位置、调整其大小和旋转角度，图像是不动的。不选中"使用经典模式"复选框，可以移动图像的位置和旋转图像，裁剪框是不动的。两种情况下都可以拖动裁剪框的8个控制柄，以调整裁剪框的大小，只是在使用经典模式时，没有提供提示信息。

图1-4-11 "设置其他裁切选项"面板　　　　图1-4-12 经典模式

- "显示裁剪区域"复选框：选中它后，在调整裁剪框的过程中，始终显示整幅图像。
- "自动居中预览"复选框：选中它后，在进行裁剪框的调整时，裁剪框位于画布的中央。
- "启用裁剪屏蔽"复选框：选中它后，会在裁剪框外的图像上形成一个遮蔽层；不选中它，裁剪框外的图像上没有遮蔽层。
- "颜色"下拉列表：用来设置遮蔽层的颜色。单击"颜色"下拉按钮，可以调出它的菜单，单击其内的"匹配画布"选项，遮蔽层会自动设置为半透明灰色；单击其内的"自定"选项，会调出"拾色器"对话框，用来设置遮蔽层的颜色。单击"颜色"栏右边的色块，也可以调出"拾色器"对话框。利用"拾色器"对话框可以设置一种颜色。
- "不透明度"下拉列表：用来设置遮蔽层的不透明度。
- "自动调整不透明度"复选框：选中该复选框后，不管将不透明度设置为多少，在调整裁剪框的过程中，都会自动将遮蔽层调整得更小一些。

（6）"删除裁剪的像素"复选框：在进行完裁剪调整后，按Enter键即可完成图像的裁剪。若选中该复选框，则图像在被裁剪后，裁剪框外的图像会被删除；若没有选中该复选框，则图像裁剪后，裁剪框外的图像隐藏，再次单击"裁剪工具"按钮，并单击图像，即可将隐藏的图像显示出来。

（7）"内容识别"复选框：当旋转或裁剪框超出图像原始大小时，会出现空白区域，此时使用"内容识别"功能可以智能地填充这些空白区域，保证图像构图的完美性。例如，图1-4-13中的裁剪框超出了图像原始大小，从而在底部产生了一条空白区域，此时先选中"内容识别"复选框，再按Enter键，Photoshop可以依据周边的颜色智能地填充延展图像，效果如图1-4-14所示。

图1-4-13 有空白区域的裁剪框　　　　图1-4-14 填充后的图像

1.4.2　利用透视裁剪工具裁剪图像

1．"透视裁剪工具"选项栏

在工具箱内单击"透视裁剪工具"按钮，调出其选项栏，如图1-4-15 所示，各选项的作用如下。

图1-4-15　"透视裁剪工具"选项栏

（1）"W"（宽度）和"H"（高度）数值框：用来确定裁剪后图像的宽度和高度。若这两个数值框内无数据，则裁剪后图像的宽度和高度就是裁剪框外切矩形的宽度和高度。单击两个数值框之间的"高度和宽度互换"按钮 ⇄，可以将两个数值框内的数值互换。

（2）"分辨率"数值框：用来设置裁剪后图像的分辨率。

（3）下拉列表：用来选择分辨率的单位。

（4）"前面的图像"按钮：单击该按钮后，可以将当前图像的宽度、高度和分辨率的数值分别填入选项栏的"W""H""分辨率"数值框中。

（5）"清除"按钮：单击该按钮后，可将"W""H"等数值框内的数据清除。

（6）"显示网格"复选框：选中该复选框后，裁剪框内会显示网格；否则不显示网格。

2．拉直照片图像

透视裁剪工具经常用来拉直照片。当从某个角度而非水平正面拍摄物件时，图像会发生扭曲，产生透视变形。例如，当从地面向上拍摄一栋高大的建筑物时，建筑物往往不会维持垂直状态，原本垂直的线会向中央聚拢，产生透视变形，如图1-4-16 所示。此时可以使用透视裁剪工具来校正图像，具体操作方法如下。

（1）打开一幅图像，单击"透视裁剪工具"按钮 ，选中选项栏内的"显示网格"复选框，将鼠标指针移到画布内，鼠标指针会变为 。

（2）在图像中拖动鼠标，创建一个有网格的矩形裁剪框，如图1-4-17 所示。

图1-4-16　原始图像

图1-4-17　有网格的矩形裁剪框

（3）当将鼠标指针移到裁剪框4 个角的控制柄处时，鼠标指针会变为白三角箭头状，此时拖动鼠标可以改变裁剪框的形状。先水平向右拖动裁剪框左上角的控制柄，再水平向左拖动裁剪框右上角的控制柄，调整裁剪框的形状，使网格竖线与建筑物变形的垂直线方向一致，如图1-4-18所示。

（4）要创建如图1-4-18所示的裁剪框，还可以在完成第（1）步操作后，先单击图1-4-18中的左上角控制柄，再单击右上角控制柄，然后单击右下角控制柄，最后单击左下角控制柄。

（5）将鼠标指针移到裁剪框4条边的控制柄处，当鼠标指针变为直线的双箭头状时，可以调整裁剪框的高度或宽度。将鼠标指针移到裁剪框4个角的控制柄处，当鼠标指针呈弧线双箭头状时，拖动鼠标可以旋转图像。将鼠标指针移到裁剪框内，当鼠标指针呈黑三角箭头状时，拖动鼠标可以移动裁剪框，调整裁剪框的位置。

（6）按Enter键，完成裁剪图像任务，图像裁剪的最终效果如图1-4-19所示。

图1-4-18　透视裁剪框

图1-4-19　图像裁剪的最终效果

1.5　图像着色

1.5.1　设置前景色和背景色

1. 设置"前景色和背景色工具"栏

工具箱内的"前景色和背景色工具"栏如图1-5-1所示。单击"设置前景色"和"设置背景色"图标，都可以调出"拾色器"对话框，可在此对话框中设置前景色或背景色。

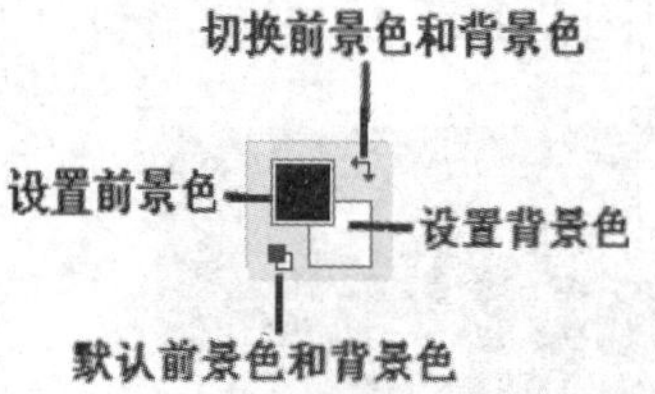

单击"默认前景色和背景色"图标，可以使前景色和背景色还原为前景色黑色、背景色白色的默认状态。单击"切换前景色和背景色"图标，可将前景色和背景色的颜色互换。

图1-5-1　"前景色和背景色工具"栏

2. "拾色器"对话框

"拾色器"分为Adobe和Windows"拾色器"两种。默认的是Adobe"拾色器"对话框，如图1-5-2所示。该对话框的使用方法如下。

（1）粗选颜色：单击"颜色选择条"内的一种颜色，"颜色选择区域"的颜色也会随之发生变化。在"颜色选择区域"内会有一个小圆，它是目前选中的颜色。

（2）细选颜色：在"颜色选择区域"内单击要选择的颜色。

（3）精确设定颜色：可以在 Adobe"拾色器"对话框右下角的各数值框内输入相应的数据来精确设定颜色。在"#"数值框内应输入 RRGGBB 6 位十六进制数。

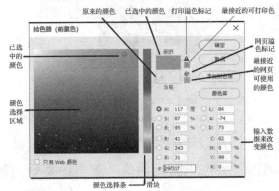

图1-5-2　Adobe"拾色器"对话框

（4）"最接近的网页可使用的颜色"图标：单击该图标，可以选择接近的网页颜色。

（5）"最接近的可打印色"图标：若要打印图像，则单击该图标，选择最接近的打印色。

（6）"只有 Web 颜色"复选框：选中它后，"拾色器"对话框会发生变化，只给出网页可以使用的颜色，"网页溢色标记"和"最接近的网页可使用的颜色"图标会消失。

（7）"颜色库"按钮：单击该按钮，可调出"颜色库"对话框，用来选择颜色。

（8）"添加到色板"按钮：单击该按钮，调出"色板名称"对话框，在"名称"文本框中输入名称，单击"确定"按钮，可将选中的颜色添加到"色板"面板的末尾。

3．"色板"面板

"色板"面板如图1-5-3所示，其使用方法如下。

（1）设置前景色：将鼠标指针移到"色板"面板内的色块上，此时的鼠标指针变为吸管状，稍等片刻，即会显示出该色块的名称。单击色块，即可将前景色设置为该色块的颜色。

（2）创建新色块：单击"创建前景色的新色板"按钮，即可在"色板"面板的最后创建一个与当前前景色一样的色块。

（3）删除原有色块：先单击一个要删除的色块，再单击"删除色块"图标即可删除选中的色块。将要删除的色块拖动到"删除色块"图标上，也可以删除该色块。

（4）"色板"面板菜单的使用：单击"色板"面板右上角的"面板菜单"按钮，调出面板菜单，单击菜单中的命令，可以更换色板、存储色板、改变色板显示方式等。

4．"颜色"面板

"颜色"面板如图1-5-4所示，可以用来设置前景色和背景色。先单击选中"前景色"或"背景色"色块（确定是设置前景色，还是设置背景色），再利用"颜色"面板选择一种颜色，即可设置图像的前景色和背景色。"颜色"面板的使用方法如下。

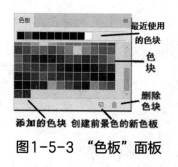

图1-5-3 "色板"面板

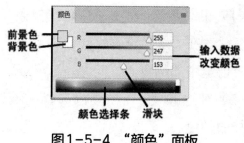

图1-5-4 "颜色"面板

（1）选择不同模式的"颜色"面板：单击"颜色"面板右上角的"面板菜单"按钮，调出"颜色"面板菜单，单击该菜单的第1栏中的命令，可以改变颜色模式。例如，单击"CMYK 滑块"命令，可使"颜色"面板变为CMYK 模式的"颜色"面板。

（2）粗选颜色：将鼠标指针移到"颜色选择条"中，此时鼠标指针变为吸管状，单击一种颜色，可以看到其他部分的颜色和数据也随之发生了变化。

（3）细选颜色：拖动"R""G""B"3 个滑块，分别调整R、G、B 颜色的深浅。

（4）精确设定颜色：在3 个数值框内输入数据（0 到255），以此来精确设定颜色。

5．吸管工具和颜色取样器工具

（1）"吸管工具"按钮：单击工具箱内的"吸管工具"按钮，此时鼠标指针变为。单击画布中任一处，即可将单击处的颜色设置为前景色。"吸管工具"选项栏如图1-5-5所示。选择"取样大小"下拉列表内的选项，可以改变吸管工具取样点的大小。

（2）"颜色取样器工具"按钮：可以获取多个点的颜色信息。单击工具箱内的"颜色取样器工具"按钮，其选项栏如图1-5-6所示。在"取样大小"下拉列表中选择取样点的大小；单击"清除全部"按钮，可以将所有取样点的颜色信息标记删除。

图1-5-5 "吸管工具"选项栏　　　　　图1-5-6 "颜色取样器工具"选项栏

使用"颜色取样器工具"按钮 添加颜色信息标记的方法：单击"颜色取样器工具"按钮，将鼠标指针移到画布窗口内部，此时鼠标指针变为十字形状。单击画布中要获取颜色信息的各点，即可在这些点处产生带数值序号的标记（如），如图1-5-7所示。同时，"信息"面板会给出各取样点的颜色信息，如图1-5-8所示。右击要删除的标记，调出它的快捷菜单，单击菜单中的"删除"命令，可删除一个取样点的颜色信息标记。

6．"样式"面板

"样式"面板如图1-5-9所示，单击其内的样式图标，可以给当前图层内的文字和图像填充相应的内容。单击"样式"面板右上角的"面板菜单"按钮，调出该面板菜单，单击其中的命令，可以添加或更换样式、存储样式、改变"样式"面板的显示方式等。

 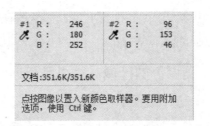 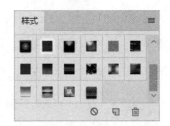

图1-5-7 获取颜色信息的各点　图1-5-8 "信息"面板给出的信息　图1-5-9 "样式"面板

1.5.2　填充单色或图案

1．定义填充图案

导入或绘制一幅不大的图像，选中图像（见图1-5-7）所在的画布。单击"编辑"→"定义图案"命令，调出"图案名称"对话框，在其文本框内输入图案名称（如"杜鹃花"）。单击"确定"按钮，即可创建一个新图案。

单击工具箱内的"油漆桶工具"按钮 ，在左起第一个下拉列表中选择"图案"选项，单击它右边的下拉按钮 ，调出"图案样式"面板，其内最后会增加刚刚制作的"杜鹃花"图案，如图1-5-10所示。

关于"图案样式"面板，会在后面进行介绍。

2．使用油漆桶工具填充

单击工具箱内的"油漆桶工具"按钮 ，可以给颜色容差在设置范围内的区域填充颜色或图案。在设置前景色或图案后，只要单击要填充处，即可给单击处和与该处颜色容差在设置范围内的区域填充前景色或图案。在创建选区后，只可以在选区内填充颜色或图案。关于选区，会在第2章中进行介绍。它的选项栏如图1-5-11所示，其中一些选项的作用如下。

图1-5-10 "图案样式"面板

图1-5-11 "油漆桶工具"选项栏

（1）下拉列表：选择"前景"选项后，填充的是前景色；选择"图案"选项后，填充的是图案。

（2）"图案"下拉按钮：单击它，可以调出"图案样式"面板，如图1-5-10所示，用来设置填充的图案；可以更换、删除和新建图案样式；利用面板菜单可以载入图案。

（3）"容差"数值框：其内的数值决定了容差的大小。容差的数值决定了填充色的范围，其值越大，填充色的范围也就越大。

（4）"消除锯齿"复选框：选中它后，可以使填充的图像边缘的锯齿减小。

（5）"连续的"复选框：在给几个不连续的颜色容差在设置范围内的区域填充颜色或图案时，若选中了该复选框，则只给选中的连续区域填充前景色或图案；若没有选中该复选框，则给所有颜色容差在设置范围内的区域（可以是不连续的）填充前景色或图案。

（6）"所有图层"复选框：选中它后，可在所有可见图层内进行操作，即给选区内的所有可见图层中的颜色容差在设置范围内的区域填充颜色或图案。

（7）"不透明度"数值框：用来设置填充颜色或图案的不透明度。对于"不透明度"数值框，除了可以在其数值框中输入数值，还可以单击数值框右侧的下拉按钮，调出滑槽和滑块，如图1-5-12（a）所示，可以拖动滑块来更改数值，如图1-5-12（b）所示；还可以将鼠标指针移到数值框的标题文字之上，当指针呈指向手指状态时，可以向左或向右拖动来调整数值，如图1-5-12（c）所示；按住 Shift 键，同时拖动鼠标，可以以10为增量进行数值调整。

在滑块框外单击或按 Enter 键关闭滑块框。若要取消更改，则可按 Esc 键。

（a）　　　　　　　　　　（b）　　　　　　　　　　（c）

图1-5-12　各种调数值的方法

3．使用快捷键和命令填充

（1）使用快捷键填充单色：通常采用如下两种方法。

- 用背景色填充：按 Ctrl+Delete 或 Ctrl+BackSpace 组合键，可用背景色填充整个画布，若有选区，则填充整个选区。

- 用前景色填充：按 Alt+Delete 或 Alt+BackSpace 组合键，可用前景色填充整个画布，若有选区，则填充整个选区。

（2）使用命令填充：单击"编辑"→"填充"命令，调出"填充"对话框，如图1-5-13所示。

图1-5-13　"填充"对话框

该对话框内的许多选项与"油漆桶工具"选项栏内的相应选项的作用一样。其中，"内容"下拉列表用来选择颜色类型，若选择了"图案"选项，则"填充"对话框内的"自定图案"下拉按钮和"脚本"复选框会变为有效状态，如图1-5-13所示。"自定图案"下拉按钮的作用与"油漆桶工具"的选项栏内的"图案"下拉按钮的作用一样，也可以调出如图1-5-10所示的"图案样式"面板。

选中"脚本"复选框后，"脚本"下拉列表变为有效状态，用来选择一种填充方式，填充方式有"砖形填充""沿路径置入""十字线织物""随机填充""螺线""对称填充"6种。

（3）使用剪贴板粘贴图像：单击"编辑"→"粘贴"命令，即可将剪贴板中的图像粘贴到当前图像中，同时会在"图层"面板中增加一个新图层，用来存放粘贴的图像。

4．混合模式

在画布窗口内绘图（包括使用画笔、铅笔、仿制图章等工具绘制图形图像，以及给选区填充单色、渐变色及纹理图案）时，在选项栏内都有一个"模式"下拉列表，用来选择绘图时的混合模式。绘图的混合模式就是绘图颜色与下面原有图像像素混合的方法。可以使用的模式会根据当前选定的工具自动确定。使用混合模式可以创建各种特殊效果。

"图层"面板内也有一个"模式"下拉列表，为图层或组指定混合模式，图层混合模式与绘图混合模式类似。图层的混合模式确定了其像素如何与图像中的下层像素进行混合。

图层没有"背后"和"清除"混合模式。此外，"颜色减淡""颜色加深""变暗""变亮""差值""排除"模式不可用于 Lab 图像，仅有"正常""溶解""变暗""正片叠底""变亮""线性减淡（添加）""差值""色相""饱和度""颜色""亮度""浅色""深色"混合模式适用于 32 位图像。

下面简单介绍各种混合模式的特点，在介绍混合模式的效果时，所述的基色是图像中的原始颜色，混合色是通过绘图或编辑工具应用的颜色，结果色是混合后得到的颜色。

（1）正常：当前图层中新绘制或编辑的图像的每个像素将覆盖原来的底色或图像的每个像素，使其成为结果色，绘图效果受不透明度的影响，这是默认模式。

（2）溶解：编辑或绘制每个像素，使其成为结果色，效果受不透明度的影响。根据任何像素位置的不透明度，结果色由基色或混合色的像素随机替换。

（3）背后：只能用于非背景图层中，仅在图层的透明部分进行编辑或绘图，而且仅在取消选择"锁定透明区域"复选框的图层中使用，类似在透明纸的透明区域背面绘图。

（4）清除：只有在取消选择"锁定透明区域"复选框的图层中才能使用此模式，用来清除当前图层的内容；编辑或绘制每个像素，使其透明。此模式可用于"形状工具"（当选定填充区域时）、"油漆桶工具" 、"画笔工具" 、"铅笔工具" 、"填充"和"描边"命令。

（5）变暗：系统将查看每个通道中的颜色信息（或比较新绘制图像的颜色与底色），并选择基色或混合色中较暗的颜色作为结果色，替换比混合色亮的像素，而比混合色暗的像素保持不变，从而使混合后的图像颜色变暗。

（6）正片叠底：查看各通道的颜色信息，将基色与混合色进行正片叠底，结果色总是较暗的颜色。任何颜色与黑色正片叠底均产生黑色，任何颜色与白色正片叠底均保持不变。当使用黑色或白色以外的颜色绘图时，结果色会产生不同程度的变暗效果。

（7）颜色加深：通过提升对比度使基色变暗以反映混合色。与白色混合后不变化。

（8）线性加深：通过降低亮度使基色变暗以反映混合色。与白色混合后不变化。

（9）深色：比较混合色和基色的所有通道值的总和并显示通道值较小的颜色，从基色和混合色中选择最小的通道值来创建结果色。

（10）变亮：查看每个通道中的颜色信息，并选择基色或混合色中较亮的颜色作为结果色。比混合色暗的像素被替换，比混合色亮的像素保持不变。

（11）滤色：查看每个通道的颜色信息，并将混合色的互补色与基色进行正片叠底，如红色与蓝色混合后的颜色是粉红色。结果色总是较亮的颜色。当用黑色过滤时，颜色保持不变；用白色过滤将产生白色。该模式类似于将两张幻灯片分别用两台幻灯机同时放映到同一位置，由于有来自两台幻灯机的光，因此结果图像通常比较亮。

（12）颜色减淡：通过降低对比度使基色变亮以反映混合色。与黑色混合后不变化。

（13）线性减淡（添加）：提升亮度使基色变亮以反映混合色。与黑色混合后不变化。

（14）浅色：比较混合色和基色的所有通道值的总和并显示通道值较大的颜色。"浅色"不会生成第三种颜色，因为它将从基色和混合色中选择最大的通道值来创建结果色。

（15）叠加：对颜色进行正片叠底或过滤，具体取决于基色。颜色在现有像素上叠加，同时保留基色的明暗对比。不替换基色，但基色与混合色相混合以反映原色的亮度或暗度。

（16）柔光：新绘制图像的混合色有柔光照射的效果。系统将使灰度小于50%的像素变亮，使灰度大于50%的像素变暗，从而调整图像灰度，使图像亮度的反差减小。

（17）强光：新绘制图像的混合色有耀眼的聚光灯照在图像上的效果。当新绘制图像的颜色灰度大于50%时，以屏幕模式混合，产生加光的效果；当新绘制图像的颜色灰度小于50%时，以正片叠底模式混合，产生暗化的效果。

（18）亮光：通过提升或降低对比度来加深或减淡颜色，具体取决于混合色。若混合色（光源）比50%灰色亮，则使图像变亮：若混合色比50%灰色暗，则使图像变暗。

（19）线性光：降低或提升亮度来加深或减淡颜色，具体取决于混合色若混合色（光源）比50%灰色亮，则使图像变亮；若混合色比50%灰色暗，则使图像变暗。

（20）点光：根据混合色替换颜色。若混合色比50%灰色亮，则替换比混合色暗的像素，而不改变比混合色亮的像素：若混合色比50%灰色暗，则替换比混合色亮的像素，而比混合色暗的像素保持不变。这对于给图像添加特殊效果非常有用。

（21）实色混合：将混合颜色的红、绿和蓝通道值添加到基色RGB值上。若通道值的总和大于或等于255，则值为255；否则值为0。因此，所有混合像素的红、绿和蓝的通道值都是0或255，这会将所有像素更改为原色，即红、绿、蓝、青、黄、洋红、白或黑。

（22）差值：查看各通道的颜色，从基色中减去混合色或从混合色中减去基色，具体取决于哪种颜色的亮度更高。与白色混合将反转基色值，与黑色混合不变化。

（23）排除：其混色效果与差值模式的混色效果基本一样，只是其图像对比度更低、更柔和一些。与白色混合将反转基色值，与黑色混合不发生变化。

（24）色相：用基色的明亮度和饱和度及混合色的色相创建结果色。

（25）饱和度：用基色的明亮度和色相及混合色的饱和度创建结果色。在无饱和度（灰色）的区域中使用此模式绘画不会发生任何变化。

（26）颜色：用基色的明亮度及混合色的色相和饱和度创建结果色。这样可以保留图像中的灰阶，并且对于给单色图像上色和给彩色图像上色都会非常有用。

（27）明度：用基色色相和饱和度及混合色的亮度创建结果色，其效果与"颜色"模式的效果相反。

【思考练习】

1．填空题

（1）Photoshop CC 2017 的工作界面主要由 ＿＿＿＿＿、＿＿＿＿＿、＿＿＿＿＿、＿＿＿＿＿、＿＿＿＿＿ 和 ＿＿＿＿＿ 等组成。

（2）工具箱从上到下按功能可分为 ＿＿＿＿＿＿＿、＿＿＿＿＿＿＿、＿＿＿＿＿＿＿、＿＿＿＿＿＿＿ 和 ＿＿＿＿＿＿＿ 5 部分。

（3）单击 "＿＿＿＿" → "＿＿＿＿" 命令，可以在显示和隐藏标尺之间切换。

（4）显示和隐藏"属性"面板的操作方法是 ＿＿＿＿＿＿＿＿＿＿＿＿＿。

（5）显示和隐藏标尺的操作方法是 ＿＿＿＿＿＿＿＿＿＿＿＿＿。

（6）按住 ＿＿＿＿＿＿ 键，同时拖动图像，可复制图像。

（7）颜色的三要素有 ＿＿＿＿＿、＿＿＿＿＿ 和 ＿＿＿＿＿。三原色有 ＿＿＿＿＿、＿＿＿＿＿ 和 ＿＿＿＿＿。

（8）分辨率可以分为 ＿＿＿＿＿ 和 ＿＿＿＿＿ 两种。

（9）色域是 ＿＿＿＿＿＿＿＿＿＿＿＿＿＿＿＿＿。

（10）色阶是 ＿＿＿＿＿＿＿＿＿＿＿＿＿＿＿＿＿＿＿，有 ＿＿＿＿＿ 个等级，其范围是 ＿＿＿＿＿，其值越大，亮度越 ＿＿＿；其值越小，亮度越 ＿＿＿＿＿。

2．问答题

（1）在启动 Photoshop CC 2017 后，不是调出如图 1-1-1 所示的欢迎界面，而是直接调出如图 1-1-2 所示的工作界面，而且背景色不是黑色，而是浅灰色。应该如何进行设置？

（2）Photoshop CC 2017 的工作界面主要由哪几部分组成？

（3）显示和隐藏"历史记录"面板的操作方法是什么？

（4）显示和隐藏标尺的操作方法是什么？

（5）点阵图和矢量图有什么不同点？

（6）"内容识别"功能的作用是什么？

3．操作题

（1）启动 Photoshop CC 2017，先将"色板""颜色""样式"3 个面板组成一个面板组，将"字符"和"段落"组成一个面板组；然后将工作区以一个名称进行保存。

（2）打开一幅 BMP 格式的图像，先将该图像的宽度调整为 500 像素，图像宽高比不变；再将该图像保存为 JPG 格式的图像文件。

（3）将 4 幅图像加工成大小一样且都有 20 像素宽白边的图像，并分别将它们保存。

（4）打开一幅图像，将它均匀地裁切成 4 份，分别以不同的名称保存。

（5）新建一个文档，它的宽为 500 像素，高为 400 像素，分辨率为 96 像素/英寸，颜色模式为 RGB 模式，8 位。

（6）对一幅图像进行裁剪操作，裁剪后的图像的宽为 400 像素、高为 300 像素。

（7）使用透视裁剪工具将一幅宠物图像的头部放大以产生大头宠物的效果，类似鱼眼或广角镜头的拍摄效果。

第2章 创建选区和选区应用

本章介绍5个案例的制作方法。选区也叫选框，是由一条流动虚线围成的区域。选区应用就是选区填充和选区描边。通过本章的学习，可以掌握创建和编辑各种选区，调整和修改选区，给选区填充单色、图案和图像，使用渐变工具给选区填充渐变颜色，编辑选区和其内的图像，选择性粘贴图像，选区描边等方法。若没有创建选区，则对图像的编辑操作是针对整个图像的（有些操作无法进行）。有了选区后，就可以只对选区内的图像进行编辑了。创建选区可以使用工具箱中的一些工具、命令，也可以使用路径、通道和蒙版等技术。利用路径、通道和蒙版等技术创建选区的方法会在以后进行介绍。

2.1 【案例1】中华太极

"中华太极"图像如图2-1-1所示，画面以浅绿色为底色，有太极圣地图像和练习太极武术的男女老少，还有一幅太极图，以及一段介绍太极博大精深的文字。图像上添加有白色网格，使整个画面显得简单、明净。

图2-1-1 "中华太极"图像

【制作方法】

1. 制作3幅图像

（1）设置背景色为浅绿色。单击"文件"→"新建"命令，调出"新建文档"对话框，

如图 1-2-5 所示，设置宽度为 1000 像素、高度为 500 像素、分辨率为 72 像素 / 英寸、模式
为 RGB 颜色模式、背景为背景色（浅绿色）。单击"创建"按钮，即可增加一个新文档窗
口（参看 1.2.3 节内容）并以名称"中华太极 .psd"保存文档。

（2）单击"文件"→"打开"命令，调出"打开"对话框，选中"太极"文件夹，选
中其内的"太极 0.jpg"～"太极 2.jpg"3 幅关于太极圣地的图像，将前两幅图像进行裁切处理。
3 幅图像分别如图 2-1-2 ～图 2-1-4 所示。

图 2-1-2　"太极 0"图像　　　图 2-1-3　"太极 1"图像　　　图 2-1-4　"太极 2"图像

（3）选中第 3 幅图像，双击"图层"面板内的"背景"图层，调出"新建图层"对话框，
单击"确定"按钮，将"背景"图层转换为普通图层；单击"编辑"→"变换"→"旋转"
命令，适当旋转图像，按 Enter 键后进行裁剪，效果如图 2-1-4 所示。

（4）使用工具箱中的"移动工具"命令，将 3 幅图像分别拖曳至"中华太极 .psd"画
布窗口中，这时，"图层"面板中生成"图层 1"～"图层 3"3 个图层，分别放置 3 幅图像。

（5）选中"移动工具"选项栏内的"自动选项"复选框，分别调整 3 幅图像的位置和
大小，在"图层"面板内拖曳图层的上下相对位置，效果如图 2-1-5 所示。

2．制作太极老人图像

（1）单击"文件"→"打开"命令，调出"打开"对话框，选中"太极"文件夹内的
"太极 6.jpg"图像，单击"打开"按钮，打开"太极 6.jpg"图像。单击"图像"→"图像
大小"命令，调出"图像大小"对话框，利用该对话框调整图像的宽度为 400 像素、高度
为 300 像素，效果如图 2-1-6 所示。

图 2-1-5　3 幅加工后的图像　　　　　　图 2-1-6　"太极 6"图像

（2）单击工具箱的"磁性套索工具"按钮 ，鼠标指针变为磁性套索状 ，沿着"太
极 6"图像中的人物轮廓拖动鼠标，如图 2-1-7 所示，最后回到起点，当鼠标指针出现小圆

圈时，单击即可形成一个闭合的选区，如图2-1-8所示。

（3）将图像的显示比例调整为200%。单击工具箱内的"椭圆选框工具"按钮◯，按住Alt键，鼠标指针右下方会出现一个减号，在选中多余图像处拖曳一个圆形选区，使该选区与原选区相减，如图2-1-9所示。将头部选中的多余图像的选区减除后的效果如图2-1-10所示。使用这种方法对人物选区其他部分进行处理。也可以使用"矩形选框工具"▢。

图2-1-7 使用"磁性套索工具"命令的效果　图2-1-8 闭合的选区　图2-1-9 选区相减　图2-1-10 减除后的效果

（4）单击工具箱内的"矩形选框工具"按钮▢，按住Shift键，在选区没选中人物的部分图像处拖曳，此时创建的选区与原选区相加，使最后创建的选区尽量刚好选中人物。

（5）单击"选择"→"反选"命令，创建选中原选区以外的选区。单击"选择"→"修改"→"平滑"命令，调出"平滑选区"对话框，在"取样半径"数值框内输入1，如图2-1-11所示，单击"确定"按钮，关闭该对话框，这样可以使选区更平滑一些，如图2-1-12所示。

图2-1-11 "平滑选区"对话框

图2-1-12 选区反选和平滑后的效果

（6）将图像的显示比例调整为400%，若选区整体多选中了一点人物部分的图像，则可以单击"选择"→"修改"→"收缩"命令，调出"收缩选区"对话框，如图2-1-13所示。根据需要的收缩量在数值框内输入相应的数值，单击"确定"按钮。

若选区整体少选中了一点人物部分的图像，则可以单击"选择"→"修改"→"扩展"命令，调出"扩展选区"对话框，如图2-1-14所示。根据需要的扩展量在数值框内输入相应的数值，单击"确定"按钮。

图2-1-13　"收缩选区"对话框　　　　　图2-1-14　"扩展选区"对话框

（7）按照上述方法进行选区相加和相减操作，以更好地修改选区。双击"背景"图层，调出"新建图层"对话框，单击"确定"按钮，将"背景"图层转换为普通图层。按 Delete 键，删除选区内的人物背景图像，效果如图2-1-15 所示。

图2-1-15　删除选区内的
人物背景图像的效果

（8）单击"选择"→"反选"命令，使选区选中人物图像。单击"编辑"→"拷贝"命令，将选区内的人物图像复制到剪贴板内。

单击"中华太极.psd"画布窗口标签，切换到"中华太极.psd"画布窗口。单击"编辑"→"粘贴"命令，将剪贴板内的图像粘贴到该画布窗口内。这时，在"图层"面板中会自动生成一个名为"图层4"的图层，其内放置着刚刚粘贴的图像。

（9）选中"图层4"，使用"移动工具"命令调整粘贴的人物图像的位置，单击"编辑"→"变换"→"水平翻转"命令，使人物图像水平翻转。

单击"编辑"→"自由变换"命令，进入人物图像的自由变换状态，调整该图像的大小和旋转角度，按 Enter 键，加工后的图像如图2-1-16 所示。

3．制作其他图像和羽化图像

（1）打开"太极15.jpg"图像，双击"背景"图层，调出"新建图层"对话框，单击"确定"按钮，将"背景"图层转换为普通图层。单击工具箱中的"魔棒工具"按钮，鼠标指针变为魔棒状，单击人物背景，创建一个选区，将与单击点相连处颜色相同或相近的图像像素包围起来。按住 Shift 键，同时单击没选中的背景图像，直至选区几乎将所有背景图像均选中。采用选区相加/减的方法修改选区，效果如图2-1-17 所示。

（2）按 Delete 键，删除选区内的人物背景图像，按 Ctrl+D 组合键，取消选区，效果如图2-1-18 所示。使用"移动工具"命令，将该图像拖曳到"太极.psd"画布窗口中，此时，在"图层"面板中会自动生成一个名为"图层5"的图层，其内放置着刚刚粘贴的图像。

（3）选中"图层5"，单击"编辑"→"自由变换"命令，进入人物图像的自由变换状态，调整该图像的大小和旋转角度，按 Enter 键，确定图像的变换。使用"移动工具"命令调整粘贴的人物图像的位置。

（4）拖曳"图层"面板中的"背景"图层至"创建新图层"按钮之上，生成一个"背景副本"图层，选中"背景副本"图层。

图2-1-16　加工后的图像

图2-1-17　选中背景的选区

图2-1-18　删除背景

（5）调出"样式"面板，如图2-1-19所示。单击该面板的"面板菜单"按钮，调出"样式"面板菜单，单击该菜单内的"纹理"命令，调出"Adobe Photoshop CC 2017"提示框，如图2-1-20所示。单击"追加"按钮，即可将"纹理"中的多种样式追加到"样式"面板原来样式的后边。

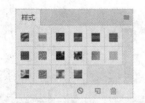
图2-1-19　"样式"面板

图2-1-20　"Adobe Photoshop CC 2017"提示框

（6）单击"样式"面板中的"水中倒影"图标，将该样式应用于"背景副本"图层中。此时的画布效果如图2-1-21所示。

（7）按照处理"太极15.jpg"图像的方法，将"太极13.jpg"和"太极18.jpg"图像中的人物选出并添加到"中华太极.psd"画布窗口中。调整这两幅图像的大小和位置，如图2-1-22所示。此时，在"图层"面板内会自动生成"图层6"和"图层7"两个图层，将这两个图层都移到"图层5"的上边。

图2-1-21　制作5幅图像

图2-1-22　制作7幅图像

（8）打开"太极9.jpg"图像，单击"矩形选框工具"按钮，先在其选项栏内的"羽化"数值框中输入80px，设置选区羽化30像素；再在画布内拖曳，选中人物部分图像，创建一个羽化的矩形选区，这时看到羽化的矩形选区比拖曳的矩形要小一些。

（9）单击"编辑"→"拷贝"命令，将矩形选区内的羽化图像复制到剪贴板内。切换到"中华太极.psd"画布窗口，单击"编辑"→"粘贴"命令，将剪贴板内的羽化图像粘贴到画布窗口中。使用"移动工具"命令，调整粘贴图像的位置，如图2-1-23所示。此时，在"图层"面板内会自动生成"图层8"，将该图层移到"图层3"的上边。

（10）打开"太极17.jpg"图像，创建选中全部图像的羽化80像素的矩形选区，将选区内的图像复制到剪贴板内。切换到"中华太极.psd"画布窗口，将剪贴板内的羽化图像粘贴到画布窗口中，调整粘贴图像的位置，如图2-1-23所示。此时，在"图层"面板内会自动生成"图层9"，将该图层移到"图层8"的上边。

（11）按照上述方法，在画布窗口内复制其他两幅不同程度羽化的图像，调整它们的大小和位置，结果如图2-1-24所示。此时，在"图层"面板内会自动生成"图层10"和"图层11"两个图层，将它们都移到"图层9"的上边。单击"图层8"的图标 ◉，使它变为 ▢，隐藏该图层。同样，将"图层9"~"图层11"3个图层隐藏。

图2-1-23　羽化图像1

图2-1-24　羽化图像2

4．制作文字

（1）使用工具箱中的"横排文字工具"命令，在它的选项栏中设置文字字体为"华文楷体"，大小为"60点"，输入文字"中华太极"。

（2）单击工具箱内的"移动工具"按钮 ✛，拖曳"图层"面板内的"中华太极"文本图层到"创建新图层"按钮 ▫ 之上，复制一个"中华太极"文本图层，名称为"中华太极副本"。

（3）选中"中华太极副本"文本图层，单击"样式"面板内的"迸发"图标 ▨，使文字变为立体文字。先单击"中华太极"文本图层，再单击"样式"面板内的"喷溅蜡纸"图标 ▨，使蓝色立体文字"中华太极"四周出现白色光芒，如图2-1-1所示。

（4）使用工具箱中的"横排文字工具"命令，先在其选项栏内设置文字字体为"宋体"、颜色为"红色"、大小为"12点"，样式为"浑厚"，再在画面内的左下角拖曳出一个文本矩形，然后输入"太极是阐明宇宙从无极而太极，以至万物化生的过程……"，效果如图2-1-1所示。

（5）将"图层6"和"图层7"两个图层隐藏，此时画面内的左边一个人物和右边两个人物被隐藏。

5．制作白色网格

（1）单击"编辑"→"首选项"→"参考线、网格和切片"命令，调出"首选项"对话框，同时选中该对话框内左边列表框内的"参考线、网格和切片"选项。在"网格"选区内进行相应的设置（红色），如图2-1-25所示。单击"确定"按钮，关闭"首选项"对话框。

（2）单击"视图"→"显示"→"网格"命令，使画布窗口内显示网格，如图2-1-26所示。在"图层3"之上创建一个"图层12"并选中该图层。

图2-1-25 "网格"选区

图2-1-26 显示网格

（3）单击工具箱中的"单行选框工具"按钮，首先单击一条水平网格线，创建一行水平选区；其次按住Shift键，单击其他的水平网格线，在画布中创建多行选区；然后单击工具箱中的"单列选框工具"按钮，，单击一条垂直网格线，创建一列垂直选区；最后按住Shift键，单击其他的垂直网格线，在画布中创建多列选区。

（4）单击"编辑"→"描边"命令，调出"描边"对话框，设置描边颜色为白色，宽度为2px，选中"居中"单选按钮。按Ctrl+D组合键，取消选区。单击"视图"→"显示"→"网格"命令，隐藏灰色网格，只显示所绘制的白色网格，效果如图2-1-27所示。

（5）复制一个"图层12副本"图层，并将"图层12"隐藏。按住Ctrl键，单击"图层3"的缩览图，将其载入选区，选中"图层3"内的"太极3"图像。单击"选择"→"反选"命令，使选区选中"太极3"图像以外的区域。

（6）选中"图层12副本"图层，按Delete键，将"图层12副本"图层内的"太极3"图像外的白线删除。按Ctrl+D组合键，取消选区，结果如图2-1-28所示。

（7）将"图层12"显示。按住Ctrl键，单击"图层1"中图像的缩览图，将其载入选区，选中"图层1"内的"太极1"图像，单击"选择"→"反选"命令，选区选中"太极1"图像以外的区域。选中"图层12"，按Delete键，将"图层12"内的"太极1"图像外的白线删除。取消选区，结果如图2-1-29所示。

（8）按住Ctrl键，单击"图层1"和"图层6"，单击"编辑"→"自由变换"命令，

同时旋转调整"图层1"内的"太极1"图像与"图层12"内的白线的位置和旋转角度,按
Enter 键。

(9)在"太极2"图像的左下角还有一点白线,可以按照上述方法将该白线删除:按住
Ctrl 键,选中"图层2"的缩览图,将其载入选区,选中该图层内的"太极2"图像。单击"图
层12",按 Delete 键,将"图层12"内的"太极2"图像内的白线删除。按 Ctrl+D 组合键,
取消选区。旋转"太极1"图像及其白线,如图2-1-30 所示。

图2-1-27 描边效果

图2-1-28 保留"太极3"图像范围内的白线

图2-1-29 在"太极1"图像上添加白线

图2-1-30 旋转"太极1"图像及其白线

6.制作太极图像

(1)在"中华太极副本"文本图层之上新增一个名称为"图层13"的图层。将"背景"
图层和"图层13"之外的所有图层隐藏。创建8条参考线,中间参考线的交点为圆形图形
的中点。选中"图层12"。

(2)单击"椭圆选框工具"按钮,按住 Shift+Alt 组合键,在中间参考线的交点处
向外拖曳,直到外边参考线处,先松开鼠标左键,再松开 Shift+Alt 组合键,创建一个圆形
选区。

(3)设置前景色为黑色、背景色为白色,按住 Alt+Delete 组合键,给圆形选区填充黑
色,结果如图2-1-31 所示。

(4)单击工具箱中的"矩形选框工具"按钮,在其选项栏内的"羽化"数值框中输
入0。将鼠标指针定位在圆形图形外围参考线的左上角,按住 Alt 键,同时拖曳一个矩形选
区到中间水平参考线处,减去上半部分圆形选区,创建一个半圆形选区。

(5)按 Ctrl+Delete 组合键,给半圆形选区填充白色,如图2-1-32 所示。按 Ctrl+D 组合键,
取消选区,背景和半圆图案制作完毕。

（6）单击工具箱中的"椭圆选框工具"按钮 ◯，按住 Alt+Shift 组合键，从第 2 条水平参考线与第 2 条垂直参考线的交叉点向外拖曳，创建一个以交叉点为圆心的圆形选区。按 Alt+Delete 组合键，为选区填充黑色，如图 2-1-33 所示。

（7）水平拖曳圆形选区，将其移到右边，按 Ctrl+Delete 组合键，为选区填充白色，制作出鱼形图形，如图 2-1-34 所示。按 Ctrl+D 组合键，取消选区。

图2-1-31　给圆形选区　图2-1-32　给半圆形　图2-1-33　黑色小圆　图2-1-34　鱼形图形
　　　　　填充黑色　　　　　　　　选区填充白色

（8）使用上述方法为鱼形图形创建一个白色圆形和一个黑色圆形，即太极图形，如图 2-1-1 所示（还没有进行立体化处理）。

（9）单击"图层"面板中的"添加图层样式"按钮 *fx*，调出它的菜单，单击其内的"斜面和浮雕"命令，调出"图层样式"对话框，采用默认值，单击"确定"按钮，制作出立体太极图形效果，如图 2-1-1 所示。最后显示所有图层。

链接知识

1．选框工具组工具

在工具箱中，创建选区的工具分别为选框工具组、套索工具组和魔棒工具等，如图 2-1-35 所示。选框工具组有矩形、椭圆、单行和单列选框工具，如图 2-1-36 所示。选框工具组的工具是用来创建规则选区的。单击相应选框工具后，鼠标指针变为十字线状。

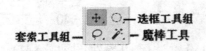
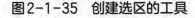

图2-1-35　创建选区的工具

图2-1-36　选框工具组

（1）"矩形选框工具" ⬚：在画布窗口内拖曳即可创建一个矩形选区。

（2）"椭圆选框工具" ◯：在画布窗口内拖曳即可创建一个椭圆选区。

按住 Shift 键，同时拖曳，可以创建一个正方形或圆形选区；按住 Alt 键，同时拖曳，可以创建一个以单击点为中心的矩形或椭圆选区；按住 Shift+Alt 组合键，同时拖曳，可以创建一个以单击点为中心的正方形或圆形选区。

（3）"单行选框工具" ▭：单击画布窗口内区域，可创建一行单像素选区。

（4）"单列选框工具" ▯：单击画布窗口内区域，可创建一列单像素选区。

2．选框工具的选项栏

各选框工具的选项栏基本如图2-1-37所示，其中各选项的作用如下。

图2-1-37　选框工具的选项栏

（1）"设置选区形式" ：由4个按钮组成，它们的作用如下。

● "新选区" 按钮：单击它后，若已经有了一个选区，要再创建一个选区，则原来的选区将消失，新创建的选区替代原始选区，成为目标选区。

● "添加到选区" 按钮：单击它后，若已经有了一个选区，要再创建一个选区，则新选区与原始选区连成一个目标选区。例如，一个矩形选区和另一个与之相互重叠一部分的椭圆选区连成一个目标选区，如图2-1-38所示。

按住Shift键，同时拖曳出一个选区，也可以实现相同的功能，从而构成目标选区。

● "从选区减去" 按钮：单击它后，若已经有了一个选区，要再创建一个选区，则可在原始选区上减去与新选区重叠的部分，得到一个目标选区。例如，一个矩形选区和另一个与之相互重叠一部分的椭圆选区连成一个目标选区，如图2-1-39所示。

按住Alt键，同时拖曳出一个新选区，也可以实现相同的功能。

● "与选区交叉" 按钮：单击它后，可只保留新选区与原始选区的重叠部分，得到目标选区。例如，一个椭圆选区与一个矩形选区重叠部分的新选区如图2-1-40所示。

按住Shift+Alt组合键，同时拖曳出一个新选区，也可以保留新选区与原始选区的重叠部分。

　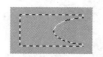　

图2-1-38　添加到选区　　　图2-1-39　从选区减去　　　图2-1-40　与选区交叉

（2）"羽化" 数值框 ：在该数值框内可以设置选区边界线的羽化程度，当数字为0时，表示不羽化（单位是像素）。图2-1-41是在没有羽化的椭圆选区内贴入一幅图像的效果，图2-1-42是在羽化20像素的椭圆选区内贴入一幅图像的效果。

（3）"样式" 下拉列表：使用 "椭圆选框工具" 或 "矩形选框工具" 后，该下拉列表变为有效状态。它有3个样式，如图2-1-43所示。

图2-1-41　没有羽化填充　　　图2-1-42　羽化填充　　　图2-1-43　"样式" 下拉列表

（4）"消除锯齿"复选框：使用"椭圆选框工具" ⊙ 后，该复选框变为有效状态。选中它后，可以使选区边界变得更平滑。

在"样式"下拉列表中选中"正常"选项后，其右边的两个数值框会变为无效状态。在"样式"下拉列表中选中"固定比例"和"固定大小"两个选项后，其右边的两个数值框会变为有效状态，用来确定选取大小或宽高比。

● 选择"正常"选项：可以创建任意大小的选区。

● 选择"固定比例"选项：在其右边的两个数值框内输入数值，以确定新选区的长宽比。

● 选择"固定大小"选项：在其右边的两个数值框内输入数值，以确定新选区的尺寸。

3．使用菜单命令创建选区

（1）扩大选区：在已经有了一个或多个选区后，若要扩大与选区内颜色和对比度相同或相近的区域为选区，则可以单击"选择"→"扩大选取"命令。例如，图2-1-44是有3个选区的画布，3次单击"选择"→"扩大选取"命令后，选区如图2-1-45所示。

（2）选取相似：若要选取与选区内颜色和对比度相似的区域为选区，则可以单击"选择"→"选取相似"命令。利用"选取相似"命令，可在整个图像内创建多个选区，而"扩大选区"命令是在原始选区的基础上扩大选取范围。3次单击"选择"→"选取相似"命令后，选区如图2-1-46所示。

图2-1-44　创建3个选区　　　　图2-1-45　扩大选区　　　　图2-1-46　选取相似

（3）选取整个画布为一个选区：单击"选择"→"全部"命令或按Ctrl+A组合键。

（4）反选选区：单击"选择"→"反选"命令，创建选中原始选区外的选区。

4．取消、隐藏和移动选区

（1）取消选区：按Ctrl+D组合键可以取消选区。在"与选区交叉" 🔲 或"新选区" ■ 状态下，单击选区外任意处或单击"选择"→"取消选择"命令，都可以取消选区。

（2）隐藏选区：单击"视图"→"显示"→"选区边缘"命令，使它左边的√取消，可隐藏选区。虽然选区被隐藏了，但对选区的操作仍可进行。若要使隐藏的选区显示出来，则可重复刚才的操作。

（3）移动选区：在选择选框工具组工具的情况下，将鼠标指针移到选区内部（此时鼠标指针变为三角箭头状，而且箭头右下角有一个虚线形成的小矩形），拖曳鼠标，可以移动选区。若按住Shift键，同时拖曳选区，则可以使选区在水平方向、垂直方向或45°的整数倍斜线方向移动。

【思考练习】

1. 制作一幅"摄影相册封面"图像，如图2-1-47所示。画面以浅绿色为底色，在风景和荷花图像上添加了白色网格，使整个画面显得简单、明净。制作该图像使用了3幅图像，如图2-1-48所示。

图2-1-47 "摄影相册封面"图像

图2-1-48 "风景"图像、"荷花"图像和"佳人"图像

2. 制作一幅"来到比萨斜塔"图像，如图2-1-49所示。"来到比萨斜塔"图像是利用如图2-1-50所示的"比萨斜塔"图像、"宝宝"图像和"苹果"图像加工而成的。

图2-1-49 "来到比萨斜塔"图像　　图2-1-50 "比萨斜塔"图像、"宝宝"图像和"苹果"图像

3．制作一幅"思念"图像，如图2-1-51所示。由图2-1-51可以看出，由"心"图案（见图2-1-52）填充的背景中有一幅四周羽化的女孩图像（见图2-1-53）。

图2-1-51　"思念"图像　　　　图2-1-52　"心"图像　　　　图2-1-53　"女孩"图像

2.2　【案例2】宝宝照相馆

"宝宝照相馆"图像如图2-2-1所示。可以看到，该图像以黑色为背景，其上放置了一些宝宝照片，几幅照片还添加了简单的相片框。另外，还显示了两个三原色混色图形。三原色混色图形是一幅反映红色、绿色和蓝色三原色混合效果的图形。通过学习本节内容，可以进一步掌握在"图层"面板中添加新图层、创建选区、移动选区、给选区填充单色、设置图层的混合模式、输入文字和使用"样式"面板给文字添加图层样式等的操作方法。

图2-2-1　"宝宝照相馆"图像

【制作方法】

1．新建文档和设置颜色

（1）单击工具箱内的"设置背景色"图标，调出"拾色器"对话框，如图1-5-2所示。在其内的"R""G""B"3个数值框内均输入0，单击"确定"按钮，即可设置背景色为黑色。

（2）单击"文件"→"新建"命令，调出"新建文档"对话框，设置背景色为黑色、宽度为700像素、高度为300像素。单击"确定"按钮，新建一个画布窗口。

（3）单击"文件"→"存储为"命令，调出"另存为"对话框，利用该对话框将新画布以名称"宝宝照相馆.psd"保存。

（4）新建一个背景色为黑色、宽度为200像素、高度为200像素的画布窗口，以名称"三原色混合.psd"保存。

（5）单击工具箱内的"设置前景色"图标，调出"拾色器"对话框，在"R""G""B" 3个数值框内分别输入255、0、0。单击"确定"按钮，设置前景色为红色。

（6）单击"设置背景色"图标，调出"拾色器"对话框，在"R""G""B" 3个数值框内分别输入0、255、0。单击"确定"按钮，设置背景色为绿色。

2．绘制三原色混色图

（1）在"三原色混合.psd"文档中，调出"图层"面板，单击该面板内的"创建新图层"按钮，在"背景"图层上创建一个"图层1"并选中该图层。

（2）单击工具箱中的"椭圆选框工具"按钮，按住Shift键，在画布窗口内拖曳以创建一个圆形选区，如图2-2-2（a）所示。按Alt+Delete或Alt+BackSpace组合键，给圆形选区填充前景色（红色），如图2-2-2（b）所示。

（3）在"图层1"上创建一个"图层2"，选中该图层。水平拖曳圆形选区到相应位置，如图2-2-2（c）所示。按Ctrl+Delete或Ctrl+BackSpace组合键，给圆形选区填充背景色（绿色），如图2-2-2（d）所示。

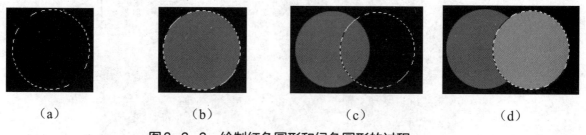

（a）　　　　　　　（b）　　　　　　　（c）　　　　　　　（d）

图2-2-2　绘制红色圆形和绿色圆形的过程

（4）在"图层2"上创建一个"图层3"，选中该图层。将圆形选区移到相应位置，如图2-2-3（a）所示。设置前景色为蓝色（R=0、G=0、B=255），按Alt+Delete组合键，给圆形选区填充前景色，如图2-2-3（b）所示。按Ctrl+D组合键，取消选区，完成蓝色圆形的绘制，如图2-2-3（c）所示。

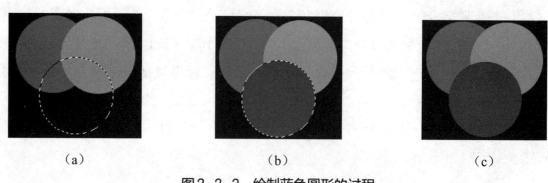

（a）　　　　　　　　　（b）　　　　　　　　　（c）

图2-2-3　绘制蓝色圆形的过程

（5）此时的"图层"面板如图2-2-4所示。选中"图层2"，在"图层"面板中设置图层的混合模式为"差值"模式，如图2-2-5所示，使"图层2"和"图层1"中的图像颜色按照差值混合。

选中"图层3"，在"图层"面板中设置图层的混合模式为"差值"模式，使"图层3"与"图层2"中的图像颜色按照差值混合。三原色混色效果图如图2-2-6所示。

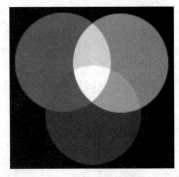

图2-2-4 "图层"面板1　　　图2-2-5 "图层"面板2　　　图2-2-6 三原色混色效果图

（6）单击"图层"面板中的"背景"图层左边的 👁 按钮，使该图案消失，即该图层被隐藏。选中"图层1"，单击"图层"→"合并可见图层"命令，将"图层2"和"图层3"中的内容合并到"图层1"中，此时，"图层"面板内的"图层1"变为"图层1副本"，如图2-2-7所示。

（7）单击"图层"面板中的"背景"图层左边的 ▢ 按钮，使眼睛图案出现，显示背景为黑色。

3．添加"三原色混合"图像和制作立体背景

（1）单击工具箱内的"移动工具"按钮 ✛，拖曳"图层1"内的三原色混色图形，将该图形移到"宝宝照相馆.psd"画布窗口内的左上角。单击"编辑"→"变换"→"缩放"命令，拖曳该图像四周的控制柄，调整其大小，如图2-2-8所示，按Enter键确定。将"宝宝照相馆.psd"图像的"图层"面板中新增的图层的名称改为"三原色图形1"。

（2）按住Alt键，拖曳"宝宝照相馆.psd"画布窗口内的三原色混色图形，将其移到右下角，松开鼠标左键，复制一幅三原色混色图形。将"图层"面板内新增的"三原色图形1副本"图层的名称改为"三原色图形2"。

（3）再次拖曳"图层"面板中的"背景"图层至"创建新图层"按钮 🔲 之上，此时，在"图层"面板中会自动生成一个"背景副本"图层和一个"背景副本2"图层。

（4）选中"背景副本"图层，调出"样式"面板。单击"样式"面板中的"雕刻填空（文字）"图标 ▢，将该样式应用于图层，效果如图2-2-9所示。

（5）设置前景色为黑色：选中"背景副本2"图层，按Alt+Delete组合键，给"背景副

本2"图层填充黑色前景色。

（6）单击"编辑"→"自由变换"命令，进入"自由变换"状态，拖曳黑色矩形四周的控制柄，将图像缩小，效果如图2-2-1所示，按Enter键，确认变换操作。

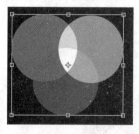

图2-2-7 "图层"面板3　　图2-2-8 调整大小　　　图2-2-9 应用样式的效果

4．制作简单的相片框

（1）打开"宝宝4.jpg"图像文件，将该图像的宽度调整为200像素、高度调整为141像素。使用工具箱中的"矩形选框工具" ，拖曳出一个如图2-2-10所示的矩形选区。

（2）单击"图层"面板中的"创建新图层"按钮，创建一个名为"图层1"的新图层，并选中该图层。单击"选择"→"反选"命令，将选区反选，如图2-2-11所示。

（3）设置前景色为金黄色，按Alt+Delete组合键，给选区填充金黄色，如图2-2-12所示。

（4）单击"图层"面板中的"添加图层样式"按钮，弹出它的菜单，单击该菜单内的"斜面和浮雕"命令，调出"图层样式"对话框，采用默认值，单击"确定"按钮。按Ctrl+D组合键，取消选区，效果如图2-2-13所示。

图2-2-10 "宝宝4.jpg"　　图2-2-11 选区　　图2-2-12 给选区　　图2-2-13 添加图层
图像　　　　　　　　　反选1　　　　　填充金黄色　　　　　样式

（5）使用工具箱中的"移动工具" ，将"宝宝4.jpg"图像拖曳至"宝宝照相馆.pds"文档的画布窗口内。此时"图层"面板内会自动生成一个名为"图层1"的图层。单击"编辑"→"自由变换"命令，进入"自由变换"状态，拖曳图像四周的控制柄，将图像调小，如图2-2-1所示。

（6）单击"图层"→"合并可见图层"命令，将所有可见图层都合并到"背景"图层中。

（7）按照上述方法，给另外两幅图像添加不同颜色的相片框，并拖曳到"宝宝照相馆.pds"文档的画布窗口内。调整好它们的位置和大小，效果如图2-2-1所示。

5．制作虚幻相片

（1）打开"宝宝1.jpg"图像文件，将该图像的宽度调整为360像素、高度调整为264像素。使用工具箱中的"椭圆选框工具" ⬭，在"宝宝1.jpg"图像上拖曳，创建一个如图2-2-14所示的圆形选区。

（2）单击"选择"→"修改"→"羽化"命令，调出"羽化"对话框。利用该对话框设置羽化半径为16像素，单击"确定"按钮，将选区内的图像羽化。

（3）使用工具箱中的"移动工具" ✛，拖曳选区内羽化的图像到"宝宝照相馆.pds"文档的画布窗口内，如图2-2-15（a）所示。

（4）采用相同的方法，在"宝宝照相馆.pds"文档的画布窗口内添加另一个羽化的宝宝图像，如图2-2-15（b）所示。

图2-2-14　创建圆形选区

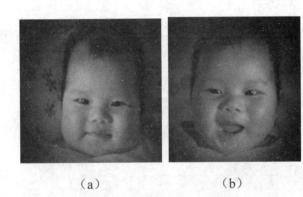

（a）　　　　　　　　（b）

图2-2-15　羽化后的图像

6．粘贴羽化的相机图像

（1）打开"照相机.jpg"图像文件，如图2-2-16所示。单击"图像"→"画布大小"命令，调出"画布大小"对话框，将宽度和高度的单位设置为像素，选中"相对"复选框，在"宽度"和"高度"数值框内都输入30，如图2-2-17所示。单击"确定"按钮，使图像四周增加30像素白边，如图2-2-18所示。

图2-2-16　"照相机.jpg"图像　图2-2-17　"画布大小"对话框　图2-2-18　为图像增加白边

（2）单击工具箱中的"魔棒工具"按钮✐，鼠标指针变为魔棒状✎，在其选项栏的"容差"数值框内输入10，单击"照相机.jpg"图像内的白色背景，创建一个选中白色背景区域的选区，如图2-2-19所示。

（3）单击"选择"→"反选"命令，使选区反选，如图2-2-20所示。

图2-2-19　选中白色背景区域的选区

图2-2-20　选区反选2

（4）单击"选择"→"修改"→"羽化"命令，调出"羽化选区"对话框，在该对话框的"羽化半径"数值框内输入30，如图2-2-21所示。单击"确定"按钮，使选区羽化30像素，如图2-2-22所示。

图2-2-21　"羽化选区"对话框

图2-2-22　羽化选区的效果

（5）单击"编辑"→"拷贝"命令，将羽化选区内的羽化图像复制到剪贴板内。选中"宝宝照相馆.psd"图像画布，单击"图层"面板内最上边的"三原色图形2"图层。单击"编辑"→"粘贴"命令，将剪贴板内的羽化图像粘贴到"宝宝照相馆.psd"图像的画布窗口内。同时，在"图层"面板的最上边增加一个新图层，将该图层的名称改为"相机"。

（6）单击工具箱内的"移动工具"按钮✛，将粘贴的羽化图像拖曳到画布窗口的右上角。单击"编辑"→"变换"→"水平翻转"命令，使羽化的相机图像进行水平翻转。单击"编辑"→"自由变换"命令，调整羽化的相机图像的大小和旋转角度，按Enter键，完成图像的调整，如图2-2-23所示。

（7）单击"图层"面板内的"添加图层样式"按钮fx，调出它的菜单，单击该菜单内的"外发光"命令，调出"图层样式"对话框，设置如图2-2-24所示。单击"确定"按钮，给"相机"图层中的图像添加白色外发光效果。

图2-2-23　添加羽化图像

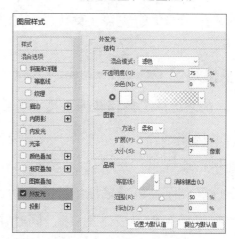

图2-2-24　"图层样式"对话框

7．制作立体文字

（1）单击工具箱中的"横排文字工具"按钮 **T**，单击文档窗口的下边，在其选项栏内设置字体为"华文行楷"，字大小为"48点"，设置消除锯齿的方法为"锐利"模式。单击选项栏内的"设置文本颜色"图标█，调出"拾色器"对话框。首先，利用"拾色器"对话框设置文字的颜色为红色，此时的"横排文字工具"选项栏如图2-2-25所示。然后，输入文字"宝宝照相馆"。

图2-2-25　"横排文字工具"选项栏的设置

（2）调出"样式"面板，单击"样式"面板右上角的按钮█，调出面板菜单，单击该菜单中的"文字效果2"命令，调出一个"Adobe Photoshop CC 2017"提示框，如图2-2-26所示。单击该提示框内的"追加"按钮，即可将新样式追加到"样式"面板内。单击"样式"面板内的"金黄色斜面内缩"图标█，如图2-2-27所示，即可将该样式应用于选中的文字，使文字呈金黄色立体状。

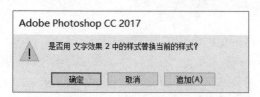

图2-2-26　"Adobe Photoshop CC 2017"提示框

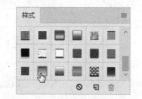

图2-2-27　"样式"面板

（3）使用工具箱中的"移动工具"█，拖曳"图层"面板内的"宝宝照相馆"图层到"图层"面板下边的"创建新图层"按钮█处，在"三原色混色效果"图层上复制一份"宝宝照相馆"图层，名称为"宝宝照相馆副本"。

（4）选中"宝宝照相馆"图层，单击"样式"面板内的"喷溅蜡纸"图标█，即可将该样式应用于选中的文字（替代原来的样式），效果如图2-2-1所示。

链接知识

1．快速选择工具和魔棒工具

（1）快速选择工具：单击"快速选择工具"按钮 ，鼠标指针变为 ，在要选取的图像处单击或拖曳，系统会自动将与鼠标指针处颜色相同或相近的图像像素包围起来，创建一个选区，而且随着鼠标指针的移动，选区不断扩大。按左、右方括号键或调整半径值，可以调整笔触大小。按住Alt键，同时在选区内拖曳，可以减小选区。"快速选择工具"选项栏如图2-2-28所示，其中，"取样大小"下拉列表用来选择一种取样点大小，即笔触大小。

图2-2-28　"快速选择工具"选项栏

（2）魔棒工具：单击"魔棒工具"按钮 ，鼠标指针变为 ，在要选取的图像处单击，系统会自动根据单击处像素的颜色创建一个选区，会把与单击点相连处（或所有）颜色相同或相近的像素都包含进来，其选项栏如图2-2-29所示，其中部分选项的作用如下。

图2-2-29　"魔棒工具"选项栏

- "容差"数值框：用来设置系统选择颜色的范围，即选区允许的颜色容差值。该数值的取值是0～255。容差值越大，选区越大；容差值越小，选区越小。例如，当单击荷花图像右下角时，创建的选区如图2-2-30所示（给出了3种容差下创建的选区）。

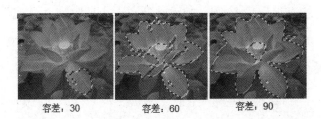

图2-2-30　单击荷花图像右下角时创建的选区

- "消除锯齿"复选框：当选中该复选框时，系统会将创建的选区的锯齿消除。
- "连续"复选框：当选中该复选框时，系统将创建一个选区，把与单击点相连的颜色相同或相近的像素都包含进来；当不选中该复选框时，系统将创建多个选区，以把画布窗口内所有与单击点颜色相同或相近的图像像素分别包含。
- "对所有图层取样"复选框：若选中该复选框，则在创建选区时，会将所有可见图层都考虑在内；若不选中该复选框，则在创建选区时，只考虑当前图层。

● "选择并遮住"按钮：单击该按钮，会调出创建选区的工作区和"属性"面板，如

图2-2-31所示。在该工作区内，工具选项
栏是与工具箱内选中的工具相关的选项栏，
工具箱内有与创建选区有关的几个工具，
"属性"面板内有与创建选区有关的选项
（如关于选区边缘的一些选项）。将鼠标指
针移到各选项之上，会显示该选项的名称
或提示信息。

图2-2-32（a）是用"魔棒工具" 在图像
右上角单击后创建的选区，在"魔棒工具"的
工作区内加工后，单击"确定"按钮，关闭该工
作区，在图像中创建新的选区，如图2-2-35（b）
所示。

图2-2-31　创建选区的工作区和"属性"
面板

（a）

（b）

图2-2-32　创建的选区

2．变换选区

创建选区后，可以调整选区的大小、位置和旋转选区。单击"选择"→"变换选区"

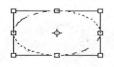

命令，此时的选区如图2-2-33所示。可以按照下述方法变换选区。

（1）调整选区的大小：将鼠标指针移到选区四周的控制柄处，
鼠标指针会变为直线的双箭头状，拖曳即可调整选区的大小。

（2）调整选区的位置：在使用选框工具或其他选取工具的情况
下，将鼠标指针移到选区内，鼠标指针会变为白色箭头状，此时可
以拖曳以移动选区。

（3）旋转选区：将鼠标指针移到选区四周的控制柄处，鼠标指
针会变为弧线的双箭头状，拖曳即可旋转选区，如图2-2-34所示。

图2-2-33　变换选区

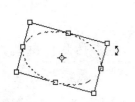

和图2-2-34　旋转选区

另外，还可以拖曳以调整中心点标记 ✛ 的位置。

（4）采用其他方式变换选区：单击"编辑"→"变换"→"××"命令，可以进行选区的缩放、旋转、斜切、扭曲或透视等操作。其中，"××"是"变换"菜单的子命令。

变换选区完成后，单击工具箱内的其他工具，可调出一个提示框，单击其中的"应用"按钮，即可完成选区的变换；单击"不应用"按钮，可取消选区的变换。

另外，还可以在变换选区完成后按Enter键，直接应用选区的变换。

3．修改选区

修改选区是指将选区扩边（使选区边界线外增加一条扩展的边界线，两条边界线所围的区域为新的选区）、平滑（使选区边界线平滑）、扩展（使选区边界线向外扩展）和收缩（使选区边界线向内缩小）。这只需在创建选区后单击"选择"→"修改"→"××"命令（见图2-2-35）即可。其中，"××"是"修改"菜单下的子命令。

（1）羽化选区：创建羽化的选区可以在创建选区时利用选项栏进行。若已经创建了选区，要想将它羽化，则可单击"选择"→"修改"→"羽化"命令，调出"羽化选区"对话框，如图2-2-36所示。输入羽化半径值，单击"确定"按钮，即可对选区进行羽化。

图2-2-35　修改菜单　　　　　　图2-2-36　"羽化选区"对话框

（2）其他修改：单击"选择"→"修改"→"边界"命令，调出如图2-2-37所示的对话框；单击"选择"→"修改"→"平滑"命令，调出如图2-2-38所示的对话框；单击"选择"→"修改"→"扩展"命令，调出如图2-2-39所示的"扩展选区"对话框，其内有"扩展量"数值框，用来确定向外的扩展量；单击"选择"→"修改"→"收缩"命令，调出"收缩选区"对话框，"收缩量"数值框用来确定向内的收缩量。

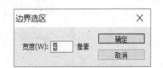
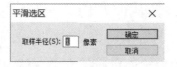
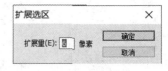

图2-2-37　"边界选区"对话框　图2-2-38　"平滑选区"对话框　图2-2-39　"扩展选区"对话框

【思考练习】

1．制作一幅"三补色混合"图像，如图2-2-40所示。可以看到，在立体彩色框架内，有一幅反映黄色、品红色和青色三补色混合效果的图像，右边是带阴影的立体彩色文字。

2．制作一幅"动物摄影"图像，如图2-2-41所示。可以看到，在黑色背景之上，放置有6幅动物图像，其中两幅图像有金黄色框架；左上角和右下角分别有一幅三原色混色效果图形。另外，还有发白光的立体文字"动物摄影"，以及四周有羽化白光的照相机图像。

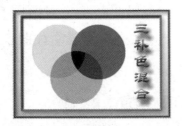

图2-2-40 "三补色混合"图像

图2-2-41 "动物摄影"图像

3. 制作一幅"美化环境"图像，如图2-2-42所示，它是利用如图2-2-43所示的"建筑"图像、"向日葵"图像和"云图"图像制作而成的。

图2-2-42 "美化环境"图像

图2-2-43 "建筑"图像、"向日葵"图像和"云图"图像

4. 制作一幅"美化照片"图像，如图2-2-44所示。该图像是利用如图2-2-45所示的"丽人"图像、"鲜花"图像和"风景"图像加工而成的。

图2-2-44 "美化照片"图像

图2-2-45 "丽人"图像、"鲜花"图像和"风景"图像

2.3 【案例3】立体几何图形

"立体几何图形"图像如图2-3-1所示。该图像由一个球体、一个正方体、一个圆柱体和一个圆筒体和它们的倒影，以及发白光的立体标题文字组成。

图2-3-1 "立体几何图形"图像

【制作方法】

1. 制作正方体图形

（1）新建一个宽度为800像素、高度为400像素、模式为RGB颜色、背景为白色的画布，并以名称"立体几何图形.psd"保存。

（2）设置背景色为蓝绿色（R=2，G=196，B=196）、前景色为青绿色（R=48，G=184，B=187）。单击工具箱内的"渐变工具"按钮，在选项栏内单击"线性渐变"按钮，单击"渐变样式"下拉列表，调出"渐变编辑器"对话框，单击对话框的"预设"选区中的第1个图标，单击"确定"按钮。"渐变工具"选项栏的其他设置如图2-3-2所示。

图2-3-2 "渐变工具"选项栏的其他设置

（3）按住Shift键，在画布内从下向上拖曳，给背景层填充渐变色，如图2-3-1所示。单击"视图"→"标尺"命令，显示标尺，从上边标尺处向下拖曳出4条参考线，从左侧标尺处向右拖曳出3条参考线，如图2-3-3所示，以此作为创建正方体的定位线。

（4）在"图层"面板内创建一个"图层1"，双击"图层1"，进入图层名称的编辑状态，将该图层名称改为"正方体"。

（5）单击工具箱中的"多边形套索工具"按钮，以参考线为基准，依次单击平行四边形的各顶点，创建正方体左侧面的平行四边形选区，如图2-3-4所示。

（6）设置前景色为浅灰色（R=240，G=240，B=240）、背景色为中灰色（R=188，G=188，B=188）。单击"渐变工具"按钮，接着单击选项栏内的"径向渐变"按钮，单击"渐变样式"下拉列表，调出"渐变编辑器"对话框，如图2-3-5所示，单击其内"预设"列表框中的第1个图标，编辑渐变色为灰色（位置22%）到白色（R=255，G=255，B=255，位置70%）到浅灰色（位置100%）。设置完成后，单击"确定"按钮。

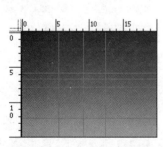

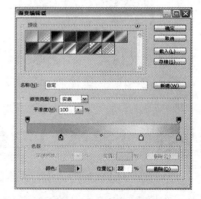

图2-3-3 定义参考线　　图2-3-4 正方体左侧面的　　图2-3-5 "渐变编辑器"
　　　　　　　　　　　　　　　平行四边形选区　　　　　　　　对话框

（7）按住Shift键，在画布中从选区的左上角向右下角拖曳，给选区填充径向渐变色，如图2-3-6所示。按Ctrl+D组合键，取消选区。

（8）以参考线为基准，使用步骤（5）～（7）的方法，制作出正方体的其他面。单击"视图"→"显示"→"参考线"命令，清除参考线。正方体图形如图2-3-7所示。

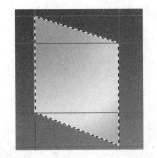

图2-3-6　填充径向渐变色

图2-3-7　正方体图形

注意：在为正方体的顶面填充渐变色时，由于光是从左上角照射来的，所以在为左侧面和顶部面填充渐变色时，左边颜色应浅一些，右边颜色应深一些。

2．制作圆柱体图形

（1）在"背景"图层之上创建"图层2"，将它命名为"圆柱体"。选中该图层，创建两条参考线，作为绘制圆柱体的定位线，如图2-3-8所示。

（2）使用"椭圆选框工具" 创建一个椭圆选区，作为圆柱体的底面，如图2-3-9所示。使用"矩形选框工具"，同时按住Shift键，拖曳创建一个矩形选区，与原来的椭圆选区相加，如图2-3-10所示。

图2-3-8　定位参考线

（3）设置前景色为白色、背景色为深灰色（C=76，M=70，Y=65，K=28）。在"渐变工具"选项栏内，单击"线性渐变"按钮，单击"渐变样式"下拉列表，调出"渐变编辑器"对话框，编辑渐变色为浅灰色到白色到深灰色到浅灰色，如图2-3-11所示。设置完成后，单击"确定"按钮。

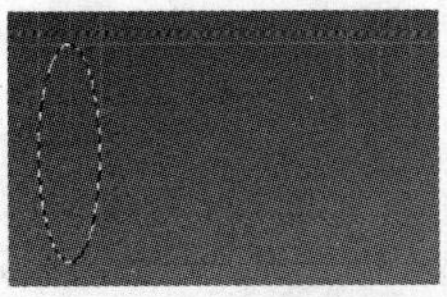

图2-3-9　椭圆选区

图2-3-10　选区相加

图2-3-11　渐变色设置

（4）按住Shift键，在画布中从选区的上边向下拖曳，给选区填充线性渐变色，如图2-3-12所示。按Ctrl+D组合键，取消选区。

（5）使用"椭圆选框工具"，在渐变图形的右侧创建一个椭圆选区，作为圆柱体的顶面。

（6）设置前景色为中灰色（R=178，G=178，B=178）、背景色为淡灰色（R=235，G=235，B=235）。在"渐变工具"选项栏内，先单击"线性渐变"按钮，再单击"渐变样式"下拉列表，调出"渐变编辑器"对话框；先单击其内的"前景到背景"图标，再单击"确定"按钮。

（7）从选区的左上角向右下角拖曳，给选区填充线性渐变色，如图2-3-13所示。按Ctrl+D组合键，取消选区。将"圆柱体"图层复制一份，将复制的图层更名为"圆筒体"。

（8）选中"圆柱体"图层，单击"编辑"→"变换"→"逆时针旋转90度"命令，将圆柱体逆时针旋转90°，调整它的位置，效果如图2-3-14所示。

图2-3-12　填充线性渐变色1　　图2-3-13　填充线性渐变色2　　图2-3-14　逆时针旋转90°

3．制作圆筒体和球体图形

（1）选中"圆筒体"图层，使用"椭圆选框工具" ，按住Alt键，在复制的圆柱体右边的椭圆形内拖曳创建一个椭圆选区，如图2-3-15所示（还没有填充渐变色）。

（2）设置前景色为浅灰色（R、G、B均为230）、背景色为中灰色（R、G、B均为120）。在"渐变工具"选项栏内，先单击"线性渐变"按钮 ，再单击"渐变样式"下拉列表 ，调出"渐变编辑器"对话框，单击其内"预设"列表框中的"前景色到背景色渐变"图标 ，单击"确定"按钮。

（3）从选区的上边向下拖曳，给选区填充线性渐变色，如图2-3-15所示。按Ctrl+D组合键，取消选区。

（4）在"圆筒体"之上创建一个图层，将该图层命名为"球体"，并选中该图层。使用"椭圆选框工具" ，在画布右边创建一个圆形选区。

（5）设置前景色为白色、背景色为深灰色（R、G、B均为72）。在"渐变工具"选项栏内，先单击"径向渐变"按钮 ，再单击"渐变样式"下拉列表 ，调出"渐变编辑器"对话框，在其内编辑渐变色为白色（R、G、B均为255）到浅灰色（R、G、B均为210）到深灰色（R、G、B均为100）到浅灰色（R、G、B均为230），如图2-3-16所示。单击"确定"按钮，关闭"渐变编辑器"对话框。

（6）从选区左上角向右下角拖曳，给选区填充径向渐变色，按Ctrl+D组合键，取消选区，完成球体图形的制作，如图2-3-17所示。

图2-3-15　椭圆选区　　　　图2-3-16　渐变色设置　　　　图2-3-17　球体图形

4．制作阴影

（1）先使用"移动工具" ✛ ，将"图层"面板中的"正方体"图层拖曳到"创建新图层"按钮 ▫ 上，复制一个名称为"正方体副本"的图层并将该图层拖曳到"正方体"图层的下边；再将"正方体副本"图层内复制的正方体图形垂直移到原正方体图形的下边。

（2）选中"正方体副本"图层，在"图层"面板中，将该图层的"不透明度"设置为60%，作为正方体的投影。此时的"图层"面板如图2-3-18所示。

（3）使用上述方法，将"圆柱体"图层复制一个名称为"圆柱体副本"的图层，将该图层拖曳到"圆柱体"图层的下边，设置其"不透明度"为60%，将复制的圆柱体图形垂直移到原圆柱体图形的下边，作为圆柱体的投影。此时的"图层"面板如图2-3-19所示。

（4）使用上述方法，将"球体"图层复制一个名称为"球体副本"的图层，将该图层拖曳到"球体"图层的下边，设置"球体副本"图层的"不透明度"为60%，将复制的球体图形垂直移到原球体图形的下边，作为球体的投影。

（5）使用上述方法，将"圆筒体"图层复制一个名称为"圆筒体副本"的图层，将该图层拖曳到"圆筒体"图层的下边，设置"圆筒体副本"图层的"不透明度"为60%，将复制的圆筒体图形垂直移到原圆筒体图形的下边，作为圆筒体的投影。

此时，画布窗口的图形如图2-3-1所示（还没有棋盘格图形和文字），"图层"面板如图2-3-20所示。

图2-3-18　"图层"面板1　　　图2-3-19　"图层"面板2　　　图2-3-20　"图层"面板3

5．制作棋盘格地面

（1）将除"背景"图层以外的所有图层隐藏。在"背景"图层之上创建一个图层，并将该图层的名称改为"棋盘格"。选中"棋盘格"图层。

（2）单击"编辑"→"首选项"→"参考线、网格和切片"命令，调出"首选项"对话框。在该对话框的"网格"选区中设置网格线的颜色为橙色、网格线间隔20mm，子网格个数为10，如图2-3-21所示。单击"确定"按钮，完成设置。单击"视图"→"显示"→"网格"命令，在文档窗口内显示网格。

（3）单击工具箱内的"单行选框工具"按钮，按住Shift键，单击所有水平网格线，即可创建多行单像素选区，利用同样的方法创建11列单像素选区，效果如图2-3-22所示。

图2-3-21　"首选项"对话框的"网格"选区

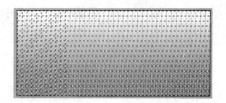

图2-3-22　多行和11列单像素选区

（4）使用工具箱中的"矩形选框工具"⬚，按住Alt键，在第11列单像素选区右边拖曳，创建一个矩形选区，将右边的单行选区去除，如图2-3-23所示。

（5）单击"编辑"→"描边"命令，调出"描边"对话框。利用它设置描边1像素、黑色、居中，单击"确定"按钮，完成描边任务。按Ctrl+D组合键，取消选区。单击"视图"→"显示"→"网格"命令，不显示网格，如图2-3-24所示。

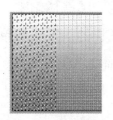

图2-3-23　去除右边的单行选区

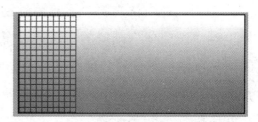

图2-3-24　选区描边

（6）使用工具箱中的"魔棒工具"✦，按住Shift键，单击奇数行奇数列小方格和偶数行偶数列小方格，创建相间的小方格选区。设置前景色为黑色（按Alt+Delete组合键，给选区填充黑色）。

（7）按Ctrl+D组合键，取消选区，结果如图2-3-25所示。使用"移动工具"✛，选中"棋盘格"图层，按住Ctrl键，水平拖曳"棋盘格"图形，复制3幅"棋盘格"图形，将它们水平排列，如图2-3-26所示。

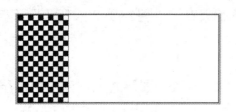

图2-3-25　"棋盘格"图形

图2-3-26　复制"棋盘格"图形

（8）按住Ctrl键，单击选中"棋盘格"图层和其他3个复制图形后产生的图层，单击鼠标右键，调出快捷菜单，单击该菜单中的"合并图层"命令，将选中的图层合并到一个图层中，将该图层的名称改为"棋盘格"。此时"图层"面板如图2-3-27所示。

（9）显示"背景图"层。选中"棋盘格"图层，单击"编辑"→"变换"→"透视"命令，进入"透视"变换调整状态，水平向右拖曳右下角的控制柄，使"棋盘格"图形呈透视状，如图2-3-28所示。按Enter键，完成"棋盘格"图形的透视调整。

图2-3-27 "图层"面板4

图2-3-28 调整"棋盘格"图形呈透视状

（10）选中"棋盘格"图层，先在"图层"面板内的"不透明度"数值框中输入50，使该图层图形半透明；再显示所有图层；最后参考【案例1】中介绍的方法，制作发光立体文字"立体几何体图形"，如图2-3-1所示。

链接知识

1. 套索工具组工具

套索工具组有套索工具、多边形套索工具和磁性套索工具，如图2-3-29所示。

（1）"套索工具" ：单击它，鼠标指针变为 ，沿着要选中对象的轮廓拖曳，如图2-3-30（a）所示，当松开鼠标左键时，系统会将起点与终点连接成一个不规则的闭合选区，如图2-3-30（b）所示。

图2-3-29 套索工具组

（2）"多边形套索工具" ：单击它，鼠标指针变为多边形套索状 ，先单击多边形选区的起点，再依次单击选区的各个顶点，最后单击起点，即可形成一个闭合的多边形选区，如图2-3-31所示。

（3）"磁性套索工具" ：单击它，鼠标指针变为 ，拖曳创建选区，最后回到起点，当鼠标指针有小圆圈时，单击即可形成一个闭合的选区，如图2-3-32所示。

"磁性套索工具" 与"套索工具" 的不同之处是，系统会自动根据拖曳出的选区边缘的色彩对比度来调整选区的形状，因此，对于选取区域外形比较复杂的图像，当选区与周围图像的彩色对比度反差比较大时，采用该工具创建选区是比较方便的。

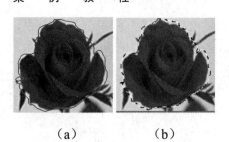

（a）　　　　　　（b）

图2-3-30　创建不规则选区　　图2-3-31　多边形选区　　图2-3-32　用磁性套索工具创建选区

2. 套索工具组工具的选项栏

"套索工具" ![icon]与"多边形套索工具" ![icon]的选项栏基本一样，如图2-3-33所示。"磁性套索工具"选项栏如图2-3-34所示。

图2-3-33　"套索工具"选项栏

![图示]

图2-3-34　"磁性套索工具"选项栏

（1）"宽度"数值框：用来设置系统检测的范围，取值是1～40，单位为像素。当创建选区时，系统将在鼠标指针周围指定的宽度范围内选定反差最大的边缘作为选区的边界。通常，当选取具有明显边界的图像时，可将其值调大一些。

（2）"对比度"数值框：用来设置系统检测选区边缘的精度，该数值的取值是1%～100%。当创建选区时，系统认为在设定的对比度百分数范围内的对比度是一样的。该数值越大，系统能识别的选区边缘的对比度也越高。

（3）"频率"数值框：用来设置选区边缘关键点出现的频率，此数值越大，系统创建关键点的速度越快，关键点出现得也越多，其取值是0～100。

（4）![icon]按钮：单击该按钮后，可以使用绘图板压力来更改钢笔笔触的宽度，只有在使用绘图板绘图时才有效。

（5）"选择并遮住"按钮：单击该按钮，会调出创建选区的工作区和"属性"面板，如图2-2-34所示。可以从不同方面修改选区边缘，并可同步看到效果。将鼠标指针移到各选项之上，会显示该选项的名称或提示信息。"属性"面板内的选区分为"视图模式""边缘检测""全局调整""输出设置"，还有"透明度"滑块和数值框、"记住位置"复选框，如图2-3-35（a）所示。

单击"边缘检测"下拉按钮![icon]，展开"边缘检测"选区，如图2-3-35（b）所示。同样，展开"全局调整"选区，如图2-3-35（c）所示；展开"输出设置"选区，如图2-3-35（d）所示。

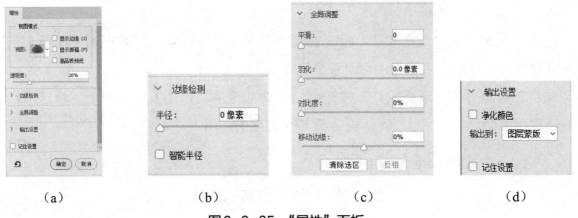

（a） （b） （c） （d）

图2-3-35 "属性"面板

在"属性"面板中，"视图"下拉按钮用来选择视图类型，如图2-3-36所示。选择不同的视图类型，图像预览区内的视图显示方式会不一样。

在使用了工具箱内的"快速选择工具" ![quickselect] 、"画笔工具" ![brush] 或"调整边缘画笔工具" ![adjust] 后，单击工具选项栏内的"画笔设置"按钮 ![brushset] ，调出"画笔设置"面板，如图2-3-37所示。利用该面板可以设置画笔的大小、硬度、间距、角度和圆度等参数。先单击"添加到选区"按钮 ![add] ，再使用工具在图像上拖曳，可添加选区；先单击"从选区减去"按钮 ![subtract] ，再使用工具在选区内拖曳，可以减小选区。

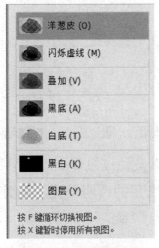

图2-3-36 视图类型

图2-3-37 "画笔设置"面板

工具箱内的"快速选择工具" ![quickselect2] 的功能与Photoshop CC 2017界面工作区工具箱内的"快速选择工具"的功能一样。使用"画笔工具" ![brush2] ，可以像在画布中使用"画笔工具"那样绘制图形，即绘制选区。使用"调整边缘画笔工具" ![adjust2] ，可以像绘图那样在选区内涂抹，在有背景的边缘涂抹，恢复原始边缘，取消创建的部分选区。按左、右方括号键或在工具选项栏内设置画笔大小，都可以调整笔触大小。选中"智能半径"复选框后，在没有完全去除背景的地方涂抹，可以擦除选区边缘的背景色。

3. "渐变工具"的选项栏

使用工具箱中的"渐变工具" ，在图像内拖曳，可以给选区填充渐变颜色。当图像中没有选区时，在图像内拖曳，可给整个画布填充渐变颜色。

单击工具箱内的"渐变工具"按钮 ▣，此时的选项栏如图 2-3-38 所示。该选项栏中的一些选项在前面已经介绍过了，下面介绍其他选项的作用。

图 2-3-38 "渐变工具"选项栏

（1） ▣▣▣▣▣ 按钮组：有 5 个按钮，用来选择渐变色填充方式。单击其中一个按钮，可进入一种渐变色填充方式。不同的渐变色填充方式具有相同的选项栏。

（2）"渐变样式" ▣▣▣ 下拉列表：单击下拉按钮，可弹出"渐变样式"面板，如图 2-3-39 所示。单击其中一种样式图案，即可完成填充样式的设置。在选择不同的前景色和背景色后，"渐变样式"面板内的渐变颜色的种类会稍不一样。

（3）"反向"复选框：选中该复选框后，可以产生反向渐变的效果。图 2-3-40 是没有选中该复选框时，填充黄色到红色、从中心到四周（从中心向外拖曳）的径向渐变效果图；图 2-3-41 是选中该复选框时，填充黄色到红色、从中心到四周的径向渐变效果图。

图 2-3-39 "渐变样式"面板　　图 2-3-40 非反向渐变的效果　　图 2-3-41 反向渐变的效果

（4）"仿色"复选框：选中该复选框后，可使填充的渐变色过渡得更加平滑和柔和。

（5）"透明区域"复选框：选中该复选框后，允许渐变层的透明设置，否则禁止渐变层的透明设置。

【思考练习】

1. 制作一幅"台球"图形，如图 2-3-42 所示。制作该图形的提示如下。

（1）选中"图层 1"，创建一个圆形选区，填充线性渐变色为白色（Alpha 为 43%）到白色（Alpha 为 0%），如图 2-3-43 所示。

（2）先在"图层 1"下边创建"图层 2"，选中该图层，给选区填充红色；再创建一个椭圆选区，进行选区变换调整，如图 2-3-44 所示。填充线性渐变色为白色（Alpha 为 80%）到白色（Alpha 为 0%），取消选区，效果如图 2-3-45 所示。

（3）在"图层2"之上创建"图层3"，选中该图层。先绘制一个填充为灰色（R、G、B 的值均为220）的圆形，再输入黑色数字1。

图2-3-42 台球   图2-3-43 填充渐变色   图2-3-44 选区变换调整   图2-3-45 彩球图形

2．绘制一幅"几何体"图像，如图2-3-46所示。该图像由一个石膏球体、一个石膏正方体和一个石膏圆柱体组成，3个几何立体堆叠在一起，映照出它们的投影。

3．制作一幅"金色环"图像，如图2-3-47所示。制作该图像的提示如下。

（1）创建一个椭圆选区，将椭圆选区以名字"椭圆1"保存。单击"选择"→"修改"→"边界"命令，调出"边界选区"对话框，将选区转换为宽度为5像素的环状选区。

（2）单击"渐变工具"按钮 ，设置"橙色，黄色，橙色"线性渐变色。在选区处水平拖曳，给选区填充设置好的线性渐变色，如图2-3-48（a）所示。

   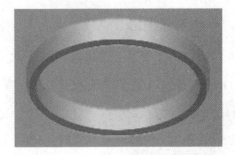

图2-3-46 "几何体"图像   图2-3-47 "金色环"图像

（3）使用"移动工具" ，按住 Alt 键，同时多次按方向"↓"键，连续移动复制图形。按Ctrl+D 组合键，取消选区，效果如图2-3-48（b）所示。调出"载入选区"对话框，在"通道"下拉列表内选择"椭圆1"选项，载入"椭圆1"选区。

（4）将"椭圆1"选区移到如图2-3-48（c）所示的位置。调出"描边"对话框，给选区描5像素的边（红色）。按Ctrl+D 组合键，取消选区，效果如图2-3-47所示。

（a）   （b）   （c）

图2-3-48 绘制过程

4．在一幅鲜花图像的基础上制作一幅"卷页"图像，如图 2-3-49 所示。

5．绘制一幅"立体几何图形"图像，如图 2-3-50 所示。

图 2-3-49　"卷页"图像

图 2-3-50　"立体几何图形"图像

2.4　【案例4】七彩光盘

"七彩光盘"图形如图 2-4-1 所示。可以看到，在花纹背景图案之上有一幅七彩光盘图形。七彩光盘图形的 7 种颜色分别为红、橙、黄、绿、青、蓝、紫。光盘内圈和外圈有蓝色和黄色半圆线。

【制作方法】

1．制作背景图形

（1）新建一个宽度为 30 像素、高度为 30 像素、
模式为 RGB 颜色、背景为白色的画布窗口。单击"选择"→"显示"→"参考线"命令，确定可以显示参考线。

图 2-4-1　"七彩光盘"图形

（2）单击"选择"→"标尺"命令，在画布窗口内显示标尺，右击标尺，调出它的快捷菜单，选择该菜单内的"像素"选项，如图 2-4-2 所示，设置标尺单位为像素。从水平标尺之上向下垂直拖曳到 15 像素处，创建一条水平参考线；从垂直标尺之上向右水平拖曳到 15 像素处，创建一条垂直参考线。

（3）单击"选择"→"全部"命令，创建一个选中所有画布的正方形选区，并设置背景色为黄色（R=255，G=255，B=0）、前景色为红色（R=255，G=0，B=0）。

（4）单击工具箱内的"渐变工具"按钮，在选项栏内单击"菱形渐变"按钮，不选中"反向"复选框。单击"渐变样式"下拉列表，调出"渐变编辑器"对话框，先单击"预设"列表框中的第 1 个图标，再单击"确定"按钮。

（5）按住 Alt 键，从参考线十字交点处向右下角拖曳，填充黄色到红色的菱形渐变色，按 Ctrl+D 组合键，取消选区，如图 2-4-3 所示。

（6）单击"编辑"→"定义图案"命令，调出"图案名称"对话框，在"名称"文本框中输入"图案 1"，如图 2-4-4 所示。单击"确定"按钮，即可创建名称为"图案 1"的图案。

 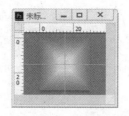 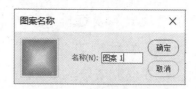

图2-4-2 选择"像素"选项　　图2-4-3 七彩角度渐变　　图2-4-4 填充图案设置

（7）新建一个宽度为600像素、高度为300像素、模式为RGB颜色、背景为白色的画布窗口，并以名称"七彩光盘.psd"保存。单击"编辑"→"填充"命令，调出"填充"对话框，在"内容"下拉列表中选择"图案"选项，如图2-4-5所示。单击"自定图案"下拉按钮，调出"图案"面板，单击其内的"图案1"图标。单击"确定"按钮，关闭该对话框，给"七彩光盘.psd"背景填充"图案1"，如图2-4-6所示。

 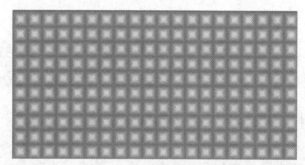

图2-4-5 "填充"对话框　　　　图2-4-6 给"背景"图层填充"图案1"的效果

2．制作"七彩光盘"图形

（1）在"图层"面板内的"背景"图层之上创建一个"图层1"。选中该图层，使用"椭圆选框工具" ，按住Shift键，在画布中拖曳，创建一个圆形选区。

（2）单击工具箱内的"渐变工具"按钮，在选项栏内单击"角度渐变"按钮，不选中"反向"复选框。单击"渐变样式"下拉列表，调出"渐变编辑器"对话框，先单击其内"预设"列表框中的"色谱"图标；再单击"确定"按钮；最后，在圆形选区内，从中心（参考线的交叉点）向选区边缘拖曳，给选区填充七彩角度渐变色，如图2-4-7所示。

（3）单击"选择"→"修改"→"边界"命令，调出"边界选区"对话框，在"宽度"数值框中输入8，如图2-4-8所示，设置边界选区的宽度为8像素。单击"确定"按钮，关闭该对话框，画布效果如图2-4-9所示。

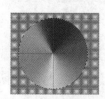 

图2-4-7 给选区填充七彩角度渐变色　　图2-4-8 "边界选区"对话框　　图2-4-9 画布效果

（4）单击工具箱内的"渐变工具"按钮，在选项栏内单击"角度渐变"按钮，不选中"反向"复选框。单击"渐变样式"下拉列表，调出"渐变编辑器"对话框，在该对话框的"名称"文本框中输入"蓝黄突变"，设置渐变色为蓝、黄两色，如图2-4-10（a）所示；选中蓝色，在"位置"数值框中输入50；选中黄色，在"位置"数值框中输入50，如图2-4-10（b）所示。单击"新建"按钮，即可在"预设"列表框中创建一个名称为"蓝黄突变"的渐变填充样式。

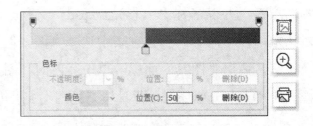

（a）　　　　　　　　　　　　　　　　　　（b）

图2-4-10　设置渐变色为蓝、黄两色突变

（5）在选区中，从左向右拖曳出渐变色。按Ctrl+D组合键，取消选区，效果如图2-4-11所示。在圆形的中间创建一个圆形选区，如果创建的选区位置或大小不合适，则可以单击"选择"→"变换选区"命令，拖曳调整正方形控制柄，对选区进行大小、旋转等调整；拖曳控制框内部，调整它的位置。调整后按Enter键。

（6）选中"图层1"，按Delete键，将选区中的图形剪切掉。利用"边界选区"对话框创建选区，效果如图2-4-12所示。

（7）调出"渐变编辑器"对话框，在"预设"列表框中单击"蓝黄突变"渐变色样式。在选区中从上向下拖曳。按Ctrl+D组合键，取消选区，效果如图2-4-13所示。

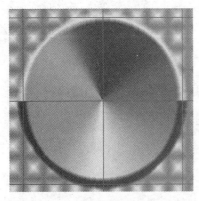
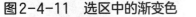
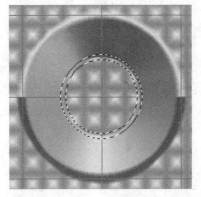

图2-4-11　选区中的渐变色　　图2-4-12　选区扩边效果　　图2-4-13　一个七彩光盘图形

（8）使用工具箱内的"移动工具"，将"图层"面板中的"图层1"拖曳到"创建新图层"按钮上，复制一个名称为"图层1副本"的图层。移动两个七彩光盘图形，结果如图2-4-1所示。

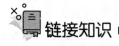链接知识

1．渐变色填充方式的特点

渐变色填充就是形成从起点到终点的渐变效果，起点即单击点，终点即拖曳后松开鼠标左键的点。

（1）"线性渐变"填充方式：形成从起点到终点的线性渐变效果，填充黄色到红色的线性渐变色，效果如图2-4-14所示。

（2）"径向渐变"填充方式：形成由起点到选区四周的辐射渐变效果，填充黄色到红色的径向渐变色，效果如图2-4-15所示。

（3）"角度渐变"填充方式：形成围绕起点旋转的螺旋渐变效果，填充黄色到红色的角度渐变色，效果如图2-4-16所示。

图2-4-14 "线性渐变"　　图2-4-15 "径向渐变"　　图2-4-16 "角度渐变"
　　　填充方式　　　　　　　　填充方式　　　　　　　　填充方式

（4）"对称渐变"填充方式：可以产生两边对称的渐变效果，填充黄色到红色的对称渐变色，效果如图2-4-17所示。

（5）"菱形渐变"填充方式：可以产生菱形渐变的效果，填充黄色到红色的菱形渐变色，效果如图2-4-18所示。

图2-4-17 "对称渐变"填充方式　　　　图2-4-18 "菱形渐变"填充方式

2．创建新渐变样式

单击"渐变样式"下拉列表 ，调出"渐变编辑器"对话框，利用该对话框，可以设计新渐变样式。在"渐变类型"下拉列表内，有"实底"和"杂色"两个选项。选择这两个选项后的"渐变编辑器"对话框分别如图2-4-19和图2-4-20所示。在"渐变编辑器"

对话框内设计渐变色的方法及对话框内主要选项的作用如下。

图2-4-19 "渐变编辑器"（实底）对话框

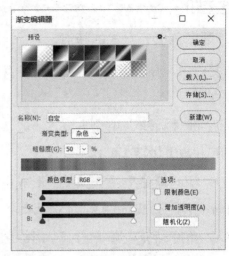
图2-4-20 "渐变编辑器"（杂色）对话框

（1）在下边的两个色标之间单击，会增加一个颜色图标（简称色标），色标上面有一个黑色箭头，指示了该颜色的中心点，它的两边各有一个菱形滑块。单击"色板"或"颜色"面板内的一种颜色，即可确定该色标的颜色。也可以双击该色标，调出"拾色器"对话框，利用该对话框确定色标的颜色。可以拖曳菱形滑块，调整颜色的渐变范围。

（2）单击色标后，"色标"选区内的"颜色"下拉列表、"位置"数值框变为有效状态。利用"颜色"下拉列表，可以选择颜色的来源（背景色、前景色或用户颜色）；改变"位置"数值框内的数据，可以改变色标的位置，这与拖曳色标的作用一样。在选中添加的色标后，"删除"按钮会变为有效状态，此时单击"删除"按钮，即可删除选中的色标。

（3）在上边的两个色标之间单击，会增加一个不透明度色标和两个菱形滑块，同时"不透明度"下拉列表、"位置"数值框和"删除"按钮均变为有效状态。利用"不透明度"下拉列表，可以改变色标处的不透明度。

（4）在"名称"文本框内输入新填充样式的名称，单击"新建"按钮，即可新建一个渐变样式。单击"确定"按钮，即可完成渐变样式的创建，并退出该对话框。

（5）单击"存储"按钮，可以将当前"预设"列表框内的渐变样式保存到磁盘中。单击"载入"按钮，可以将磁盘中的渐变样式追加到当前"预设"列表框内的渐变样式的后面。

（6）利用"渐变编辑器"（杂色）对话框，可以设置杂色的粗糙度、颜色模型，以及杂色的颜色和透明度等。单击"随机化"按钮，可以产生不同的杂色渐变样式。

注意：渐变工具在整个选区内填充已选择的渐变色，而不是给颜色容差在设置范围内的区域填充颜色或图案。渐变工具填充渐变色的方法是在选区内或选区外拖曳，而不是单击。拖曳时的起点和终点不同，会产生不同的效果。

3．选区内的图像处理

（1）变换选区内的图像：单击"编辑"→"变换"→"××"命令，即可按选定的方式变换选区内的图像，可参看1.3节中的有关内容，所不同的是这里变换的是选区内的图像。

（2）删除选区内的图像：将要删除的图像用选区围住，单击"编辑"→"清除"命令，或者按Delete键（或BackSpace键），均可将选区围住的图像删除。

（3）移动选区内的图像：将要移动的图像用选区围住，使用工具箱内的"移动工具" ，拖曳选区内的图像，可移动选区中当前图层内的图像，如图2-4-21所示。另外，还可以将选区内当前图层中的图像移到其他文档窗口内。如果选中了"移动工具"的选项栏中的"自动选择图层"复选框，则在拖曳图像时，可以自动选择被拖曳图像所在的图层。

（4）复制选区内的图像：按下Alt键，同时拖曳选区内的图像，此时鼠标指针会变为重叠的黑白双箭头状。复制后的图像如图2-4-22所示。

使用剪贴板也可以移动和复制图像。

图2-4-21　移动选区中当前图层内的图像　　　　图2-4-22　复制后的图像

【思考练习】

1．绘制一幅"台球"图形，如图2-4-23所示。

2．绘制一幅"彩球和彩环"图形，如图2-4-24所示。

图2-4-23　"台球"图形　　　　图2-4-24　"彩球和彩环"图形

3．制作一幅"彩虹"图像，如图2-4-25所示。制作该图像的提示如下。

（1）打开一幅如图2-4-26所示的风景图像，以名称"彩虹.psd"保存。

图2-4-25 "彩虹"图像

图2-4-26 风景图像

（2）使用"渐变工具" ，设置为"径向渐变" 填充。调出"渐变编辑器"对话框，选择"预设"列表框中的"透明彩虹"渐变色图案。

（3）在如图2-4-27（a）所示的调色栏上，单击左起第1个色标的右边，增加一个色标。双击该色标，调出"拾色器"对话框，设置该色标为橙色。同样，调整其他6个色标的颜色分别为红色、黄色、绿色、青色、蓝色、紫色。调色栏上边只保留两边的不透明度色标，不透明度均为100%，如图2-4-27（b）所示。

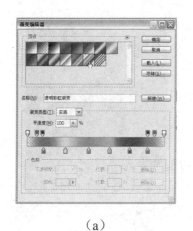

（a）

（b）

图2-4-27 "渐变编辑器"对话框设置

（4）在"背景"图层之上新建一个名称为"图层1"的图层，选中该图层。按住Shift键，在背景图像上从下向上垂直拖曳，松开鼠标左键后，效果如图2-4-28所示。

图2-4-28 彩虹图形

（5）在"图层"面板的"混合模式"下拉列表中选择"滤色"选项，在"不透明度"数值框内输入40%，画面效果接近图2-4-25。

（6）使用工具箱内的"橡皮擦工具" ，在其选项栏的"模式"下拉列表中选择"画笔"选项，在"不透明度"数值框内输入30。调出"画笔预设"选取器，先设置主直径和硬度，再擦除彩虹两端图形。

2.5 【案例5】绿色别墅

"绿色别墅"图像如图2-5-1所示。可以看到，这是一幅背景为半透明、上偏蓝色、下偏绿色的风景图像，背景图上是一幅散发金黄色光的立体框架和鲜花图像，框架内是四周羽化的别墅图像。另外，背景图上还有绿色立体文字"绿色别墅"。

图2-5-1 "绿色别墅"图像

【制作方法】

1. 制作背景和文字

（1）打开"风景.jpg"和"别墅.jpg"图像文件，如图2-5-2所示。新建一个宽度为600像素、高度为350像素、模式为RGB颜色、背景为白色的画布，以名称"绿色别墅.psd"保存。

图2-5-2 "风景.jpg"和"别墅.jpg"图像

（2）设置前景色为浅蓝色、背景色为深绿色。选中"背景"图层，单击工具箱内的"渐变工具"按钮■，在选项栏内单击"线性渐变"按钮■，不选中"反向"复选框。单击"渐变样式"下拉列表■，调出"渐变编辑器"对话框，先单击其内的"预设"列表框中的第 1 个图标■，再单击"确定"按钮。从上到下垂直拖曳，给背景填充从上到下的浅蓝色（前景色）到绿色（背景色）的垂直线性渐变色。

（3）选中"风景.jpg"图像，单击"图像"→"图像大小"命令，调出"图像大小"对话框，利用该对话框将该图像调整为与"绿色别墅.psd"图像大小一样。

（4）选中"风景.jpg"图像，向下拖曳"风景.jpg"图像选项卡的标签，使该图像独立，使用"移动工具"✛，将"风景.jpg"图像中的图像拖曳到"绿色别墅.psd"画布窗口内，此时在"图层"面板的"背景"图层之上会自动添加一个新图层，将该图层的名称改为"风景"。选中"风景"图层，调整复制过来的图像，使它完全将背景覆盖。

（5）首先在"图层"面板内选中"风景"图层，在该面板的"不透明度"数值框内输入 50，使"风景"图层半透明；然后隐藏"风景"图层。

（6）使用工具箱中的"横排文字工具"T，在它的选项栏内，设置字体为"楷体"、大小为"48 点"、颜色为"黄色"，输入"绿色别墅"文字，同时在"图层"面板内生成"绿色别墅"文字图层。单击"样式"面板中的"双重绿色黏液"图标■，给文字添加绿色立体效果，如图 2-5-1 所示。

2．制作有金色框架的别墅图像

（1）打开"别墅.jpg"图像文件，创建选中整幅图像的选区。单击"编辑"→"拷贝"命令，将选区内的图像复制到剪贴板中并切换到"绿色别墅.psd"文档窗口。

（2）在画布的偏左上方创建一个椭圆选区。单击"选择"→"修改"→"羽化"命令，调出"羽化选区"对话框，设置羽化半径为 60 像素，如图 2-5-3 所示。单击"确定"按钮。

（3）选中"绿色别墅"文字图层，单击"编辑"→"选择性粘贴"→"贴入"命令，将剪贴板中的图像粘贴入羽化的选区内，同时，"图层"面板内会自动生成"图层 1"，将图层名称改为"别墅"。

（4）单击"编辑"→"自由变换"命令，进入"自由变换"状态，调整贴入图像的大小和位置。调整后按 Ctrl+D 组合键，取消选区，效果如图 2-5-4 所示。

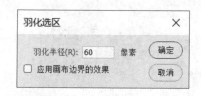

图2-5-3　"羽化选区"对话框

图2-5-4　贴入图像

（5）在"别墅"图层之上创建一个图层，将该图层的名称改为"框架"。在贴入图像上创建一个圆形选区，如图2-5-5所示。

（6）单击"选择"→"存储选区"命令，调出"存储选区"对话框，在该对话框的"名称"文本框中输入"椭圆1"，如图2-5-6所示。单击"确定"按钮，将创建的圆形选区以名称"椭圆1"保存。

（7）垂直向下移动选区，如图2-5-7所示，并将该选区以名称"椭圆2"保存。重新创建一个椭圆选区，单击"选择"→"变换选区"命令，进入"变换选区"状态，如图2-5-8所示，此时可以拖曳控制柄调整选区的大小，也可以移到选区内拖曳，改变选区的位置。调整好后，按Enter键结束。

图2-5-5 圆形选区　　　图2-5-6 "存储选区"对话框　　　图2-5-7 移动选区

（8）单击"选择"→"载入选区"命令，调出"载入选区"对话框，在"通道"下拉列表中选择"椭圆1"选项，选中"添加到选区"单选按钮，如图2-5-9所示。单击"确定"按钮，关闭"载入选区"对话框，载入"椭圆1"选区，效果如图2-5-10所示。

图2-5-8 椭圆选区　　　图2-5-9 "载入选区"对话框　　图2-5-10 载入"椭圆1"选区

（9）再次调出"载入选区"对话框，这次在"通道"下拉列表中选择"椭圆2"选项。单击"确定"按钮，关闭"载入选区"对话框，载入"椭圆2"选区，效果如图2-5-11所示。

（10）选中"框架"图层。单击"编辑"→"描边"命令，调出"描边"对话框，设置描边宽度为5像素，描边位置居中，描边颜色为金黄色，如图2-5-12所示。单击"确定"按钮，给选区描边（金黄色），如图2-5-13所示。按Ctrl+D组合键，取消选区。

（11）选中"框架"图层。单击"样式"面板内的"金黄色斜面内缩"样式图标 ▧ ，给"框架"图层添加样式，效果如图2-5-14所示。

图2-5-11　载入　　　图2-5-12　"描边"　　　图2-5-13　描边　　　图2-5-14　添加
"椭圆2"选区　　　　　对话框　　　　　　　效果　　　　　　　样式效果

（12）双击"框架"图层，调出"图层样式"对话框，选中"描边"复选框。"图层样式"对话框"描边"选区的设置如图2-5-15所示。单击"确定"按钮，关闭"图层样式"对话框，使"框架"图层内的图像呈金黄色立体状，如图2-5-1所示。

3．添加发光的鲜花

（1）打开一幅"鲜花.jpg"图像，如图2-5-16所示。单击"选择"→"色彩范围"命令，调出"色彩范围"对话框。

（2）默认选中"选择范围"单选按钮，表明在预览框内显示选区的状态（使用白色表示选区）；如果选中"图像"单选按钮，则在预览框内显示画布中的图像。按Ctrl键，可以在预览框内进行"选区"和"图像"预览的切换。

（3）先单击"吸管工具"按钮，再单击画布或该对话框的预览框中的鲜花叶子，对要包含的颜色进行取样。

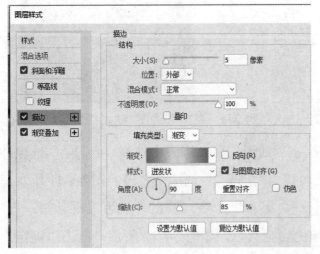

图2-5-15　"图层样式"对话框"描边"选区的设置　　　　　图2-5-16　"鲜花"图像

（4）拖曳"颜色容差"滑块或在其数值框中输入数字，调整选取颜色的容差为91像素。通过调整颜色容差，可以控制相关颜色包含在选区中的程度，以此来部分地选择像素。颜色容差越大，选取的相似颜色的范围也越大。

（5）先单击"添加到取样"按钮 或按住Shift键，再单击画布或预览框中要添加颜色的图像（如叶子）。如果要减颜色，则可先单击"从取样中减去"按钮 或按住Alt键，再单击画布或预览框中要减色的图像，最终的"色彩范围"对话框如图2-5-17所示。

（6）单击"色彩范围"对话框内的"确定"按钮。单击"选择"→"修改"→"扩展"命令，调出"扩展选区"对话框，按照图2-5-18进行设置。单击"确定"按钮，关闭该对话框，在"鲜花.jpg"图像内创建选中鲜花和叶子的选区，如图2-5-19所示。

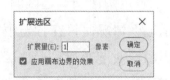

图2-5-17 最终的"色彩范围" 　图2-5-18 "扩展选区" 　图2-5-19 创建选区
　　　对话框 　　　　　　　　对话框

（7）将图像的显示比例调整为200%。单击工具箱内的"椭圆选框工具"按钮，按住Shift键，鼠标指针右下方会出现一个加号，在没被选中的花瓣图像处拖曳一个圆形选区，使该选区与原选区相加。也可以使用"矩形选框工具" 。

（8）按住Alt键，鼠标指针右下方会出现一个减号，在选中的多余图像处拖曳一个圆形选区，使该选区与原选区相减。最后创建选中花瓣的选区。

（9）使用"移动工具"按钮 ，将选区内的鲜花图像拖曳到"绿色别墅.psd"图像的画布内的左下角，在该画布内复制一份该图像。此时，"图层"面板内自动增添一个图层，将该图层的名称改为"鲜花"，并将其移到"框架"图层之上。

（10）双击"图层"面板内的"鲜花"图层，调出"图层样式"对话框，选中"外发光"复选框，在"混合模式"下拉列表内选择"正常"选项，调整不透明度为60%，单击 单选按钮色块，调出"拾色器"对话框，利用它设置外发光色为金黄色，并调整大小为16像素。单击"确定"按钮，关闭"图层样式"对话框，使"鲜花"图层内的图像发金黄色光，如图2-5-1所示。

链接知识

1. "色彩范围"对话框补充

在"色彩范围"对话框内，各选项的补充说明如下。

（1）如果在"选择"下拉列表中选择"取样颜色"选项，则其他各选项均变为有效状态。如果在"选择"下拉列表中选择一种颜色或色调范围，则需要注意的是，其中的"溢色"选项仅适用于 RGB 图像和 Lab 图像（溢出颜色不能使用印刷色打印）。

（2）选中"本地化颜色簇"复选框，可以使用"范围"滑动条来调整要包含在蒙版中的颜色与取样点的最大/最小距离。例如，图像在前景和背景中都包含一束黄色的花，但只想选择前景中的花，此时就可以选中"本地化颜色簇"复选框，只对前景中的花进行颜色取样，这样可以缩小范围，避免选中背景中有相似颜色的花。

（3）单击"色彩范围"对话框中的"存储"按钮，调出"存储"对话框，保存当前设置。单击"载入"按钮，可调出"载入"对话框，用来重新使用保存的设置。

（4）"选区预览"下拉列表用来确定图像预览选区的方式，其内各选项的含义如下。

● "无"选项：在画布中不显示选区情况，只在预览框中显示选区。

● "灰度"选项：在画布中按照图像灰度通道显示选区，在预览框中显示选区。

● "黑色杂边"选项：在画布中的黑色背景上用彩色显示选区。

● "白色杂边"选项：在画布中的白色背景上用彩色显示选区。

● "快速蒙版"选项：在画布中使用当前的快速蒙版设置显示选区。

（5）单击该对话框中的"确定"按钮，即可创建选中指定颜色的选区。如果任何像素的选择都不大于50%，则单击"确定"按钮后会调出一个提示框，而不会创建选区。

2. 存储和载入选区

（1）存储选区：单击"选择"→"存储选区"命令，调出"存储选区"对话框，如图2-5-6所示。利用该对话框，可以保存创建的选区，以备以后使用。

（2）载入选区：单击"选择"→"载入选区"命令，调出"载入选区"对话框，如图2-5-9所示。利用该对话框，可以载入以前保存的选区。如果选中"反相"复选框，则新选区可以选中上述计算产生的选区之外的区域。按住 Ctrl 键，单击"图层"面板内图层的缩览图，可以载入该图层内所有图像的选区。

在该对话框的"操作"选区内选择不同的单选按钮，可以设置载入的选区与原来的选区之间的关系。

● 选择"新建选区"单选按钮：载入的选区替代原来的选区。

- 选择"添加到选区"单选按钮：载入的选区与原来的选区相加。
- 选择"从选区中减去"单选按钮：在原选区中减去载入的选区。
- 选择"与选区交叉"单选按钮：新选区是载入选区与原来选区相交叉的部分。

3．选区描边

创建选区，单击"编辑"→"描边"命令，调出"描边"对话框，如图2-5-12所示。设置后单击"确定"按钮，即可完成描边任务。"描边"对话框内各选项的作用如下。

（1）"宽度"数值框：用来输入描边的宽度，单位是像素（px）。

（2）"颜色"按钮：单击它，可调出"拾色器"对话框，用来设置描边的颜色。

（3）"位置"选区：选择描边相对于选区边缘线的位置，包括居内、居中和居外。

（4）"混合"选区："不透明度"数值框用来调整填充色的不透明度。如果当前图层中的图像透明，则"保留透明区域"复选框为有效状态，选中它后，就不能给透明选区描边了。

4．选择性粘贴图像

（1）"贴入"命令：打开一幅图像，将该图像复制到剪贴板内。打开另一幅图像，在该图像中创建一个羽化20像素的椭圆选区，如图2-5-20所示，单击"编辑"→"选择性贴入"→"贴入"命令，将剪贴板中的图像贴入该选区内，如图2-5-21所示。

（2）"外部贴入"命令：按照上述步骤操作，最后单击"编辑"→"选择性贴入"→"外部贴入"命令，可将剪贴板中的图像粘贴到该选区外，如图2-5-22所示。

图2-5-20 椭圆选区　　　图2-5-21 贴入选区　　　图2-5-22 粘贴到选区外

（3）"原位贴入"命令：打开另一幅图像，单击"编辑"→"选择性贴入"→"原位贴入"命令，可将剪贴板中的图像粘贴到原来该图像所在的位置。

【思考练习】

1．绘制一幅"金色别墅"图像，如图2-5-23所示。可以看到，它的背景是一幅半透明的、偏蓝色的家居图像（见图2-5-24），图中有一幅发金色光的立体框架和荷花图像，框架内是四周羽化的别墅图像，框架上边是金色立体文字"金色别墅"。

图2-5-23 "金色别墅"图像

图2-5-24 "家居"图像

2．制作一幅"小池睡莲"图像，如图2-5-25所示。它是由如图2-5-26和图2-5-27所示的"水波"图像和如图2-5-27所示的3幅"睡莲"图像制作而成的。

图2-5-25 "小池睡莲"图像

图2-5-26 "水波"图像

图2-5-27 3幅"睡莲"图像

3．制作一幅"金色环"图像，如图2-5-28所示。制作该图像的提示如下。

（1）创建一个椭圆选区，将它以"椭圆1"保存。调出"边界选区"对话框。将选区转换为宽度为5像素的环状选区。使用"渐变工具" ，填充"橙色，黄色，橙色"水平线性渐变色，如图2-5-29所示。

图2-5-28 "金色环"图像

图2-5-29 填充线性渐变色

（2）使用"移动工具" ⊕，按住 Alt 键，同时多次按方向下移键，连续移动复制图形。取消选区，结果如图 2-5-30 所示。调出"载入选区"对话框。在"通道"下拉列表内选择"椭圆 1"选项，载入"椭圆 1"选区。

（3）将选区移到如图 2-5-31 所示的位置。调出"描边"对话框，给选区描边（5 像素、红色）。按 Ctrl+D 组合键，取消选区，效果如图 2-5-28 所示。

图 2-5-30　复制图形

图 2-5-31　移动选区

4．绘制一幅"美化照片"图像，如图 2-5-32 所示。该图像是利用如图 2-5-33 所示的"丽人""向日葵""鲜花"图像加工而成的。由图 2-5-32 可以看到，人物的衣服更换为鲜花图案，背景添加了"向日葵"图像。

图 2-5-32　"美化照片"图像

图 2-5-33　"丽人""向日葵""鲜花"图像

第3章　图层应用和文字应用

图层用来存放图像，各图层相互独立，又相互联系，可以分别对各图层图像进行加工，而不会影响其他图层的图像，有利于图像的分层管理和处理。可以将各图层进行随意的合并操作。图层可以看成是一张一张的透明胶片，当多个有图像的图层叠加在一起时，可以看到各图层图像叠加的效果，通过上边图层内图像透明处可以看到下面图层中的图像。在同一个图像文件中，所有图层具有相同的画布属性。各图层可以合并后输出，也可以分别输出。

本章通过学习 7 个案例的制作方法来介绍"图层"面板的使用方法，以及应用图层组和图层剪贴组的方法，应用图层的链接、样式和复合的方法等。

3.1　【案例6】林中健美

"林中健美"图像如图 3-1-1 所示。它是由如图 3-1-2 所示的"树林.jpg""运动员.jpg""螺旋管.jpg"图像，以及如图 3-1-3 所示的"汽车.jpg"图像和如图 3-1-4 所示的"佳人.jpg"图像合成的。可以看到，林中健美在一棵大树的后边，露出车头，车中坐有两位女士，螺旋管环绕在运动员的身体上。

图 3-1-1　"林中健美"图像

图 3-1-2　"树林.jpg""运动员.jpg""螺旋管.jpg"图像

图 3-1-3　"汽车.jpg"图像

图 3-1-4　"佳人.jpg"图像

【制作方法】

1．制作螺旋管环绕人体

（1）打开如图 3-1-2 所示的"树林 .jpg""运动员 .jpg""螺旋管 .jpg"文件。选中"树林 .jpg"图像，单击"图像"→"图像大小"命令，调出"图像大小"对话框，利用该对话框调整图像大小，使其宽 500 像素、高 300 像素，单击"确定"按钮，关闭该对话框。

（2）选中"运动员 .jpg"图像，单击"选择"→"色彩范围"命令，调出"色彩范围"对话框，保证按下"吸管工具"按钮 ，单击图像背景（白色），调整颜色容差为 71 像素，如图 3-1-5 所示。单击"确定"按钮，创建选中所有白色背景的选区。进行选区的加减调整，最后效果如图 3-1-6 所示。

图 3-1-5 "色彩范围"对话框　　　　图 3-1-6 选中白色背景的效果

（3）单击"选择"→"反选"命令，创建包围人体的选区。使用"移动工具" ，拖曳选区内健美人物图像到"树林 .jpg"图像中。此时，"图层"面板中新增名为"图层 1"的图层，将该图层的名称改为"运动员"。

（4）单击"编辑"→"自由变换"命令，进入运动员图像的自由变换状态，调整运动员图像的大小和位置，按 Enter 键确定，效果如图 3-1-7 所示。将"树林 .jpg"图像以名称"林中健美 .psd"保存。

（5）选中"螺旋管 .jpg"图像，使用"魔棒工具" ，在其选项栏内设置容差为 20 像素。单击"螺旋管 .jpg"图像的背景，创建选中蓝色背景的选区。单击"选择"→"反选"命令，创建包围螺旋管图像的选区，如图 3-1-8 所示。

（6）单击"选择"→"修改"→"平滑"命令，调出"平滑选区"对话框，在其"取样半径"数值框内输入 5。单击"确定"按钮，关闭该对话框，使选区更平滑。

（7）使用"移动工具" ，拖曳"螺旋管 .jpg"图像选区中的图像到"林中健美 .psd"图像中，将新增图层的名称改为"螺旋管"，并移到"运动员"图层之上。

单击"编辑"→"自由变换"命令，调整螺旋管图像的大小和位置，如图3-1-9所示。按 Enter 键确定。

图3-1-7　将健美人物图像　　　图3-1-8　包围螺旋管　　　图3-1-9　调整螺旋管图像的
　　　移到"树林.jpg"图像中　　　　图像的选区　　　　　　大小和位置

（8）单击"图层"面板中的"螺旋管"图层。使用工具箱中的"套索工具" ，在如图3-1-9所示的图像中创建两个选区，如图3-1-10所示。

（9）单击"图层"→"新建"→"通过剪切的图层"命令，将选区内的部分螺旋管图像剪切到"图层"面板的新图层中，并将该图层的名称改为"部分螺旋管"；将"图层"面板内的"部分螺旋管"图层拖曳到"运动员"图层的下边，结果如图3-1-11所示，图像效果如图3-1-12所示。

图3-1-10　创建两个选区　　　图3-1-11　"图层"面板　　　图3-1-12　图像效果

2．制作林中健美

（1）打开"汽车.jpg"图像，使用工具箱中的"套索工具" 创建选中汽车的选区。使用选区加减的方法修改选区。单击"选择"→"反选"命令，使选区反向，选中汽车背景图像，按 Delete 键，删除选区内的汽车背景图像。

（2）使用工具箱内的"橡皮擦工具" ，擦除汽车图像四周多余的图像。单击"选择"→"反选"命令，使选区反向，选中汽车图像。

（3）切换到"林中健美.psd"图像。隐藏"图层"面板内除"背景"图层外的所有图层。先切换到"汽车.jpg"图像，使该图像独立，再使用"移动工具" ，将"汽车.jpg"图像选区内的汽车图像拖曳到"林中健美.psd"图像的画布窗口内，此时，在"图层"面板内会新增一个图层，将该图层名称改为"汽车"。

选中"汽车"图层，选择"编辑"→"变换"→"水平翻转"命令，使该图层内的汽车图像水平翻转；选择"编辑"→"自由变换"命令，调整汽车图像的大小和位置，按Enter 键确定，图像效果如图 3-1-13 所示。

（4）单击"图层"面板内"汽车"图层前的 ◉ 图标，使 ◉ 图标消失，汽车图像也消失。使用"套索工具" ⊙ 创建一个选中部分树干和树枝的选区，单击"图层"面板内"汽车"图层前的 ☐ 图标，使图标 ◉ 出现，从而使汽车图像出现，如图 3-1-14 所示。如果创建的选区不合适，则可以重复上述过程，重新创建选区。

（5）使用"移动工具" ✛，单击"图层"面板内的"背景"图层（为了可以将选区内的背景图像复制到新图层中）。单击"图层"→"新建"→"通过拷贝的图层"命令，"图层"面板中会生成一个新图层，用来放置选区内的图像，并将该图层的名称改为"树干和树枝"。

图3-1-13　将汽车移到画布窗口内并调整图像

图3-1-14　创建选区

（6）拖曳"树干和树枝"图层到"汽车"图层的上边。此时"汽车"图层内的图像变为在树干和树枝的后边，如图 3-1-15 所示。将"图层"面板内的所有图层显示，如图 3-1-16 所示。

图3-1-15　汽车在树干和树枝后边

图3-1-16　"图层"面板

选中上边 3 个图层，调整运动员和螺旋管的位置与大小，效果如图 3-1-1 所示。

3．制作汽车中的女士图像

（1）选中"林中健美.psd"图像，隐藏"树干和树枝"图层，选中"汽车"图层。使用工具箱内的"多边形套索工具"  创建一个选中汽车挡风玻璃的选区，如图3-3-17所示。

（2）选中"图层"面板中的"汽车"图层，单击"图层"→"新建"→"通过剪切的图层"命令，"图层"面板中会生成一个名称为"图层1"的新图层，用来放置选区内的挡风玻璃图像。将"图层1"改为"玻璃"，隐藏该图层。

（3）打开如图3-1-4所示的"佳人.jpg"图像，将该图像的大小调整为宽200像素、高130像素。使用工具箱内的"磁性套索工具" ，在"佳人.jpg"图像中创建选区，将人物图像选中。采用选区加减的方法修改选区，修改后的效果如图3-1-18所示。单击"编辑"→"拷贝"命令，将佳人图像拷贝到剪贴板中。

图3-1-17　创建一个选中汽车挡风玻璃的选区　　　　图3-1-18　选中人物

（4）按住Ctrl键，单击"图层"面板内的"玻璃"图层，创建选中该图层内挡风玻璃图像的选区。选中"图层"面板内的"汽车"图层，单击"编辑"→"选择性粘贴"→"贴入"命令，将剪贴板内的佳人图像粘贴到"林中健美.psd"图像的选区内。同时在"图层"面板内生成名称为"图层1"的新图层，放置粘贴的佳人图像，并将该图层名称改为"佳人"。

（5）单击"编辑"→"自由变换"命令，调整佳人图像的大小。使用"移动工具"，拖曳佳人图像到合适的位置，如图3-1-19所示。按Enter键，完成调整。

（6）显示所有图层，将"佳人"图层移到"玻璃"图层的下边。选中"玻璃"图层，在"图层"面板的"设置图层的混合模式"下拉列表中选择"柔光"选项，如图3-1-20所示。此时挡风玻璃效果如图3-1-1所示。

图3-1-19　调整选区内的佳人图像

图3-1-20　选择"柔光"选项

知识链接

1. 应用"图层"面板

Photoshop 中有常规、背景、文字、形状、填充和调整 5 种类型的图层。其中，常规图层（也叫普通图层）和背景图层中只可以存放图像与绘制的图形；背景图层是最下面的图层，它不透明，一个图像文件只有一个背景图层；文字图层内只可以输入文字，图层的名称与输入的文字内容相同；形状图层用来绘制形状图形；填充和调整图层内主要存放图像的色彩等信息。"图层"面板如图 3-1-21 所示，其中一些选项的作用简介如下。

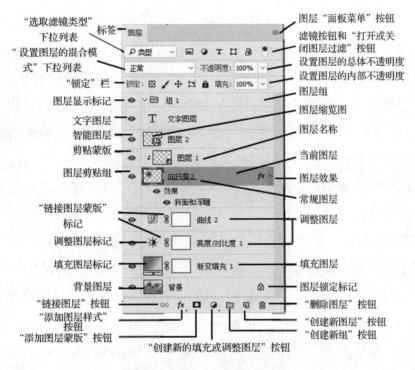

图 3-1-21 "图层"面板

（1）"选取滤镜类型"下拉列表 ：用来选择滤镜类型，选中不同的类型后，其右边的按钮会随之改变。当选择"类型"选项后，其右边会显示 5 个不同的滤镜按钮和"打开或关闭图层过滤"按钮，如图 3-1-21 所示。将鼠标指针移到按钮上，会显示该按钮的名称。单击某个滤镜按钮，即可在"图层"面板内只显示某种类型的图层。例如，单击"文字图层滤镜"按钮 T，只显示文字图层。

当选择"模式"选项后，其右边会显示一个"设置图层的混合模式"（简称"图层模式"）下拉列表，用来选择当前选中图层的模式。关于图层模式，可参看 1.5 节中的内容。

在"选取滤镜类型"下拉列表中选择不同的选项时，"打开或关闭图层过滤"按钮 都存在，单击该按钮，可以在打开和关闭图层过滤之间切换。

（2）"不透明度"数值框 不透明度：100% ▽ ：用来调整图层的总体不透明度。它不仅影响图层中绘制的像素或形状，还影响应用于图层的任何图层样式和混合模式。

（3）"填充"数值框 填充：40% ▽ ：用来调整当前图层的不透明度。它只影响图层中绘制的像素或形状，不影响已应用于图层的任何图层效果的不透明度。

（4）"锁定"栏：包含 5 个按钮，用来设置锁定图层的锁定内容，一旦锁定，就不可以再进行编辑和加工。先单击"图层"面板中的某一图层，再单击这一栏的按钮，即可锁定该图层的部分内容或全部内容。被锁定的图层会显示出一个"图层全部锁定标记" 🔒 或"图层部分锁定标记" 🔒 。这 5 个按钮的作用如下。

- "锁定透明像素"按钮 ▨ ：禁止对该图层的透明区域进行编辑。
- "锁定图像像素"按钮 ✎ ：禁止对该图层（包括透明区域）进行编辑。
- "锁定位置"按钮 ✛ ：锁定图层中的图像位置，禁止移动该图层，即画板在画布中的位置保持固定。但是，仍然可以照常添加元素，可在内部移动元素或将其删除。
- "防止在画板内外自动嵌套"按钮 ▫ ：将插图中的锁指定给画板，以禁止在画板内部和外部自动嵌套；或者指定给画板内的特定图层，以禁止这些特定图层的自动嵌套。要恢复到正常的自动嵌套行为，可从画板或图层中删除所有自动嵌套锁。
- "锁定全部"按钮 🔒 ：锁定图层中的全部内容，禁止对该图层进行编辑和移动。选择一个画板，并指定位置锁定。

选中要解锁的图层，单击"锁定"栏中的相应按钮，使它们呈抬起状。

（5）"链接图层蒙版"标记 🔗 ：有该标记时，表示将图层蒙版链接到图层。

（6）"图层显示"标记 👁 ：有该标记时，表示该图层处于显示状态。单击该标记，即可使"图层显示"标记 👁 消失，该图层也就处于不显示状态了；再次单击该处，"图层显示"标记 👁 恢复显示，图层显示。右击该标记，会调出一个快捷菜单，利用该快捷菜单，可以选择是隐藏本图层还是隐藏其他图层（只显示本图层）。

（7）"图层"面板下边一行按钮的名称和作用。

- "链接图层"按钮 🔗 ：在选中两个或两个以上的图层后，该按钮有效，单击该按钮，可以建立选中图层之间的链接，链接图层的右边会有 🔗 图标，再次单击该按钮，可以取消图层之间的链接。
- "添加图层样式"按钮 fx ：单击该按钮，即可调出它的下拉菜单，单击该菜单中的命令，可调出"图层样式"对话框，并在该对话框的"样式"栏内选中相应的选项。
- "添加图层蒙版"按钮 ▣ ：单击该按钮，即可给当前图层添加一个图层蒙版。
- "创建新的填充或调整图层"按钮 ◑ ：单击该按钮，即可调出它的下拉菜单，单击该菜单中的命令，可以调出相应的对话框，利用这些对话框可以创建填充或调整图层。
- "创建新组"按钮 🗀 ：单击该按钮，即可在当前图层之上创建一个新的图层组。

- "创建新图层"按钮 ⬚：单击该按钮，即可在当前图层之上创建一个常规图层。
- "删除图层"按钮 ⬚：单击它，可将选中的图层删除；将要删除的图层拖曳到该按钮上，也可以删除该图层。

2．修改图层属性和图层栅格化

（1）改变图层颜色：右击图层，调出它的快捷菜单，单击该菜单内最下边一栏内的颜色名称命令，即可对该图层的颜色进行更改。

（2）改变图层名称：单击"图层"→"重命名图层"命令，或者双击图层名称，进入图层名称编辑状态，即可修改图层名称。

（3）改变图层缩览图的大小：单击面板菜单中的"面板选项"命令，调出"图层面板选项"对话框，如图3-1-22所示。选中其内对应的单选按按钮，单击"确定"按钮，可改变图层缩览图的大小。

（4）改变图层的不透明度：选中"图层"面板中要改变不透明度的图层，在"不透明度"数值框内输入不透明度数值。也可以单击下拉按钮，调整不透明度数值。改变"图层"面板的"填充"数值框内的数值，也可以调整选中图层的不透明度，但不影响已应用于图层的任何图层效果的不透明度。

（5）图层栅格化：将图层内的矢量图形、文字等内容转换成位图内容。具体的方法是：选中图层，单击"图层"→"栅格化"命令，调出其子菜单，根据要求进行以下操作。

图3-1-22　"图层面板选项"
对话框

- 单击其中的"图层"命令，将选中图层内的所有矢量图形转换为位图。
- 单击其中的"所有图层"命令，将所有图层内的内容都转换为位图。
- 单击其中的"文字"命令，将选中图层内的文字转换为图形，图层变为常规图层。
- 单击其中第1栏的其他命令，可将选中图层内的相应内容转换为常规图层内容。

3．新建背景图层和常规图层

（1）新建背景图层：当画布窗口内没有背景图层时，选中一个图层，单击"图层"→"新建"→"图层背景"命令，即可将当前图层转换为背景图层。

（2）新建常规图层：创建常规图层的方法很多，简介如下。

- 单击"图层"面板内的"创建新图层" ⬚按钮。
- 当将剪贴板中的图像粘贴到当前画布窗口中时，会自动在当前图层之上创建一个新的常规图层。按住 Ctrl 键，当将一个画布窗口的选区中的图像拖曳到另一个画布窗口内时，会自动在目标画布窗口的当前图层之上创建一个新的常规图层，同时复制选中的图像。

- 单击"图层"→"新建"→"图层"命令，调出"新建图层"对话框，如图 3-1-23 所示，利用它设置图层的名称、颜色、模式和不透明度等，单击"确定"按钮。
- 先选中"图层"面板中的背景图层，再单击"图层"→"新建"→"背景图层"命令或双击背景图层，都可以调出"新建图层"对话框。单击"确定"按钮，可以将背景图层转换为常规图层。
- 单击"图层"→"新建"→"通过拷贝的图层"命令，即可创建一个新图层，将当前图层选区中的图像（如果没有选区，则为全部图像）复制到新创建的图层中。
- 单击"图层"→"新建"→"通过剪切的图层"命令，可以创建一个新图层，将当前图层选区中的图像（如果没有选区，则为全部图像）移到新创建的图层中。
- 单击"图层"→"复制图层"命令，调出"复制图层"对话框，如图 3-1-24 所示。在"为"文本框内输入图层的名称，在"文档"下拉列表内选择目标图像文档等。单击"确定"按钮，即可将当前图层复制到目标图像中。如果在"文档"下拉列表内选择的是当前图像文档，则会在当前图层之上复制一个图层。

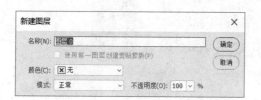

图 3-1-23 "新建图层"对话框

图 3-1-24 "复制图层"对话框

如果当前图层是常规图层，则采用上述后 3 种方法创建的就是常规图层；如果当前图层是文字图层，则采用上述后 3 种方法创建的就是文字图层。

4．选择、移动、排列和合并图层

（1）选择图层。选中图层的方法如下。

- 选中一个图层：单击"图层"面板内要选择的图层，即可选中该图层。
- 选中多个图层：按住 Ctrl 键，单击各图层，即可选中这些图层。
- 选中多个连续的图层：按住 Shift 键，单击连续图层的第一个和最后一个图层即可。

如果选中了"移动工具" ⊕ 选项栏中的"自动选择图层"复选框，则在单击非透明区域内的图像时，可选中相应图层。

（2）移动图层：单击"图层"面板中要移动的图层，使用"移动工具"按钮⊕或在使用其他工具时按住 Ctrl 键，拖曳画布中的图像，可移动该图层中的整幅图像或选区内的图像。

（3）图层的排列：上下拖曳图层，可调整图层的相对位置。单击"图层"→"排列"命令，调出其子菜单，如图3-2-25所示，单击其中的命令，可移动当前图层。

（4）图层的合并：图层合并后，会使图像文件变小。图层的合并有以下几种情况。

置为顶层(F)	Shift+Ctrl+]
前移一层(W)	Ctrl+]
后移一层(K)	Ctrl+[
置为底层(B)	Shift+Ctrl+[
反向(R)	

图3-1-25 排列菜单
的子菜单

- 合并可见图层：单击"图层"→"合并可见图层"命令，可将所有可见图层合并为一个图层。如果有可见的背景图层，则将所有可见图层合并到背景图层中；如果没有可见的背景图层，则将所有可见图层合并到当前可见图层中。

- 合并所有图层：单击"图层"→"合并图层"命令，可将所有图层合并到背景图层中。

- 拼合图像：单击"图层"→"拼合图像"命令，可将所有图层内的图像合并到背景图层中。

调出"图层"面板的面板菜单，利用该菜单中的一些命令，也可以合并图层。

【思考练习】

1．制作一幅"晨练"图像，如图3-1-26所示。它是将如图3-1-27所示的"草地"和"人物"图像，以及自己制作的"呼啦圈"图像合并制成的。

图3-1-26 "晨练"图像

图3-1-27 "草地"和"人物"图像

2．制作一幅"林中汽车"图像，如图3-1-28所示。树林中有一辆汽车在一棵大树的后边，车中坐着两位女士。制作该图像使用了如图3-1-29所示的"树林.jpg"图像，以及"汽车.jpg"图像（见图3-1-30）和"佳人.jpg"图像（见图3-1-4）。

图3-1-28 "林中汽车"图像 　　图3-1-29 "树林.jpg"图像 　　图3-1-30 "汽车.jpg"图像

3.2 【案例7】花中佳人

"花中佳人"图像如图 3-2-1 所示。它是利用如图 3-2-2 所示的"双向日葵.jpg"图像与如图 3-2-3 所示的"佳人 1.jpg"和"佳人 2.jpg"图像加工制作成的。制作该图像的关键是,在"图层"面板中,佳人图像所在图层在"向日葵花朵"图层(从"双向日葵.jpg"图像内选出一个向日葵图像复制到该图层中)之上,单击"图层"→"创建剪切蒙版"命令,将两个图层组成剪贴组。

图 3-2-1 "花中佳人"图像

图 3-2-2 "双向日葵.jpg"图像

图 3-2-3 "佳人 1.jpg"和"佳人 2.jpg"图像

【制作方法】

1.制作佳人图像

(1)打开如图 3-2-2 所示的"双向日葵.jpg"图像与如图 3-2-3 所示的"佳人 1.jpg"和"佳人 2.jpg"图像。

在"双向日葵.jpg"图像内创建如图 3-2-4 所示的选区,将"双向日葵.jpg"图像中右边的向日葵花朵选中。单击"图层"→"新建"→"通过拷贝的图层"命令,将选中的向日葵花朵图像复制到一个名称为"图层 1"的新图层中,并将该图层的名称改为"向日葵 1"。

（2）在"佳人1.jpg"图像内创建如图3-2-5所示的选区，即将图像中的头部和手选中。单击"编辑"→"拷贝"命令，将选区内的图像复制到剪贴板中。

（3）选中"双向日葵.jpg"图像。单击"编辑"→"粘贴"命令，将剪贴板中的图像粘贴到"双向日葵.jpg"图像中。此时，"图层"面板中会增加一个名称为"图层2"的图层，其内放置的是粘贴的佳人图像的头部和手，并将该图层的名称改为"佳人1"。

（4）选中"佳人1"图层，单击"选择"→"自由变换"命令，调整该图层内的佳人图像的大小和位置，如图3-2-6所示。调整好后，按Enter键。

图3-2-4 选中向日葵花朵的选区

图3-2-5 选中相应的选区

图3-2-6 调整佳人图像的大小和位置

（5）将"图层"面板中的"佳人1"图层移到"向日葵1"图层之上。选中"向日葵2"图层，单击"图层"→"创建剪贴蒙版"命令，即可将"向日葵1"和"佳人1"两个图层组成剪贴组。此时的"图层"面板如图3-2-7所示，图像效果如图3-2-1所示。

（6）按照上述方法制作另一组向日葵花朵中的佳人图像，新增图层的名称分别为"佳人2"和"向日葵2"，"佳人2"图层内的图像是"佳人2.jpg"图像。此时"图层"面板如图3-2-8所示，图像效果如图3-2-9所示。

图3-2-7 "图层"面板1

图3-2-8 "图层"面板2

图3-2-9 花中佳人图像效果

2．调整向日葵花朵的颜色

（1）设置前景色为红色、背景色为黄色。选中"向日葵1"图层，单击"图层"→"新建填充图层"→"渐变"命令，调出"新建图层"对话框，如图3-2-10所示。

（2）采用默认设置，单击"新建图层"对话框内的"确定"按钮，调出"渐变填充"对话框，如图3-2-11所示。同时在"图层"面板内的"向日葵1"图层之上新建一个名称为"渐变填充1"的填充图层。

图3-2-10 "新建图层"对话框   图3-2-11 "渐变填充"对话框

（3）单击"渐变"按钮，调出"渐变编辑器"对话框，利用该对话框设置红色（不透明度为80%）到黄色（不透明度为80%）的渐变色。"渐变填充"对话框内的其他选项的设置不变。单击"确定"按钮，即可设置好填充图层。"向日葵1"图层中的图像变为添加不透明度为80%的红色到黄色的线性渐变色，效果如图3-2-1所示。

（4）选中"向日葵2"图层，单击"图层"→"新建调整图层"→"曲线"命令，调出"新建图层"对话框，与如图3-2-10所示的设置基本一样，只是默认名称为"曲线1"。单击"确定"按钮，调出"属性"面板，在"向日葵2"图层之上新建一个"曲线1"调整图层。

（5）在"属性"面板内，向右下方拖曳，调整"属性"面板内的曲线，如图3-2-12所示。使"向日葵2"图层中的图像变得暗一些，效果如图3-2-1所示。

此时，"图层"面板如图3-2-13所示，图像效果如图3-2-1所示。

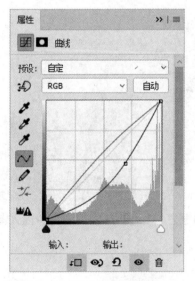

图3-2-12 "属性"面板   图3-2-13 "图层"面板3

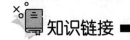知识链接

1. 用选区选中图层中的图像

如果要对某个图层中的所有图像进行操作，则往往需要用选区选中该图层中的所有图像。用选区选取某个图层中的所有图像可采用如下两种操作方法。

（1）按住 Ctrl 键，同时单击"图层"面板中要选取的图层内所编辑的缩览图（不包括背景图层）。

（2）选中"图层"面板中要选取的图层（不包括背景图层），单击"选择"→"载入选区"命令，调出"载入选区"对话框，采用选项的默认值，单击"确定"按钮即可。如果选中"载入选区"对话框中的"反相"复选框，则单击"确定"按钮后选择的是该图层内的透明区域。

2. 图层剪贴组

图层剪贴蒙版使一个图层成为蒙版，使多个图层共用这个蒙版（关于蒙版，将在第 7 章介绍），它们就组成了图层剪贴组。只有上下相邻的图层才可以组成图层剪贴组。在图层剪贴组中，最下边的图层叫基底图层，它的名字下边有下画线，其他图层的缩览图是缩进的，而且缩览图左边有一个 标记。基底图层是整个图层剪贴组中其他图层的蒙版。具体操作方法如下。

（1）创建剪贴蒙版：就是将当前图层与其下边的图层建立图层剪贴组，下边的图层成为基底图层，即成为其上图层的剪贴蒙版。例如，选中"图层 1"上边的"图层 2"，单击"图层"→"创建剪贴蒙版"命令，即可完成任务。"图层 2"和"图层 1"这两个图层组成了剪贴组，"图层 1"是基底图层，是"图层 2"的蒙版。另外，还可以采用同样的方法将图层剪贴组上边的图层也组合到该图层剪贴组中。

（2）释放剪贴蒙版：选中图层剪贴组中的蒙版图层，单击"图层"→"释放剪贴蒙版"命令，即可从图层剪贴组中释放选中的蒙版图层，但不会将它从图层剪贴组中删除。

3. 新建填充图层和调整图层

（1）新建填充图层：单击"图层"→"新建填充图层"命令，调出其子菜单，单击其内的命令，调出"新建图层"对话框。单击"确定"按钮，调出相应的对话框，进行颜色、渐变色的调整后，单击"确定"按钮，可在"图层"面板内的选中图层之上创建一个填充图层，同时调出相应的有关填充的对话框。

例如，单击"图层"→"新建填充图层"→"渐变"命令，调出"新建图层"对话框，各选项均保持默认值，单击"确定"按钮，关闭"新建图层"对话框。调出"渐变填充"对话框，如图 3-2-11 所示，利用该对话框可以设置填充图层的渐变色。

再如，单击"图层"→"新建填充图层"→"图案"命令，调出"新建图层"对话框，单击"确定"按钮后，调出"图案填充"对话框，如图3-2-14所示。单击左边的"图案"下拉按钮，调出"图案"面板，如图3-2-15所示，在此选择一种图案；在"缩放"下拉列表中选择一种缩放百分比，单击"确定"按钮，关闭"图案填充"对话框，完成填充图案的设置。

图3-2-14 "图案填充"对话框

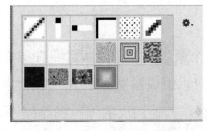

图3-2-15 "图案"面板

（2）新建调整图层：单击"图层"→"新建调整图层"命令，调出其子菜单，单击其中的命令，可调出"新建图层"对话框，单击"确定"按钮，即可创建一个调整图层。调出相应的"调整"面板，进一步进行调整。

（3）新建填充图层和调整图层的另一种方法：单击"图层"面板内的"创建新的填充或调整图层"按钮 ⚫，调出一个菜单，单击菜单中的一个命令，即可调出相应的对话框或"调整"面板，同时在"图层"面板的当前图层的上边创建一个相应的填充图层或调整图层。利用该对话框或"调整"面板进行设置，可完成创建填充图层或调整图层的任务。

（4）调整填充图层和调整图层：双击填充图层或单击调整图层内的缩览图，可以根据当前图层的类型调出相应的对话框或"调整"面板。

填充图层和调整图层实际上是同一类图层，它们的表示形式基本一样。填充图层和调整图层可以存放对其下边图层的选区或整个图层（没有选区时）进行色彩等调整的信息，用户可以对它进行编辑调整，而且不会对其下边图层中的图像造成永久性改变。一旦隐藏或删除填充图层和调整图层后，其下边图层中的图像会恢复原状。

4．智能对象

选中图层，单击"图层"→"智能对象"→"转换为智能对象"命令，或者单击面板菜单中的"转换为智能对象"命令，均可将选中图层转换为智能对象。选中智能对象所在的图层后，可以方便地对智能对象进行单独存储、替换和加工处理。

（1）单独存储：单击"图层"→"智能对象"→"导出内容"命令，调出"存储"对话框，利用该对话框，可将选中图层内的智能对象以扩展名".jpg"保存。

（2）替换内容：单击"图层"→"替换内容"→"存储内容"命令，调出"置入"对话框，利用该对话框，可用外部图像替换选中图层的智能对象。

（3）单独加工处理：单击"图层"→"智能对象"→"编辑内容"命令，可以打开一个新的画布窗口，其内是选中图层的智能对象图像。对该图像进行加工处理后关闭该画布窗口，此时原图层内的智能对象被加工处理后的图像替代。

（4）拷贝新建：单击"图层"→"智能对象"→"通过拷贝新建智能对象"命令，可以在选中图层之上新建一个与之有相同智能对象的图层。

【思考练习】

1．"叶中观月"图像如图3-2-16所示，它是利用如图3-2-17所示的"月景""观月""叶子"图像制作而成的。

图3-2-16 "叶中观月"图像　　　　　　图3-2-17 "月景""观月""叶子"图像

2．制作一幅"节水海报"图像，如图3-2-18所示，它是一幅保护大自然的公益宣传海报。制作该图像利用了如图3-2-19所示的两幅图像，使用了图层剪贴组等技术。

图3-2-18 "节水海报"图像　　　　　　图3-2-19 "沙漠"和"海洋"图像

3．制作一幅"花中丽人"图像，如图3-2-20所示，它是利用如图3-2-21所示的"向日葵""丽人""云图"图像加工制作而成的。

图3-2-20 "花中丽人"图像　　　　　图3-2-21 "向日葵""丽人""云图"图像

3.3 【案例8】天鹅湖晨练

"天鹅湖晨练"图像如图3-3-1所示，从图中可以看到，静静的湖中有几只白天鹅，湖水中映出它们的倒影，天空中有两只白天鹅在飞翔；一个人在湖边玩呼啦圈，4个人在跑步；左上方有"天鹅湖晨练"立体文字，文字表面为花纹图案，其他部分是红色、黄色和绿色条纹。

图 3-3-1 "天鹅湖晨练"图像

【制作方法】

1．制作背景图像

（1）打开如图 3-3-2 所示的"天鹅湖"图像和如图 3-3-3 所示的"风景"图像，将"天鹅湖"图像以名称"天鹅湖晨练.psd"保存。

图 3-3-2 "天鹅湖"图像

图 3-3-3 "风景"图像

（2）单击"图像"→"画布大小"命令，调出"画布大小"对话框，先单击"定位"选项内的右上角方块，确定画布扩展的起点；再设置宽度为 1100 像素、高度为 600 像素，如图 3-3-4 所示。单击"确定"按钮，扩展画布，效果如图 3-3-5 所示。

图 3-3-4 "画布大小"对话框①

图 3-3-5 扩展画布后的效果

（3）双击"图层"面板内的"背景"图层，调出"新建图层"对话框，单击"确定"按钮，将"背景"图层转换为常规图层"图层 0"。使用工具箱中的"魔棒工具" ，单击图像的白色背景，创建选中白色背景的选区，按 Delete 键或单击"编辑"→"清除"命令，将白

---

① 软件图中的"其它"的正确写法为"其他"。

色背景部分删除。

（4）单击"选择"→"反选"命令，创建选中图像部分的选区，按住 Alt 键，水平向左拖曳复制一份图像，同时会在"图层"面板内自动产生名称为"图层 0 副本"的新图层，其内是复制的图像。

（5）选中"图层 0 副本"图层，单击"编辑"→"变换"→"水平翻转"命令，将复制的图像水平翻转。使用"移动工具" ⊕，按住 Shift 键，同时水平拖曳，将复制的图像移到原始图像的左边，如图 3-3-6 所示。

（6）按住 Ctrl 键，选中"图层"面板内的"图层 0"和"图层 0 副本"两个图层，单击"图层"→"合并图层"命令，将选中的图层合并为一个图层，名称为"图层 0 副本"。

（7）在"图层"面板内，将"图层 0 副本"图层拖曳到"创建新图层"按钮 ⬚ 之上，复制一个图层，名称为"图层 0 副本 2"。选中"图层 0 副本 2"图层，单击"编辑"→"变换"→"垂直翻转"命令，将复制的图像垂直翻转。使用工具箱中的"移动工具" ⊕，按住 Shift 键，同时垂直拖曳，将复制的图像移到原始图像下边的适当位置。

（8）将"图层 0 副本"和"图层 0 副本 2"两个图层合并，并将合并后的图层名称改为"湖"。单击"裁剪工具"按钮 ⛏，沿着图像边缘拖曳出一个矩形，选中整个加工后的图像，按 Enter 键，完成裁切图像的任务，制作出背景图像，效果如图 3-3-7 所示。

（9）切换到如图 3-3-3 所示的"风景"图像，在草地和绿树上创建 3 个矩形选区，单击"选择"→"选取相似"命令，创建选中草地和绿树图像的选区。还可以采用选区相加和相减的方法修改选区。使用工具箱中的"移动工具" ⊕，将选中的草地和绿树图像拖曳到"天鹅湖晨练.psd"图像中。

（10）在"天鹅湖晨练.psd"图像中，将复制的图层名称改为"树草"。选中该图层，单击"编辑"→"自由变换"命令，调整复制图像的大小和位置，按 Enter 键，形成整个天鹅湖图像，如图 3-3-8 所示。

图 3-3-6　图像复制和变换后的画面　　图 3-3-7　背景图像　　图 3-3-8　整个天鹅湖图像

2. 制作天鹅图像

（1）打开如图 3-3-9 所示的图像及如图 3-3-10 所示的"天鹅 1"图像并选中它。

（2）使用工具箱中的"魔棒工具" ✐，设置容差为 20 像素。按住 Shift 键，多次单击"天鹅 1"图像中右边白天鹅周围不在选区内的图像。使用"矩形选框工具" ⬚，按住 Shift 键，同时多次拖曳，选中右边白天鹅以外的图像；按住Alt键，同时拖曳，清除选中的多余图像。最后效果是创建选中右边白天鹅以外的所有图像的选区，如图3-3-11（a）所示。

（3）单击"选择"→"反选"命令，选区选中右边的白天鹅，如图3-3-11（b）所示。使用"移动工具" ⊕ ，将选区中的图像拖曳到"天鹅湖晨练.psd"图像中。

图3-3-9 "天鹅2""天鹅3""天鹅4""天鹅5"图像

（a）　　　　　　　（b）

图3-3-10 "天鹅1"图像　　　　　图3-3-11 创建选区

（4）选中"图层1"（其内是复制的白天鹅图像），单击"编辑"→"自由变换"命令，进入"自由变换"状态，调整白天鹅图像的大小和位置，按Enter键确认。

（5）按照上述方法，两次将"天鹅2"和"天鹅3"图像拖曳到"天鹅湖晨练.psd"图像中并将"天鹅2"图像进行水平翻转，调整这些复制的白天鹅图像的大小和位置，效果如图3-3-12所示。

图3-3-12 多只白天鹅

（6）将"图层"面板内的"图层1"～"图层5""图层1副本""图层2副本"各图层的名称分别改为"天鹅1"～"天鹅7"。这些图层内分别是复制的天鹅图像。

3. 制作倒影

（1）拖曳"图层"面板中的"天鹅1"图层到"创建新图层"按钮 ⊡ 之上，复制"天鹅1"图层，得到"天鹅1副本"图层。选中该图层，使用"移动工具" ⊕ ，将复制的天鹅图像垂直向下移动一段距离，如图3-3-13所示。

（2）在"图层"面板内，将"天鹅1副本"图层移到"天鹅1"图层的下边，选中"天鹅1副本"图层，单击"编辑"→"变换"→"垂直翻转"命令，使天鹅图像垂直翻转。

（3）使用"移动工具" ⊕ ，调整两只天鹅的位置，如图3-3-14所示。选中"天鹅1副本"

图层，在"图层"面板中的"设置图层的混合模式"下拉列表中选择"柔光"选项，使该图层内的图像柔光，以产生倒影效果，如图 3-3-15 所示。

图 3-3-13　天鹅下移

图 3-3-14　调整两只天鹅的位置

图 3-3-15　天鹅倒影

（4）按照上述方法，制作"天鹅2"和"天鹅2副本"图层、"天鹅3"和"天鹅3副本"图层、"天鹅4"和"天鹅4副本"图层、"天鹅5"和"天鹅5副本"图层内各天鹅图像的倒影，最后效果如图 3-3-1 所示。

（5）按住 Ctrl 键，选中"图层"面板内的"天鹅3"和"天鹅3副本"两个图层，其内分别保存"天鹅3"图像和它的倒影图像。单击"图层"→"对齐"命令，调出"对齐"菜单，单击该菜单内的"左边"命令，使选中图层中的"天鹅3"图像和它的倒影图像左边对齐。

采用上述方法，使"天鹅1"和"天鹅1副本"图层、"天鹅2"和"天鹅2副本"图层、"天鹅5"和"天鹅5副本"图层内的天鹅图像和它的倒影图像左边对齐。

（6）按住 Ctrl 键，选中"图层"面板内的"天鹅4"和"天鹅4副本"图层。单击"图层"→"对齐"命令，调出"对齐"菜单，单击该菜单内的"右边"命令，使选中图层中的"天鹅4"和"天鹅4副本"图像右边对齐。

4．制作运动图像

（1）打开一幅"呼啦圈.jpg"图像，如图 3-3-16 所示。创建选中呼啦圈的选区，使用"移动工具" ⊹，将选区内的呼啦圈图像拖曳到"天鹅湖晨练.psd"图像的左下方。在"图层"面板内新增一个图层，并将该图层的名称改为"呼啦圈1"。

（2）打开一幅"佳人.jpg"图像，如图 3-3-17 所示。创建一个选中人体的选区，修改选区，使选区只选中佳人图像。使用"移动工具" ⊹，将选区内的图像拖曳到"天鹅湖晨练.psd"图像的左下方。适当调整佳人图像的大小和位置，结果如图 3-3-18 所示。同时，在"图层"面板内增加一个名称为"图层1"的新图层，其内是复制的佳人图像，并将该图层名称改为"佳人"。

（3）拖曳"图层"面板中的"佳人"图层，将其移到"呼啦圈1"图层的下边。选中"呼啦圈1"图层，单击"编辑"→"自由变换"命令，调整呼啦圈图像的大小和位置，按 Enter 键，完成呼啦圈图像大小和位置的调整，效果如图 3-3-19 所示。

（4）选中"呼啦圈1"图层，使用"套索工具" ⌷，在如图 3-3-19 所示的图像中创建一个选区，如图3-3-20所示单击"图层"→"新建"→"通过剪切的图层"命令，将呼啦圈图像的选区内的部分呼啦圈图像剪切到一个名称为"图层1"的新图层中，并将该图层名称改为"呼啦圈2"。

图3-3-16 "呼啦圈.jpg"图像　图3-3-17 "佳人.jpg"图像　图3-3-18 添加佳人图像

图3-3-19　调整呼啦圈图像的大小和位置　　　图3-3-20　创建一个选区

（5）拖曳"图层"面板中的"呼啦圈2"图层到"佳人"图层下边，如图3-3-21所示。按Ctrl+D组合键，取消选区。此时画布窗口内的人物和呼啦圈图像如图3-3-1所示。按住Ctrl键，选中"呼啦圈1""呼啦圈2""佳人"图层，单击"图层"面板内的"链接图层"按钮🔗，将这3个图层建立链接。

图3-3-21　"图层"面板1

（6）打开"跑步1.jpg""跑步2.jpg""跑步3.jpg""跑步4.jpg"图像，分别创建选区以将图像内的人物选中。使用"移动工具"✛，将选区内的人物拖曳到"天鹅湖晨练.psd"图像的右下方，调整各个人物图像的位置和大小，结果如图3-3-1所示。在"图层"面板中，将自动生成的4个图层分别更名为"跑步1""跑步2""跑步3""跑步4"，并将它们移到"呼啦圈1"图层的上边。

5．制作立体文字

（1）单击"横排文字工具"按钮**T**，利用它的选项栏，设置字体为华文行楷，大小为86点，颜色为红色。在画布内输入文字"天鹅湖晨练"，如图3-3-22所示。

（2）使用"移动工具"✛将文字移到画布左上角处，单击"图层"→"栅格化"→"文字"命令，将"天鹅湖晨练"文字图层转换为常规图层。

（3）选中"图层"面板内的"背景"图层，单击"创建新图层"按钮，在"天鹅湖晨练"图层的下边创建名称为"图层1"的常规图层，并设置前景色为绿色，选中该图层，按Alt+Delete组合键，给该图层画布填充绿色。

（4）按住Ctrl键，选中"天鹅湖晨练"和"图层1"这两个图层，单击"图层"→"合并可见图层"命令，将"天鹅湖晨练"和"图层1"两个图层合并为"天鹅湖晨练"图层。

（5）使用"魔棒工具"，单击绿色背景，再单击"选择"→"选取相似"命令，创建选中绿色背景的选区，按Delete键，删除选区内的绿色。

（6）单击"选择"→"反选"命令，使选区选中文字，设置前景色为黄色，即描边颜色为黄色。单击"编辑"→"描边"命令，调出"描边"对话框，设置宽度为1像素，位置为"居外"。单击"确定"按钮，给选区描边，如图3-3-23所示。

（7）使用"移动工具"，在按住Alt键的同时，多次交替按方向下键和方向右键。可以看到立体文字已出现，如图3-3-24所示。

图3-3-22　输入文字
"天鹅湖晨练"

图3-3-23　给选区
描边

图3-3-24　"天鹅湖晨练"
立体文字

（8）单击"图层"→"新建填充图层"→"图案"命令，调出"新建图层"对话框，如图3-3-25所示。

（9）单击"确定"按钮，关闭"新建图层"对话框，调出"图案填充"对话框，如图3-3-26所示。在"图案"下拉列表中选择前面制作的"图案1"（需要读者自己制作），并调整缩放量。单击"确定"按钮，关闭该对话框，给选区填充一种图案，使文字表面为花纹图案。按Ctrl+D组合键，取消选区，效果如图3-3-1所示。此时的"图层"面板如图3-3-27所示。

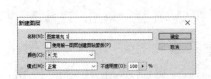

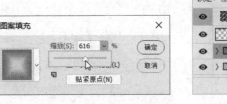

图3-3-25　"新建图层"对话框　图3-3-26　"图案填充"对话框　图3-3-27　"图层"面板2

6. 图层链接和图层组

（1）将"天鹅1"图层和"天鹅1副本"图层内图像的相对位置调整好后，按住Ctrl键，单击"天鹅1"和"天鹅1副本"图层，同时选中这两个图层。

（2）单击"图层"面板内的"链接图层"按钮，或者单击"图层"→"链接图层"命令，将选中的"天鹅1"和"天鹅1副本"图层建立链接，此时这两个图层右边会添加一个图标。以后，当使用"移动工具" 移动"天鹅1"图层或"天鹅1副本"图层内的图像时，"天鹅1"和"天鹅1副本"图层内的图像会一起移动。

（3）采用相同的方法，将"天鹅3"和"天鹅3副本"图层建立链接，将"天鹅4"和"天鹅4副本"图层建立链接，将"天鹅5"和"天鹅5副本"图层建立链接。

（4）按照上述方法，将"天鹅1"和"天鹅1副本"图层，以及"天鹅2"和"天鹅2副本"图层建立链接。

（5）按住Shift键，单击"图层"面板内的"天鹅7"和"天鹅1副本"图层，选中所有与天鹅图像有关的图层。单击"图层"→"图层编组"命令，将选中图层编入新建的图层组"组1"内。双击"组1"，进入图层组名称的编辑状态，输入"天鹅"，将该图层组名称改为"天鹅"。

（6）按住Shift键，单击"图层"面板内的"跑步2"和"呼啦圈1"图层，选中所有与运动图像有关的图层。单击"图层"→"图层编组"命令，将选中图层编入新建的图层组"组1"内。双击"组1"，进入图层组名称的编辑状态，输入"运动"，将该图层组名称改为"运动"，此时的"图层"面板如图3-3-28所示。

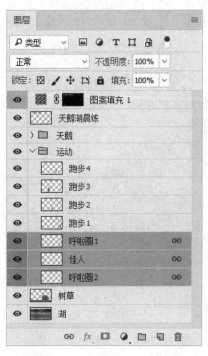

图3-3-28"图层"面板3

知识链接

1. 对齐和分布图层

（1）对齐图层：单击"图层"→"图层与选区对齐"命令，调出"图层与选区对齐"菜单，如图3-3-29所示。单击该菜单中的命令，可以将选中的所有图层中的对象按要求对齐。

（2）分布图层：单击"图层"→"分布"命令，调出"分布"菜单，如图3-3-30所示。单击该菜单中的命令，可以将选中的两个或两个以上的图层中的对象按要求分布。

（3）"移动工具" 按钮选项栏：单击工具箱内的"移动工具" 按钮，在其选项栏中有一个按钮组，单击其内的按钮，也可以将选中图层中的所有对象按要求对齐或分布。

图3-3-29 "图层与选区对齐"菜单

图3-3-30 "分布"菜单

2. 锁定图层

（1）锁定选中的图层：选中两个或多个图层，单击"图层"→"锁定图层"命令，调出"锁定图层"对话框，如图3-3-31所示。选中其中的一个或多个复选框，设置锁定的内容，单击"确定"按钮，即可按照设置锁定选中的图层。例如，选中"全部"复选框，单击"确定"按钮，即可将选中的图层锁定，图层右边会显示图标 🔒，如图3-3-32所示。

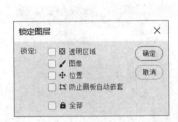

图3-3-31 "锁定图层"对话框

图3-3-32 "图层"面板4

选中一个或多个复选框，单击"图层"面板的"锁定"栏内的4个按钮中的一个，锁定的内容不一样。可以锁定选中的图层，也可以解锁选中的已锁定图层。

（2）锁定组内的所有图层：选中"图层"面板内的一个组，单击"图层"→"锁定组内的所有图层"命令，调出"锁定组内的所有图层"对话框（与"锁定图层"对话框基本一样），利用它可以选择锁定方式，单击"确定"按钮，即可将组内所有图层按要求锁定。

单击"图层"面板的"锁定"栏中的"锁定全部"按钮 🔒，可以将选中的所有图层锁定或解除锁定，也可以将组内的所有图层锁定或解除锁定。

3. 链接图层

为图层建立链接后，可以对所有建立链接的图层一起进行操作。例如，使用"移动工具" ✛ 拖曳图像，可以同时移动链接图层内的所有图像，这与拖曳选中的多个图层内的图像的效果一样。

（1）建立链接：选中要建立链接的多个图层，单击"图层"→"链接图层"命令，即可为选中的图层建立链接。此时，这些图层的右边会显示链接标记 ⇔，该标记只有在选中该图层或选中与它链接的图层时才会显示出来。

（2）选择链接图层：选中链接图层中的一个或多个图层，单击"图层"→"选择链接图层"命令，即可将所有与选中图层相链接的图层的链接标记  显示出来。

（3）取消图层链接：选中要取消链接的两个或多个图层，单击"图层"→"取消图层链接"命令，即可取消链接标记 ，也就取消了图层的链接。

4．图层组

图层组也叫图层集，是若干图层的集合，就像文件夹一样。当图层较多时，可以将一些图层放置在图层组中，这样便于观察和管理。可以移动图层组与其他图层的相对位置；也可以改变图层组的颜色，此时，其内的所有图层的颜色都会随之改变。

（1）从图层建立图层组：按住 Ctrl 键，选中"图层"面板内的多个图层，单击"图层"→"新建"→"从图层建立组"命令，调出"从图层新建组"对话框，如图 3-3-33 所示。利用它可以给图层组命名并设定颜色、不透明度和模式，单击"确定"按钮，即可创建一个新的图层组，将选中的图层置于该图层组中，如图 3-3-34 所示。

图 3-3-33　"从图层新建组"对话框　　　　图 3-3-34　"图层"面板 5

单击"图层"面板内图层组左边的 图标，可以收缩图层组，图标变为 ；单击图层组左边的图标 ，可以展开图层组内的图层，图标重新变为 。

（2）创建一个新的空图层组：单击"图层"→"新建"→"组"命令，即可调出"新建组"对话框（与"从图层新建组"对话框基本相同）。进行设置后单击"确定"按钮，即可在当前图层或图层组之上新建一个空图层组，其内没有图层。单击"图层"面板中的"创建新组"按钮 ，也可以创建一个新的空图层组。在图层组中还可以创建新的图层组。

（3）将图层移入和移出图层组：拖曳"图层"面板中的图层，将其移到图层组图标 之上，松开鼠标，即可将拖曳的图层移到图层组中；向左拖曳图层组中的图层，即可将图层组中的图层移出图层组。

（4）图层组的删除：选中"图层"面板内的图层组，单击"图层"→"删除"→"组"命令，会调出一个提示框，如图 3-3-35 所示。单击"组和内容"按钮，可将图层组和图层组内的所有图层一起删除；单击"仅组"按钮，可以只将图层组删除。

（5）图层组的复制：选中"图层"面板内的图层组，单击"图层"→"复制组"命令，调出"复制组"对话框，如图3-3-36所示。进行设置后单击"确定"按钮，即可复制选中的图层组（包括其中的图层）。

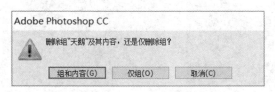

图3-3-35 提示框   图3-3-36 "复制组"对话框

【思考练习】

1．制作一幅"街头艺术"图像，如图3-3-37所示，它是利用如图3-3-38所示的"街头"和"球"图像加工而成的。

图3-3-37 "街头艺术"图像   图3-3-38 "街头"和"球"图像

2．制作一幅"晨练"图像，如图3-3-39所示，从图中可以看到，在绿色草地之上（见图3-3-40），一个人在玩呼啦圈，两个人在跑步；右上方是"晨练"立体文字。

图3-3-39 "晨练"图像   图3-3-40 "风景"图像

3.4 【案例9】云中战机

"云中战机"图像如图3-4-1所示。可以看到，图像中有两架战机在云中飞翔，它是利用如图3-4-2所示的"云图.jpg"图像和如图3-4-3所示的"战机.jpg"图像在进行图层样式调整后制作而成的。另外，图像中还有"云中战机"透视凸起文字，这种图像文字好像是从图像中凸起来的一样，文字内外的图像是连续的。

图3-4-1 "云中战机"图像

图3-4-2 "云图.jpg"图像

图3-4-3 "战机.jpg"图像

【制作方法】

1．制作云中战机

（1）打开如图3-4-2所示的"云图.jpg"图像和如图3-4-3所示的"战机.jpg"图像。

（2）选中"战机.jpg"图像，使用"魔棒工具" ，在其选项栏内设置容差为10像素，单击战机图像的背景，按住Shift键，同时单击没有选中的战机背景图像，将整个战机背景图像选中。单击"选择"→"反选"命令，将战机图像选中，如图3-4-4所示。

（3）使用"移动工具" ，将选区内的战机图像拖曳到"云图.jpg"图像中，将"云图.jpg"图像的"图层"面板内新增图层的名称改为"战机1"。单击"选择"→"自由变换"命令，调整战机图像的大小、位置和旋转角度，按Enter键确定。

（4）使用"移动工具" ，按住Alt键，拖曳战机图像，复制战机图像，如图3-4-5所示。将放置复制战机图像所在的图层名称改为"战机2"。

图3-4-4 选中战机的选区

图3-4-5 复制战机图像

（5）双击"图层"面板中的"战机1"图层（下方战机所在图层）的缩览图 ，调出"图层样式"对话框，如图3-4-6所示。选中左边栏内的"混合选项"命令，利用"混合颜色带"选区，可以调整"云图.jpg"图像的"背景"图层和"战机1"图像所在的"战机1"图层的混合效果。

（6）在"图层样式"对话框内的"混合颜色带"下拉列表中选择"灰色"选项（其内还有"红""绿""蓝"选项），表示对这两个图层中的灰度进行混合效果调整。

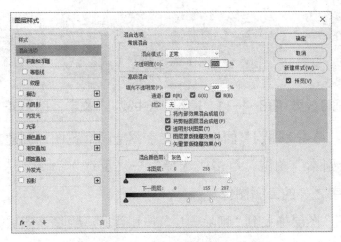

图3-4-6 "图层样式"对话框

（7）按住 Alt 键，拖曳"下一图层"的白色三角滑块，调整下一图层（云图图像所在的图层），如图3-4-7 所示。此时，画布中的战机1图像的效果如图3-4-8 所示。

（8）双击"图层"面板内的"战机2"图层的缩览图 ，调出"图层样式"对话框，利用"混合颜色带"选区，调整"战机2"图层（其内是战机图像）和"背景"图层（其内是云图图像）的混合效果。"混合颜色带"选区的调整结果如图3-4-9 所示。最终的图像效果如图3-4-10 所示。

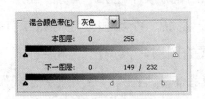  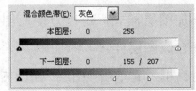

图3-4-7 "混合颜色带"选区　　图3-4-8 战机1图像的效果　　图3-4-9 "混合颜色带"选区的
调整结果

2. 制作透视凸起文字

（1）选中"战机2"图层，单击工具箱中的"横排文字工具"按钮 **T**，在其选项栏内设置字体为华文行楷，大小为80 点、颜色为红色。在画布窗口的右下角输入"云中战机"文字，如图3-4-11 所示。

（2）将"图层"面板中的"背景"图层拖曳到"创建新图层"按钮 上，复制一个新的"背景副本"图层。将"背景副本"图层拖曳到"战机2"图层的上边。

（3）选中"图层"面板中的"云中战机"文字图层。单击"图层"→"栅格化"→"文字"命令，将文字图层转换为常规图层，这是为了以后可以对文字进行透视操作。

（4）单击"编辑"→"变换"→"透视"命令，向上拖曳"云中战机"文字左上角的控制柄，效果如图3-4-12 所示。按 Enter 键，完成透视操作。

图3-4-10　最终的图像效果　图3-4-11　输入"云中战机"文字　图3-4-12　设置透视文字

（5）按住 Ctrl 键，单击"图层"面板中的文字图层的缩览图，创建文字选区。选中"图层"面板中的"背景副本"图层。单击"选择"→"反选"命令，选中文字之外的区域。按 Delete 键，删除文字之外的云图图像。

（6）将"云中战机"图层拖曳到"删除图层"按钮 上，删除该图层。单击"选择"→"反选"命令，使选区选中文字。将"背景副本"图层的名称改为"透视立体文字"。

（7）单击"图层"面板内的 fx 按钮，调出其下拉菜单，单击该菜单中的"斜面和浮雕"命令，调出"图层样式"对话框，参考如图3-4-1所示的效果进行设置，使文字呈立体状。

（8）按 Ctrl+D 组合键，取消选区，最终效果如图3-4-1所示。

知识链接

1．添加图层样式

"图层样式"对话框如图3-4-6所示，利用该对话框，可以给图层（不包括"背景"图层）添加图层样式，可以方便地创建整个图层画面的阴影、发光、斜面、浮雕和描边等效果并集合成图层样式。添加图层样式需要首先选中要添加图层样式的图层，再调出"图层样式"对话框。先单击"图层"面板内的"添加图层样式"按钮 fx，或者单击"图层"→"图层样式"命令，调出"图层样式"菜单；再单击其中的命令。或者双击要添加图层样式的图层。可以看到，在"图层样式"对话框内的左边一栏中，有"样式"和"混合选项"命令，以及"斜面和浮雕""描边"等复选框。选中一个复选框，即可增加一种效果，在"预览"框内会马上显示出相应的综合效果视图。

单击"图层样式"对话框内左边一栏中的选项，"图层样式"对话框中的其他选区会发生相应的变化，其中的各个选项是用来供用户对图层样式进行调整的。例如，选中左边一栏中的"斜面和浮雕"复选框，该对话框变为如图3-4-13所示，利用它可以调整斜面和浮雕的结构与阴影效果，设置外发光效果。单击"确定"按钮，即可给"图层1"中的图像添加设置好的图层样式。

在"图层"面板中，该图层名称的右边会显示 fx⌄，单击下拉按钮，会展开显示各添加效果的名称，按钮 fx⌄ 会变为 fx⌃。此时再次单击该按钮，可将图层下边显示的效果名称收起来，按钮 fx⌃ 改为 fx⌄。

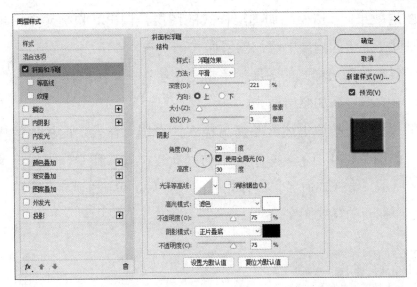

图 3-4-13 "图层样式" 对话框 (选中 "斜面和浮雕" 复选框)

2．隐藏和显示图层效果

(1) 隐藏图层效果：在"图层"面板内，单击效果名称左边的 👁 图标，使它消失，可隐藏该图层效果；单击"效果"层左边的 👁 图标，使它消失，可隐藏所有图层效果。

(2) 隐藏图层的全部效果：单击"图层"→"图层样式"→"隐藏所有效果"命令，可以将选中的图层的全部效果隐藏起来，即隐藏图层样式。

(3) 显示图层效果：单击"图层"面板内"效果"层左边的 □ 图标，会使 👁 图标显示出来，同时使隐藏的图层效果显示出来。

3．删除图层效果和清除图层样式

(1) 删除一个图层效果：将"图层"面板内的效果名称层 👁 效果 拖曳到"删除图层"按钮 🗑 之上，松开鼠标，即可将该效果删除。

(2) 删除一个或多个图层效果：选中要删除图层效果的图层，调出"图层样式"对话框，取消该对话框内复选框的选取。

(3) 清除图层样式：右击添加了图层样式的图层，调出其快捷菜单，单击菜单中的"删除图层样式"命令，可删除全部图层效果，即图层样式。

另外，还可以单击"图层"→"图层样式"→"清除图层样式"命令，清除图层样式。

4．拷贝、粘贴和存储图层样式

拷贝和粘贴图层样式的操作可以将一个图层的样式拷贝并添加到其他图层中。

(1) 拷贝图层样式：右击添加了图层样式的图层或其样式层，调出其快捷菜单，单击"拷贝图层样式"命令，即可拷贝图层样式。另外，选中添加了图层样式的图层，单击"图层"→"图层样式"→"拷贝图层样式"命令，也可以拷贝图层样式。

（2）粘贴图层效果：右击要添加图层样式的图层，调出其快捷菜单，单击"粘贴图层样式"命令，即可在选中的图层中添加图层样式。

另外，选中要添加图层样式的图层，单击"图层"→"图层样式"→"粘贴图层样式"命令，也可给选中的图层添加图层样式。

（3）存储图层样式：按照上述方法拷贝样式，右击"样式"面板内的样式图案，调出一个快捷菜单，如图3-4-14所示。单击其中的"新建样式"命令，调出"新建样式"对话框，如图3-4-15所示。给样式命名和进行相应的设置后，单击"确定"按钮，即可在"样式"面板的最后增加一种新的样式图案。

图3-4-14 "样式"面板

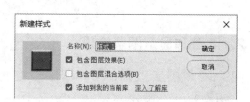

图3-4-15 "新建样式"对话框

单击"样式"面板菜单中的"新建样式"命令，或者单击"图层样式"对话框内的"新建样式"按钮，都可以调出"新建样式"对话框。

【思考练习】

1. 再制作一幅"云中战机"图像，它与【案例9】"云中战机"图像不同的是，其中的"云图.jpg"和"战机.jpg"图像都更换为其他的图像了。素材读者自行准备。

2. 制作一幅"云中热气球"图像，如图3-4-16所示。可以看到，图像中有3个热气球在天空中漂浮，1个热气球躺在草地上还没有升起。它是利用如图3-4-17所示的"云图1.jpg"图像和如图3-4-18所示的4幅热气球图像进行图层样式调整后制作而成的。另外，图像中还有"云中热气球"透视凸起文字。

图3-4-16 "云中热气球"图像

图3-4-17 "云图1.jpg"图像

图3-4-18 "热气球1""热气球2""热气球3""热气球4"图像

3.5 【案例10】梅花相册

"梅花相册"图像是一幅梅花摄影相册的封面设计，它有5个方案，单击"图层复合"面板内"梅花图像方案1"图层左边的▢图标，使其内出现图标▣，如图3-5-1所示。方案1图像如图3-5-2所示。单击"图层复合"面板内"梅花图像方案2"图层左边的▢图标，使其内出现图标▣，此时，"梅花图像方案1"图像会自动切换到"梅花图像方案2"图像，它和方案1图像基本一样，只是文字没有添加图层样式。方案5图像如图3-5-3所示。

按照上述方法，可以看到其他3个梅花图像方案，在"【案例10】梅花相册"文件夹内有5个方案的图像："梅花相册_0000_方案1.jpg"～"梅花相册_0000_方案5.jpg"。

图3-5-1 "图层复合"面板1

图3-5-2 方案1图像

图3-5-3 方案5图像

【制作方法】

1. 制作方案1图像

（1）新建宽为350像素、高为350像素、背景为黑色的画布窗口，以名称"梅花相册.psd"保存。打开"梅花1.jpg""梅花2.jpg""梅花3.jpg"3幅图像。

（2）先将这3幅梅花图像分别调整为宽140像素、高140像素，然后依次拖曳到"梅花相册.psd"图像的画布窗口内，最后调整它们的位置。此时会在"图层"面板内生成"图层1""图层2""图层3"3个图层，分别放置一幅梅花图像。

（3）按住Ctrl键，单击"图层1"的缩览图，创建选中该图层内图像的选区，如图3-5-4所示。单击"选择"→"修改"→"扩展"命令，调出"扩展选区"对话框，设置扩展量为4像素，单击"确定"按钮，将选区扩展4像素，如图3-5-5所示。

（5）单击"选择"→"修改"→"边界"命令，调出"边界"对话框，设置宽度为8像素，单击"确定"按钮，创建宽度为8像素的边框选区。

（6）设置前景色为深黄色，按Alt+Delete组合键，给选区填充深黄色。按Ctrl+D组合键，取消选区，此时就给第1幅梅花图像添加了深黄色边框，如图3-5-6所示。

（7）按照上述方法，给其他两幅图像添加深黄色边框，效果如图3-5-2所示。

（8）输入华文楷体、6点、浑厚、白色文字"摄影"和"梅花"，在"图层"面板内会生成"摄影"和"梅花"文本图层。分别给"摄影"和"梅花"文本图层添加图层样式，最终效果如图3-5-2所示。

图3-5-4　选中图像的选区　　　图3-5-5　扩展选区　　　图3-5-6　添加深黄色边框

2．制作其他方案图像

（1）调出"图层复合"面板，如图3-5-1所示（还没有建立方案），单击"创建新的图层复合"按钮，调出"新建图层复合"对话框，选中3个复选框，如图3-5-7所示。在"名称"和"注释"文本框内都输入"梅花图像方案1"，单击"确定"按钮，创建"梅花图像方案1"图层复合，如图3-5-8所示。此时，"图层"面板如图3-5-9所示。

图3-5-7　"新建图层复合"面板　　图3-5-8　"图层复合"面板2　　图3-5-9　"图层"面板1

（2）单击"图层"面板内"摄影"文本图层中的"效果"左边的 图标，使该图标消失，同时使"摄影"文本图层的图层样式效果取消。按照相同的方法，取消"梅花"文本图层的图层样式效果。此时，"图层"面板如图3-5-10所示。

（3）单击"图层复合"面板内的"创建新的图层复合"按钮 ，调出"新建图层复合"对话框，选中 3 个复选框，在"名称"和"注释"文本框内都输入"梅花图像方案 2"，单击"确定"按钮，创建"梅花图像方案 2"图层复合，结果如图 3-5-11 所示。

（4）在"历史记录"面板内，恢复到制作完"梅花"和"摄影"文本图层的图层样式效果，隐藏"摄影"文本图层。此时，"图层"面板如图 3-5-12 所示。调整 3 幅梅花图像的位置，结果如图 3-5-13 所示。

（5）单击"图层复合"面板内的"创建新的图层复合"按钮 ，调出"新建图层复合"对话框，选中 3 个复选框，在"名称"和"注释"文本框内都输入"梅花图像方案 3"，单击"确定"按钮，在"图层复合"面板内创建"梅花图像方案 3"图层复合。

（6）显示"梅花"文本图层，隐藏"摄影"文本图层，调整图像位置，得到方案 4 图像，如图 3-5-14 所示。此时，"图层"面板如图 3-5-15 所示。

  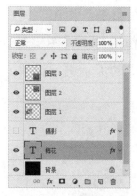

图 3-5-10　"图层"面板 2　　图 3-5-11　"梅花图像方案 2"图像　　图 3-5-12　"图层"面板 3

图 3-5-13　方案 3 图像　　　　图 3-5-14　方案 4 图像　　　　图 3-5-15　"图层"面板 4

（7）单击"图层复合"面板内的"创建新的图层复合"按钮 ，调出"新建图层复合"对话框，选中 3 个复选框，在"名称"和"注释"文本框内都输入"梅花图像方案 4"，单击"确定"按钮，在"图层复合"面板内创建"梅花图像方案 4"图层复合。

（8）显示"摄影"文本图层，调整图像位置，得到方案 5 图像，如图 3-5-3 所示。单击"图层复合"面板内的"创建新的图层复合"按钮 ，调出"新建图层复合"对话框，选中

3 个复选框，在"名称"和"注释"文本框内都输入"梅花图像方案5"，单击"确定"按钮，在"图层复合"面板内创建"梅花图像方案5"图层复合。此时的"图层复合"面板如图 3-5-1 所示。

3．导出图层复合

（1）可以将图层复合导出为单独的文件：单击"文件"→"导出"→"将图层复合导出到文件"命令，调出"将图层复合导出到文件"对话框，如图 3-5-16 所示。单击"浏览"按钮，调出"浏览文件夹"对话框，利用该对话框选择"【案例10】梅花相册"文件夹。单击"确定"按钮，关闭"浏览文件夹"对话框。"将图层复合导出到文件"对话框的设置如图 3-5-16 所示。单击"运行"按钮，在选中文件夹内导出 5 个方案图像，第一幅图像的名称为"梅花相册_0000_梅花图像方案1_梅花图像方案1.psd.jpg"。

（2）可以将图层复合导出为PDF：单击"文件"→"导出"→"将图层复合导出到PDF"命令，调出"将图层复合导出到PDF"对话框，如图 3-5-17 所示。其中"浏览"按钮的作用与"将图层复合导出到文件"对话框中的"浏览"按钮的作用一样。其他按照对话框中的提示进行设置，单击"运行"按钮即可。

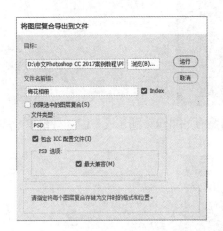

图3-5-16 "将图层复合导出到文件"对话框　　图3-5-17 "将图层复合导出到PDF"对话框

知识链接

1．创建图层复合

Photoshop CC 2017 可以在单个Photoshop 文件中创建、管理和查看版面的多个版本，即图层复合。图层复合实际上是"图层"面板状态的快照。可以将图层复合导出为一个 PSD 格式文件、PDF 文件和 Web 照片画廊文件。

要实现图层复合，就需要使用"图层复合"面板，如图 3-5-18 所示。使用"图层复合"面板，可以在一个Photoshop 文件中记录多个不同的版面。不同的版面要求其"图层"面板内的图层是一样的，可以显示和隐藏不同的图层、调整图层内图像的大小和位置、停用或启用图层样式、修改图层的混合模式。创建图层复合的方法如下。

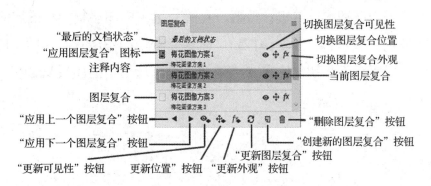

图3-5-18 "图层复合"面板3

（1）单击"窗口"→"图层复合"命令，调出"图层复合"面板，如图3-5-18所示（还没有方案）。此时，该面板只有"最后的文档状态"图层复合。如果"图层"面板内有两个或两个以上的图层，则"创建新的图层复合"按钮有效。当"图层复合"面板内有新增的图层复合时，"图层复合"面板内其他7个按钮有效。

（2）单击"创建新的图层复合"按钮，调出"新建图层复合"对话框，需要进行以下设置。

● "名称"文本框：输入新建图层复合的名称。

● "应用于图层"栏：选取要应用于"图层"面板内图层的选项，选中"可见性"复选框，表示图层是显示状态；选中"位置"复选框，表示图层中的图像位置可以移动；选中"外观（图层样式）"复选框，表示图层可以用图层样式及图层的混合模式。

● "注释"文本框：输入该图层复合的说明文字。

（3）单击"新建图层复合"对话框内的"确定"按钮，关闭该对话框，即可在"图层复合"面板内创建一个新的图层复合。

2. 应用并查看图层复合

（1）在"图层复合"面板中，选中图层复合左边的"应用图层复合"图标。

（2）单击"图层复合"面板顶部的"最后的文档状态"左边的"应用图层复合"图标，可以显示最后的文档状态。

（3）"应用上一个图层复合"按钮：单击该按钮，即可查看上一个图层复合，可以循环查看。

（4）"应用下一个图层复合"按钮：单击该按钮，即可查看下一个图层复合，可以循环查看。

（5）"删除图层复合"按钮：单击该按钮，可将当前图层复合（选中的图层复合）删除；或者单击"图层复合"面板菜单中的"删除图层复合"命令。

（6）"更新可见性"按钮 ◉✎：单击该按钮，可更新选中的图层复合和图层的可见性。

（7）"更新位置"按钮 ✛：单击该按钮，可更新选中的图层复合和图层的位置。

（8）"更新外观"按钮 ƒ✎：单击该按钮，可更新选中的图层复合和图层的外观。

（9）"更新图层复合"按钮 ↻：单击该按钮，可更新选中的图层复合和图层的全部。

3．编辑图层复合

（1）复制图层复合：在"图层复合"面板中，将要复制的图层复合拖曳到"创建新的图层复合"按钮 ▢ 之上。

（2）更新图层复合：操作方法如下。

- 选中"图层复合"面板内要更新的图层复合。

- 在画布内进行位置、大小和外观等的修改，在"图层"面板内进行图层的隐藏和显示，以及图层样式的停用和启用的修改。

- 在"图层复合"面板内，右击要更新的图层复合，调出其快捷菜单，如图3-5-19所示。单击其中的"图层复合选项"命令，调出"图层复合选项"对话框，如图3-5-20所示，它与"新建图层复合"对话框基本一样。在该对话框内，可以更改"应用于图层"栏内复选框的选择，记录前面图层位置和图层样式等的更改信息。

- 单击"图层复合"面板底部的"更新图层复合"按钮 ↻ 或单击如图3-5-19所示的快捷菜单内的"更新图层复合"命令，可以更新当前的图层复合。

（3）清除图层复合警告：当改变"图层"面板内的内容（删除图层、合并图层或将常规图层转换为背景图层等）时，会引发不再能够完全恢复图层复合的情况。在这种情况下，图层复合名称旁边会显示一个警告图标 ⚠。忽略警告，会导致丢失多个图层，其他已存储的参数可能会保留下来。更新复合，会导致以前捕捉的参数丢失，但可以使图层复合保持最新状态。

单击警告图标 ⚠，可能会调出"Adobe Photoshop CC 2017"提示框，如图3-5-21所示。该提示框内的文字说明图层复合无法正常恢复。单击该提示框内的"清除"按钮，可以清除警告图标，但其余的图层保持不变。

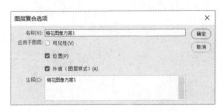

图3-5-19　快捷菜单　　图3-5-20　"图层复合
　　　　　　　　　　　　选项"对话框

图3-5-21　"Adobe
Photoshop CC 2017"提示框

右击警告图标，调出其快捷菜单，单击其内的"清除图层复合警告"命令，可清除选中图层复合的警告；单击"清除所有图层复合警告"命令，可清除所有图层复合的警告。

（4）导出图层复合：可以将图层复合导出到单独的文件中。单击"文件"→"脚本"→"将图层复合导出到文件"命令，调出"将图层复合导出到文件"对话框，利用该对话框，可设置文件类型、文件保存的目标文件夹和文件名称等。设置完成后单击"确定"按钮。

【思考练习】

1. 按照【案例10】所述的方法制作一个"宝宝相册"图像，它也有5个方案。单击"图层复合"面板内"方案1"图层复合左边的▢图标，使其内出现▦图标，如图3-5-22所示，方案1图像如图3-5-23所示。单击"图层复合"面板内"方案2"图层复合左边的▢图标，使其内出现▦图标，方案1图像会自动切换到方案2图像（见图3-5-24）。

图3-5-22 "图层复合"面板4　图3-5-23　方案1图像（宝宝）图3-5-24　方案5图像（宝宝）

2. 按照【案例10】所述的方法制作一个"插花相册"图像，它是一个插花摄影相册的封面，包含4个方案。单击"图层复合"面板内"方案1"图层复合左边的▢图标，使其内出现▦图标，如图3-5-25所示。方案1图像如图3-5-26所示。单击"图层复合"面板内"方案2"图层复合左边的▢图标，使其内出现▦图标，方案1图像会自动切换到方案2图像，如图3-5-27所示。按照上述方法可看到其他方案图像。

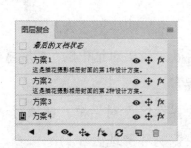  

图3-5-25 "图层复合"面板5　图3-5-26　方案1图像（插花）图3-5-27　方案2图像（插花）

3.6 【案例11】绿色世界风景如画

"绿色世界风景如画"图像如图3-6-1所示,在风景图像中,右边是红色的文字"世界全体人民,为绿化地球保护生态环境而努力",沿圆形路径外环绕排列,"绿色环保"红色阴影立体文字沿圆形路径内环绕排列;左边是凸起的透明文字"绿色世界"和"风景如画",文字内的图像与文字外的图像是连续的。制作该图像使用了如图3-6-2所示的两幅风景图像。

（a） （b）

图3-6-1 "绿色世界风景如画"图像　　　图3-6-2 "风景1.jpg"和"风景2.jpg"图像

【制作方法】

1. 制作背景图像

（1）打开"风景1.jpg"图像,调整它的宽为700像素、高为400像素,如图3-6-2（a）所示,以名称"绿色世界风景如画.psd"保存。

（2）打开"风景2.jpg"图像,如图3-6-2（b）所示。创建选中全部"风景2.jpg"图像的选区,按Ctrl+C组合键,将选区内的图像拷贝到剪贴板中。

（3）在"绿色世界风景如画.psd"图像的右下方创建一个圆形选区,单击"编辑"→"选择性粘贴"→"贴入"命令,将剪贴板内的"风景2.jpg"图像贴入选区中,同时"图层"面板内自动增加了名称为"图层1"的图层,用来放置贴入的图像,将该图层名称改为"图像"。

（4）选中"图像"图层,单击"编辑"→"自由变换"命令,进入自由变换状态。调整贴入图像的大小和位置,按Enter键确定,效果如图3-6-1所示。

（5）在"图层"面板内的"图像"图层上边创建一个新图层,将该图层更名为"圆框"。单击"选择"→"修改"→"扩展"命令,调出"扩展选区"对话框。在该对话框的"扩展量"数值框内输入4,单击"确定"按钮,使圆形选区向外扩展4像素。

（6）单击"选择"→"修改"→"边界"命令,调出"边界选区"对话框。在该对话框的"宽度"数值框内输入8,单击"确定"按钮,形成8像素宽的环形选区。

（7）单击"选择"→"修改"→"平滑"命令,调出"平滑选区"对话框,在"取样半径"数值框内输入3,单击"确定"按钮,使选区平滑。

（8）设置前景色为蓝色，按Alt+Delete组合键，给环形选区填充蓝色。按Ctrl+D组合键，取消选区。

2．制作外环绕文字

（1）按住Ctrl键，单击"图层"面板的"图像"图层内的图标，创建一个包围贴入图像的选区，单击"选择"→"修改"→"扩展"命令，调出"扩展选区"对话框。在该对话框的"扩展量"数值框内输入8，单击"确定"按钮，使圆形选区向外扩展8像素。单击"选择"→"修改"→"平滑"命令，调出"平滑选区"对话框，在"取样半径"数值框内输入3，单击"确定"按钮，使选区平滑。

（2）单击"路径"面板内的"从选区生成工作路径"按钮，将圆形选区转换为圆形路径，如图3-6-3所示。同时，在"路径"面板内会增加一个"工作路径"层。

（3）在"背景"图层之上新增"图层1"，填充白色，隐藏"图层"面板中的"圆框"和"图像"图层。这些操作的目的是使下面的文字背景为白色，做到清楚好看。

（4）使用"横排文字工具"调出"字符"面板，将字体颜色设置为红色，其他设置如图3-6-4所示。移动鼠标指针到圆形路径上，当鼠标指针变为文字工具的基线指示符（）时单击，路径上会出现一个插入点。此时可以输入文字，如图3-6-5所示。此时，"图层"面板内会增加相应的"大家行动起来，为绿化地……"文字图层，"路径"面板内会增加一个"大家行动起来，为绿化地……文字路径"层。

如果在路径上输入横排文字，则可以使文字与路径切线（基线）垂直；如果在路径上输入直排文字，则可以使文字与路径切线平行。如果移动路径或更改路径的形状，那么文字将会随着路径位置和形状的改变而做出相应的改变。

图3-6-3　圆形路径　　　　图3-6-4　"字符"面板设置　　　图3-6-5　输入环绕文字

（5）使用"路径选择工具"或"直接选择工具"：将鼠标指针移到环绕文字上，当鼠标指针变为或形状时，沿着路径逆时针（或顺时针）拖曳圆形路径上的标记（环绕文字的起始标记），同时沿着路径逆时针（或顺时针）拖曳圆形路径上的环绕文字，改变文字的起始位置，使文字沿着圆形路径移动。如果拖曳圆形路径上的环绕文字的终止标记，则可以调整环绕文字的终止位置，如图3-6-6所示。

注意：拖曳环绕文字时要小心，以避免跨越到路径的另一侧，此时会将文字翻转到路径的另一边。

（6）选中"路径"面板内的"工作路径"层，单击"编辑"→"自由变换路径"命令，可进入路径的自由变换状态，将鼠标指针移到它的右上角控制柄处，当鼠标指针呈弧形双箭头状时，逆时针或顺时针拖曳，可旋转路径，环绕文字也会随之旋转。按 Enter 键完成。

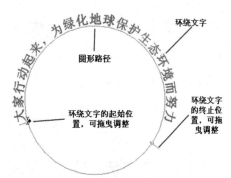

图3-6-6　调整环绕文字

3．制作内环绕文字

（1）切换到"路径"面板，选中"工作路径"层。切换到"图层"面板，使用"横排文字工具" T，设置字体为华文行楷、大小为22点、加粗、颜色为红色、浑厚。输入"绿色环保"文字，如图 3-6-7 示。

（2）使用"路径选择工具"按钮 或"直接选择工具"按钮：将鼠标指针移到环绕文字上，当鼠标指针变为 或 状时，沿着路径逆时针拖曳圆形路径上的标记（环绕文字的终止标记），同时会沿着路径逆时针（或顺时针）拖曳圆形路径上的环绕文字，改变文字的终止位置，使文字沿着圆形路径翻转。将鼠标指针移到环绕文字的起始标记 处，当鼠标指针变为 状时，拖曳调整环绕文字的起始位置。

（3）向圆形路径内部拖曳，使文字翻转到路径的内侧，如图 3-6-8 所示。此时，"图层"面板内会增加一个"绿色环保"文字图层，"路径"面板内会新增"绿色环保文字路径"层。

（4）选中"图层"面板内的"绿色环保"文字图层，调出"字符"面板，在该面板的"设置基线偏移"数值框中输入15，按 Enter 键，"绿色环保"环绕文字将会上移15点，设置字体为黑体。

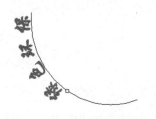

图3-6-7　内环绕文字

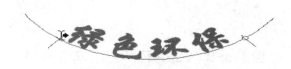

图3-6-8　翻转环绕文字

（5）选中"大家行动起来，为绿化地……"文字图层，在"字符"面板的"设置基线偏移"数值框中输入6，按 Enter 键，该图层的环绕文字将会上移6点，设置字体为隶书。使用"横排文字工具" T，拖曳选中"大家行动起来"文字，将文字改为"世界全体人民"。

最后效果如图3-6-1所示。

（6）将"图层1"显示，选中"绿色环保"文字图层，单击"图层"面板内的"添加图层样式"按钮 *fx*，调出它的下拉菜单，单击该菜单中的"斜面和浮雕"命令，调出"图层样式"对话框。利用该对话框给"绿色环保"文字添加立体浮雕效果，使"绿色环保"文字成为立体文字，结果如图3-6-1所示。

（7）首先调出"路径"面板，单击"删除路径"按钮 ，将"工作路径"层删除；然后删除"图层"面板中填充白色的"图层1"；最后显示所有图层。

4. 制作凸起文字

（1）单击工具箱中的"横排文字蒙版工具"按钮 ，在它的选项栏内设置字体为"华文琥珀"，大小为50点。

（2）单击图像，输入"绿色世界"文字，如图3-6-9所示。单击"矩形选框工具"按钮 ，输入的文字会转换为文字选区，拖曳文字选区，将它移到适当位置，如图3-6-10所示。

（3）将"背景"图层复制一份，并命名为"背景副本"。选中"背景副本"图层，单击"选择"→"反选"命令，选中文字外区域。按Delete键，删除"背景副本"图层选区外的图像。

（4）单击"选择"→"反选"命令，创建选中文字的选区。

（5）单击"图层"面板内的按钮 *fx*，调出其下拉菜单，单击其中的"斜面和浮雕"命令，调出"图层样式"对话框，读者自行设置（阴影颜色为浅绿色）。单击"确定"按钮，完成立体文字的制作。按Ctrl+D组合键，取消选区，结果如图3-6-1所示。

（6）将"背景副本"图层的名称改为"绿色世界"。

图3-6-9　输入"绿色世界"文字　　　　图3-6-10　移动"绿色世界"文字选区

5. 制作透视状凸起文字

（1）单击"横排文字工具"按钮 **T**，在它的选项栏内设置字体为"华文琥珀"，大小为50点，颜色为黑色。输入"风景如画"文字，如图3-6-11所示。

（2）选中"风景如画"文字图层，单击"图层"→"栅格化"→"文字"命令，将文字图层转换为常规图层。单击"编辑"→"变换"→"透视"命令，调整文字呈透视状，如图3-6-12所示。按Enter键确认。

图3-6-11　输入"风景如画"文字

图3-6-12　文字透视调整

（3）按住Ctrl键，单击"风景如画"文字图层缩览图，创建选中文字的选区，删除"风景如画"文字图层。

（4）以后的操作与前面制作"绿色世界"凸起文字中的第（3）~（5）步一样，只是在"图层样式"对话框中设置的阴影颜色为浅红色。

（5）将"背景副本"图层的名称改为"风景如画"。

知识链接

1．横排和直排文字工具

（1）横排和直排文字工具："横排文字工具" T 用来输入横排文字，其选项栏如图3-6-13所示。"直排文字工具" IT 用来输入竖排文字，其选项栏与"横排文字工具"选项栏基本一样。

图3-6-13　"横排文字工具"选项栏

在单击"横排文字工具"按钮 T 或"直排文字工具"按钮 IT 后，单击画布，即可在当前图层的上边创建一个新的文字图层。同时，画布内单击处会出现一个竖线光标（或横线光标），表示可以输入文字（这时输入的文字叫作点文字）。在输入文字时，按Ctrl键可以切换到移动状态，此时可以拖曳文字。另外，也可以使用剪贴板粘贴文字。

单击画布后，选项栏右边会增加"提交所有当前编辑" ✔ 和"关闭所有当前编辑" ⊘ 两个按钮。单击 ✔ 按钮，可保留输入的文字；单击 ⊘ 按钮，可取消输入的文字。

（2）横排和直排文字蒙版工具：单击"工具"面板内的"横向文字蒙版工具"按钮 或"直排文字蒙版工具"按钮，它们的选项栏与"横排文字工具"选项栏基本一样。单击画布，即可在当前图层上加入一个红色的蒙版。同时，画布内单击处会出现一个竖线或横线光标，表示可以输入文字。单击其他工具，文字会转换为文字选区。

2．文字工具选项栏

（1）"更改文本方向"按钮：单击该按钮，可以改变文字的方向，将文字在水平和垂直排列之间切换，文字排列图标也会随之切换。单击"图层"→"文字"→"水平"命令或单击选项栏内的 按钮，可将垂直文字改为水平文字；单击"图层"→"文字"→"垂直"

命令或单击选项栏内的 ⊞ 按钮，可将水平文字改为垂直文字。

（2）"设置字体系列"下拉列表 宋体 ▼：用来设置字体。

（3）"设置字体样式"下拉列表 Roman ▼：用来设置字型。字型有常规（Regular）、加粗（Bold）和斜体（Italic）等。但是，不是所有字体都具有这些字型。

（4）"设置字体大小"下拉列表 ⊤ 22点 ▼：用来设置字体大小。可以选择下拉列表内的数据，也可以直接输入数据和单位，单位有毫米（mm）、像素（px）和点（pt）。

（5）"设置消除锯齿方式"下拉列表 ᵃa 平滑 ▼：用来设置是否消除文字的边缘锯齿，以及采用什么方式消除。它有5个选项，分别是"无""锐利""犀利""浑厚""平滑"，分别表示消除文字边缘锯齿的力度和使文字边缘变化的不同效果。

（6）设置文字排列 ▤▤▤：设置文字（一行中）居左、居中或居右对齐。

（7）设置文字排列 ▥▥▥：设置文字（一列中）居上、居中或居下对齐。

（8）"设置文本颜色"按钮 ▬：单击它，可调出"拾色器"对话框，用来设置文字颜色。

（9）"创建文字变形"按钮 ⏉：单击它，可以调出"变形文字"对话框。

（10）"切换字符和段落面板"按钮 ▤：单击它，可以调出"字符"和"段落"面板。

3．"字符"面板

"字符"面板（见图3-6-4）用来定义字符的属性。单击"字符"面板右上角的 ▤ 按钮，调出"字符"面板菜单，如图3-6-14 所示，利用该菜单内的命令，可以改变文本方向、设置文字字型（因为许多字体没有粗体和斜体字型）、加下画线和删除线等。"字符"面板中前面没有介绍过的主要选项的作用如下。

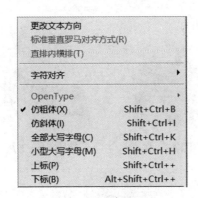

图3-6-14 "字符"面板菜单[①]

（1）"设置行距"下拉列表 🅰 (自动) ▼：用来设置行间距，即两行文字间的距离。

（2）"垂直缩放"数值框 ⅠT 100%：用来设置文字垂直方向的缩放比例。

（3）"水平缩放"数值框 T 100%：用来设置文字水平方向的缩放比例。

（4）"设置所选字符的比例间距"下拉列表 🅰 0% ▼：用来设置所选字符的比例间距。

---

①软件图中的"下划线"的正确写法为"下画线"。

百分数越大，选中字符的字间距越小。

（5）"设置所选字符的字距调整"下拉列表 ：用来设置所选字符的字间距。其中，正值是使选中字符的字间距加大；负值是使选中字符的字间距减小。

（6）"设置两个字符间的字距微调"下拉列表 ：用来设置两个字符间的字间距微调量。单击两个字符的中间，修改该下拉列表内的数值，即可改变两个字的间距。其中，正值是加大字距；负值是减小字距。

（7）"设置基线偏移"数值框 ：用来设置基线的偏移量。其中，正值是使选中的字符上移，形成上标；负值是使选中的字符下移，形成下标。

（8）"设置文本颜色"图标 ：单击它，可以调出"拾色器"对话框，用来设置所选字符的颜色。

（9）按钮组 ：从左到右分别为粗体、斜体、全部大写、小写、上标、下标、下画线、删除线的对应按钮。

（10） 下拉列表：用来选择不同国家的文字，对所选字符进行有关连字符和拼写规律的语言设置。

（11）"设置消除锯齿的方法"下拉列表 ：用来设置文字的消除锯齿的程度，有"无""锐利""犀利""浑厚""平滑"等选项。

【思考练习】

1. 制作一幅"冲向宇宙"图像，如图3-6-15所示。

2. 制作一幅"自然"图像，如图3-6-16所示。

3. 制作一幅投影文字图像，如图3-6-17所示。

图3-6-15　"冲向宇宙"图像　　　图3-6-16　"自然"图像　　　图3-6-17　投影文字图像

3.7　【案例12】安徽花展

"安徽花展"图像如图3-7-1所示。它是一幅宣传全国名花的海报，其中颗粒状蓝色背景之上有带金色阴影的弯曲红色立体文字"中国安徽花展"，还有介绍荷花、菊花与兰花的段落文字和几幅名花的羽化图像。另外，在段落文字外还有红色椭圆形图形，沿着椭圆形图形外有环绕文字，这种文字可以使画面更美观、更具有可视性。

图3-7-1 "安徽花展"图像

【制作方法】

1. 制作背景图像

（1）新建宽为900像素、高为450像素、分辨率为72像素/英寸的文档，以名称"安徽花展.psd"保存。选中该图像的"背景"图层，设置前景色为浅绿色，按Alt+Delete组合键，给"背景"图层填充浅绿色。

（2）打开4幅名花图像，如图3-7-2所示。分别将它们的高度调整为300像素，宽度等比例改变。选中荷花图像，按Ctrl+A组合键，创建选中整个图像的选区，按Ctrl+C组合键，将整个荷花图像复制到剪贴板中。

（3）选中"安徽花展.psd"图像，在"图层"面板内选中"背景"图层。

（4）使用"椭圆工具" ⬭，在其选项栏中设置羽化半径为30像素，在画布左上角创建一个椭圆选区。单击"编辑"→"选择性粘贴"→"贴入"命令，将剪贴板中的荷花图像粘贴到该选区内。按Ctrl+D组合键，取消选区，图像效果如图3-7-3所示。

桂花

荷花

牡丹

芍药

图3-7-2 4幅名花图像　　　　　　　图3-7-3 羽化的荷花图像

（5）按照上述方法，在"安徽花展.psd"图像内添加桂花、牡丹和芍药图像的羽化图像。

2. 制作弯曲红色立体文字

（1）使用工具箱中的"横排文字工具" **T**，在其选项栏内的"设置字体系列"下拉列表中选择"华文行楷"选项，在"设置字体大小"下拉列表中选择"48点"选项，单击"设置文本颜色"按钮 ▮，调出"拾色器"对话框，利用该对话框设置文字颜色为红色，单击"确定"按钮，关闭该对话框。

（2）在画布内输入文字"中国安徽花展"。此时，系统自动为文字创建一个"中国安徽花展"文本图层。拖曳选中文字，单击"窗口"→"字符"命令，调出"字符"面板。在 █ 下拉列表内选择"200"选项，将文字间距调大，如图3-7-4所示。

中国安徽花展

图3-7-4　调整字间距

（3）使用工具箱内的"移动工具"按钮 ✛，拖曳文字到画布的顶部中间处。

（4）单击"图层"面板内的"添加图层样式"按钮 █，调出它的下拉菜单，单击其中的"斜面和浮雕"命令，调出"图层样式"对话框。

（5）选中"斜面和浮雕"复选框和文字，设置样式为浮雕效果，深度为160%，大小为6像素，阴影角度为120°，高度为30°，阴影颜色为黑色等，如图3-7-5所示。选中"投影"复选框和文字，设置如图3-7-6所示。单击"确定"按钮，即可完成有金色阴影的立体文字的制作。

（6）选中"图层"面板内的"安徽花展"图层，单击工具箱中的"横排文字工具"按钮 **T**，单击其选项栏内的"创建变形文本"按钮 █，调出"变形文字"对话框。在"样式"下拉列表中选择"扇形"选项，调整弯曲度为"+50%"，如图3-7-7所示。单击"确定"按钮，即可使选中图层内的文字呈扇形弯曲状，如图3-7-1所示。

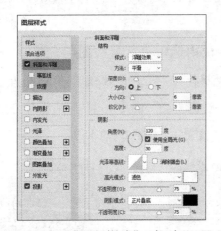

图3-7-5　"图层样式"对话框设置1

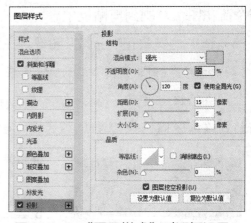

图3-7-6　"图层样式"对话框设置2

3．制作段落文字和环绕文字

（1）在"图层"面板内新增一个图层，将它的名称改为"圆框"，选中该图层。使用"椭圆工具" ◯，在其选项栏中设置羽化半径为0像素，绘制一个圆形选区。单击"编辑"→"描边"命令，调出"描边"对话框，利用该对话框，给选区描2像素宽的红色边。

（2）使用"横排文字工具"按钮 **T**，在画布中间拖曳一个矩形段落框。在该段落框内输入颜色为红色、字体为黑体、大

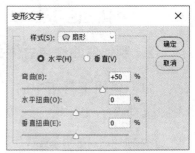

**图3-7-7　"变形文字"
对话框**

小为16点、加粗的文字，用空格调整每行文字的起始位置，按Enter键换行，如图3-7-8所示。拖曳段落框四周的控制柄，可以调整段落框的大小。

（3）单击"窗口"→"段落"命令，调出"段落"面板，利用它对段落进行设置。

（4）单击"窗口"→"路径"命令，调出"路径"面板，单击该面板内的"从选区生成工作路径"按钮 ，将圆形选区转换为圆形路径。

（5）使用工具箱内的"横排文字工具" T ，单击"窗口"→"字符"命令，调出"字符"面板，如图3-7-9所示。在该面板内设置字体为黑体，大小为18点，文字样式加粗，颜色为红色，消除文字锯齿的方式为浑厚。

（6）移动鼠标指针到圆形路径上，当鼠标指针变为指示符（ ）时单击，路径上会出现一个插入点 ，输入"中国安徽2019年全国名花展"文字。此时，"图层"面板内会增加相应的文字图层，"路径"面板内会增加一个"中国安徽2019年全国名花展文字路径"层。

（7）单击工具箱中的"路径选择工具"按钮 或"直接选择工具"按钮 ，将鼠标指针移到环绕文字上，鼠标指针会变为 或 形状。

此时沿着路径逆时针（或顺时针）拖曳圆形路径上的标记 （环绕文字的起始标记），同时会沿着路径逆时针（或顺时针）拖曳圆形路径上的环绕文字，改变文字的起始位置。如果拖曳环绕文字的终止标记 ，则可以调整环绕文字的终止位置，如图3-7-10所示。

图3-7-8　段落文字

图3-7-9　"字符"面板

图3-7-10　调整环绕文字

注意： 在拖曳环绕文字时，要避免跨越到路径的另一侧，否则会将文字翻转到路径的另一边。

（8）选中"图层"面板内的"中国安徽2019年全国名花展"文字图层，在"字符"面板的"设置基线偏移"数值框中输入8。按Enter键后，环绕文字会朝远离圆形方向移8点。

链接知识

1. 段落文字和"段落"面板

Photoshop不但可以输入单行文字，还可以输入段落文字。段落文字除了具有文字格式，还具有段落格式。段落格式可用"段落"面板进行设置。

（1）输入和调整段落文字的方法如下。

● 按下工具箱内的"横排文字工具"按钮 **T**，在其选项栏内进行设置。

● 在画布窗口内拖曳出一个虚线矩形，叫作文字输入框，它的 4 条边上有 8 个控制柄，其内有一个中心标记✦，如图 3-7-11 所示。在文字输入框内，可以输入文字或粘贴文字（这时输入的文字叫作段落文字），如图 3-7-12 所示。按住 Ctrl 键，同时拖曳，可以移动文字输入框及其内的文字。拖曳中心标记✦，可以改变中心标记的位置。

● 将鼠标指针移到文字输入框边上的控制柄 ▫ 处，当鼠标指针呈直线双箭头状时拖曳，可以改变文字输入框的大小，同时会调整文字输入框内的行文字量和行数。如果文字输入框右下角有▥控制柄，则表示文字输入框内还有其他文字，如图 3-7-13 所示。

图 3-7-11　文字输入框　　　　图 3-7-12　段落文字　　　　图 3-7-13　还有其他文字

● 将鼠标指针移到文字输入框边上的控制柄 ▫ 外边，当鼠标指针呈曲线双箭头状时拖曳，可以以中心标记 ✦ 为中心旋转文字输入框。

● 按住 Shift+Ctrl 组合键，拖曳文字输入框 4 条边上的控制柄，可使文字倾斜。

● 单击工具箱内的其他工具，可完成段落文字的输入；按 Esc 键，可取消文字的输入。

（2）设置文字的排列方式：在输入段落文字时，可利用选项栏或"段落"面板设置文字的排列方式。

● 设置文字排列 ▣▤▤：当文字水平排列时，可以设置文字与文字输入框左边对齐、文字在文字输入框内居中对齐或文字与文字输入框右边对齐。

● 设置文字排列 ▥▤▤：当文字垂直排列时，可以设置文字与文字输入框上边对齐、文字在文字输入框中居中对齐或文字与文字输入框下边对齐。

（3）"段落"面板："段落"面板如图 3-7-14 所示，用来定义文字的段落属性。单击"段落"面板右上角的"面板菜单"按钮▼≡，可调出它的"面板菜单"，如图 3-7-15 所示。利用该"面板菜单"，可以设置顶到顶行距、底到底行距、对齐方式等。"段落"面板中一些选项的作用如下。

● ▸▤ 0点 数值框：设置段落文字的左缩进量，以点为单位。

● ▤▸ 0点 数值框：设置段落文字的右缩进量，以点为单位。

● ▔▤ 0点 数值文本框：设置段落文字的首行缩进量，以点为单位。

● ▤ 0点 数值框：设置段落文字的段前间距量，以点为单位。

● ▤ 0点 数值框：设置段落文字的段后间距量，以点为单位。

- ▮▮▮▮▮ 按钮组：4 个按钮从左到右的作用依次为最后一行左对齐、最后一行居中对齐、最后一行右对齐和全部对齐。
- "避头尾法则设置"下拉列表：用来选取换行集。
- "间距组合设置"下拉列表：用来选择内部字符集。
- ☑连字 复选框：选中该复选框后，可在英文单词换行时，自动在行尾加连字符"-"。

图3-7-14 "段落"面板

图3-7-15 "段落"面板菜单

2．文字变形

按下工具箱内的"横排文字工具"按钮 **T**，单击画布或选中"图层"面板内的文字图层。单击选项栏中的"创建变形文本"按钮 ⬈ 或单击"图层"→"文字"→"文字变形"命令，都可以调出"变形文字"对话框。

在"变形文字"对话框内的"样式"下拉列表中选择不同的样式选项，对话框中的内容会稍不一样。例如，选择"鱼眼"样式选项后，"变形文字"对话框如图3-7-16所示。图3-7-17给出了几种变形的文字。

图3-7-16 选择"鱼眼"选项后的"变形文字"对话框

图3-7-17 几种变形的文字

"变形文字"对话框内各选项的作用如下。

（1）"样式"下拉列表：用来选择文字弯曲变形的样式。

（2）"水平"和"垂直"单选按钮：用来确定文字弯曲变形的方向。

（3）"弯曲"数值框：调整文字弯曲变形的程度，可以拖曳滑块来调整。

（4）"水平扭曲"数值框：调整文字水平方向的扭曲程度，可以拖曳滑块来调整。

（5）"垂直扭曲"数值框：调整文字垂直方向的扭曲程度，可以拖曳滑块来调整。

3．图层栅格化

图层栅格化就是将当前图层内的矢量图形和文字等转换成点阵图像，方法如下。

（1）选中需要进行栅格化处理的一个或多个图层（如文字图层等）。

（2）单击"图层"→"栅格化"命令，调出其子菜单。如果单击子菜单中的"图层"命令，则可将选中的图层内的所有矢量图形转换为点阵图像；如果单击子菜单中的"文字"命令，则可将选中的图层内的文字转换为点阵图像，同时文字图层会自动变为常规图层。子菜单中还有一些其他命令，针对不同情况，可以执行不同的命令。

【思考练习】

1．参考本案例，制作一幅"北京旅游海报"图像。

2．制作如图3-7-17所示的各种变形文字。

3．制作一幅"图像文字"图像，如图3-7-18所示。

4．制作一幅"商标"图像，如图3-7-19所示。

图3-7-18 "图像文字"图像　　　　图3-7-19 "商标"图像

第4章　滤镜的应用

本章通过学习7个案例的制作方法，介绍Photoshop CC 提供的部分滤镜的使用方法和技巧，使读者初步掌握一些外部滤镜的使用方法和技巧。

4.1 【案例13】超音速战机

"超音速战机"图像如图4-1-1所示，展现了两架战机在蓝天白云中高速飞行的情景。该图像是利用如图4-1-2所示的"风景"图像、如图4-1-3所示的"海洋"图像，以及如图4-1-4所示的"战机"图像加工制作而成的。

图4-1-1 "超音速战机"图像

图4-1-2 "风景"图像

图4-1-3 "海洋"图像

图4-1-4 "战机"图像

【制作方法】

1. 制作背景图像

（1）打开如图4-1-2所示的"风景"图像，单击"图像"→"图像大小"命令，调出"图像大小"对话框，利用该对话框，调整图像的宽为 700 像素、高为 460 像素，并以名称"超音速战机 .psd"保存。

（2）打开如图 4-1-3 所示的"海洋"图像，使用工具箱内的"矩形选框工具" ⬚ 创建一个矩形选区，选中该图像中的海洋图像，如图 4-1-5 所示。单击"编辑"→"拷贝"命令，将选区内的图像拷贝到剪贴板内。

（3）选中"超音速战机 .psd"图像，单击"编辑"→"粘贴"命令，将剪贴板内的图像粘贴到"超音速战机 .psd"图像中。此时"图层"面板中会自动生成一个图层，用以存放粘贴的图像。将该图层的名称改为"海洋"。

（4）选中"图层"面板中的"海洋"图层，单击"编辑"→"自由变换"命令，进入自由变换状态，调整"海洋"图像下半部分图像的大小和位置，如图 4-1-6 所示。按 Enter 键，完成图像的自由变换调整，此时图像四周的控制框和控制柄会消失。

图 4-1-5　创建矩形选区　　　　　　　　　图 4-1-6　调整图像

（5）单击"滤镜"→"滤镜库"命令，调出"滤镜库"对话框，选中"画笔描边"列表框中的"喷溅"示意图，"滤镜库"对话框改为"喷溅"对话框，如图 4-1-7 所示。调整"喷色半径"和"平滑度"两个数值框中的数值，同时观察左边预览框中图像的变化。

（6）单击"喷溅"对话框内的"新建效果图层"按钮 ⬚ ，在原有"喷溅"效果图层之上新建一个效果图层。单击"扭曲"列表框中的"海洋波纹"示意图，"喷溅"对话框自动改为"海洋波纹"对话框。调整"波纹大小"和"波纹幅度"两个数值框中的数值，新增的效果图层名称自动改为"海洋波纹"，如图 4-1-8 所示。

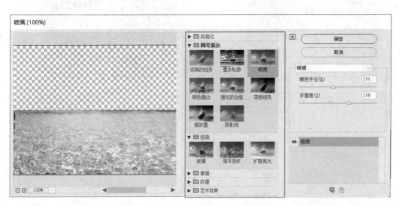

图 4-1-7　"喷溅"对话框　　　　　　　　　图 4-1-8　"海洋波纹"对话框设置

（7）单击"海洋波纹"对话框内的"确定"按钮，关闭该对话框，此时背景图像如图4-1-1所示。

2．制作战机图像

（1）选中"战机"图像，创建选中整个战机的选区，如图4-1-9所示。使用工具箱中的"移动工具"，拖曳选区内的图像到"超音速战机.psd"图像中。同时，在"图层"面板中会自动生成一个名称为"图层1"的图层。将该图层的名称改为"战机1"。

（2）单击"编辑"→"自由变换"命令，调整拷贝的战机图像的大小、位置和旋转角度。调整好后，按Enter键，完成图像的调整，如图4-1-10所示。

图4-1-9　创建选区

图4-1-10　调整战机图像

（3）在"图层"面板中，拖曳"战机1"图层到"创建新图层"按钮上，会在"战机"图层下边创建"战机1拷贝"图层，选中该图层。

（4）单击"滤镜"→"模糊"→"动感模糊"命令，调出"动感模糊"对话框，设置角度为25°，距离为60像素，如图4-1-11所示。单击"确定"按钮，完成战机动感模糊处理。

（5）单击"编辑"→"自由变换"命令，进入自由变换状态，先沿右上方25°拖曳"战机1拷贝"图层内经过动感模糊处理的战机图像，再调整该图像的大小和旋转角度，效果如图4-1-12所示。

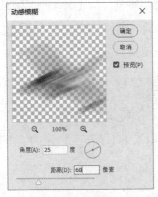

图4-1-11　"动感模糊"对话框

图4-1-12　调整动感模糊处理后的战机图像

（6）单击"滤镜"→"动感模糊"命令，再次执行上面设置好的动感模糊命令，效果如图4-1-1所示。

（7）选中"战机1"图层，单击"滤镜"→"模糊"→"动感模糊"命令，调出"动感模糊"对话框，设置角度为25°，距离为10像素。单击"确定"按钮。此时，画布中的战机图像如图4-1-1所示。

（8）按住Shift键，选中"战机1"和"战机1拷贝"图层，单击"图层"→"链接图层"命令，为选中的两个图层建立链接，图层右边出现链接符号 🔗 。当再次使用工具箱中的"移动工具" ✛ 拖曳战机或它的拖影时，均可以同时移动"战机1"和"战机1拷贝"图层中的图像。

（9）将"战机1"和"战机1拷贝"图层拖曳到"图层"面板内的"创建新图层"按钮上，复制两个图层，分别将这两个复制图层的名称改为"战机2"和"战机2拷贝"。使用"移动工具" ✛ 拖曳拷贝的战机和它的拖影图像，结果如图4-1-1所示。

3．制作立体拖尾文字

（1）单击工具箱内的"横排文字工具"按钮 T ，在其选项栏内设置字体大小为36点，字体为黑体，颜色为红色，在背景图像的右上角输入"超音速战机"文字。此时，在"图层"面板的最上边会自动生成一个名称为"超音速战机"的文本图层。

（2）选中"超音速战机"文本图层，单击"图层"→"栅格化"→"文字"命令，将选中的文字图层转换为常规图层，其内的文字也转换为图像。

（3）在"图层"面板中，拖曳"超音速战机"图层到"创建新图层"按钮 🔲 上，此时会在"超音速战机"图层上边创建"超音速战机拷贝"图层。

（4）选中"超音速战机拷贝"图层，单击"滤镜"→"模糊"→"动感模糊"命令，调出"动感模糊"对话框，调整角度为30°，距离为50像素。单击"确定"按钮，关闭该对话框。

（5）选中"超音速战机拷贝"图层，使用"移动工具" ✛ ，沿着右上方30°方向拖曳该图层内拷贝的"超音速战机"文字图像，如图4-1-1所示（还没有给文字添加立体化的图层效果）。

（6）双击"超音速战机拷贝"图层缩览图，调出"图层样式"对话框，选中"斜面和浮雕"复选框，进行相应的设置，如图4-1-13所示。单击"确定"按钮，关闭"图层样式"对话框，给"超音速战机"文字添加立体发光效果，如图4-1-1所示。此时，"图层"面板如图4-1-14所示。

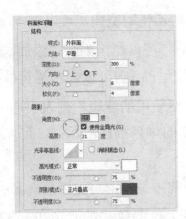

图4-1-13 "图层样式"对话框设置　　　　图4-1-14 "图层"面板

链接知识

1. 滤镜库和滤镜特点

（1）滤镜库：对风格化、画笔描边、素描、纹理、艺术效果和扭曲（部分）几个滤镜的对话框进行合成，构成滤镜库，在滤镜库中，可以非常方便地在各滤镜之间进行切换。单击"滤镜"→"滤镜库"命令，可以调出"滤镜库"（玻璃）对话框，如图4-1-15所示。

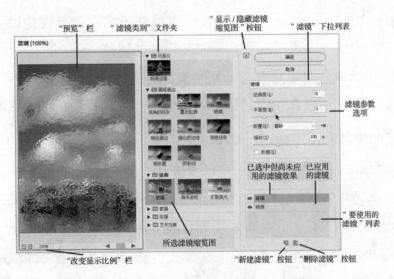

图4-1-15 "滤镜库"（玻璃）对话框

滤镜库提供了许多滤镜，可以应用"滤镜"菜单中的部分滤镜，打开或关闭滤镜的效果、复位滤镜的选项、更改应用滤镜的顺序。如果对预览效果感到满意，则可以将它应用于图像。"滤镜库"对话框中一些选项的作用如下。

- 查看预览：拖曳滑块，可以浏览缩览图中其他部分的内容；将鼠标指针移到缩览图上，当鼠标指针变为🖐时，在预览区域中拖曳，可以移动观察的部位。
- 单击"滤镜类别"文件夹左边的▶按钮，可以展开文件夹，显示该文件夹内的滤镜；单击"滤镜类别"文件夹左边的▼按钮，可以收缩文件夹。在"要使用的滤镜"列表

143

中选中一个滤镜后，单击"滤镜类别"文件夹内的滤镜缩览图，可以更换滤镜。

- "要使用的滤镜"列表：单击"新建滤镜"按钮 ，可以在该列表中添加滤镜。单击滤镜旁边的眼睛图标 ，可以隐藏滤镜效果，再次单击它可以显示滤镜效果。选择滤镜后，单击"删除滤镜"按钮 ，可以删除"要使用的滤镜"列表中选中的滤镜。滤镜效果是按照它们在"要使用的滤镜"列表中的排列顺序应用的，可以拖曳改变滤镜的顺序。

（2）滤镜的作用范围：如果有选区，则滤镜的作用范围是当前可见图层选区中的图像，否则是当前可见图层的整个图像。可将所有滤镜应用于 8 位图像，对于 16 位和 32 位图像，只可以使用部分滤镜，有些滤镜只用于 RGB 图像。位图模式和索引颜色的图像不能用滤镜。

（3）滤镜对话框中的预览：单击滤镜的一个命令后，会调出一个相应的对话框，如图 4-1-11 所示的"动感模糊"对话框。对话框中均有预览框，可以看到图像经滤镜处理的效果。一些对话框中有"预览"复选框，只有选中它才可以预览。单击 按钮，可以使预览框中的图像变小；单击 按钮，可以使预览框中的图像变大。在预览框中拖曳，可移动图像。

（4）重复使用滤镜。

- "滤镜"菜单中的第一个命令是刚刚使用过的滤镜名称，其快捷键是 Ctrl+F。单击该命令或按它的快捷键，可再次执行刚刚使用过的滤镜。

按 Ctrl+Alt+F 组合键，可以重新打开刚刚执行的滤镜对话框。

- 按 Ctrl+Z 组合键，可以在使用滤镜后的图像与使用滤镜前的图像之间切换。

2．外部滤镜的安装和使用技巧

许多外部滤镜都可以在网上下载。一类滤镜有它的安装程序，运行安装程序后，按照要求操作就可以安装好滤镜；另一类滤镜由扩展名为".8BF"等的文件组成。通常，在关闭 Photoshop CC 后，只需将这些文件复制到 Photoshop 插件目录文件夹（如"C:\Program Files\Adobe\Adobe Photoshop CC\Plug-ins"文件夹）内即可。安装滤镜后，需要重新启动 Photoshop CC，在"滤镜"菜单中找到新安装的外部滤镜。滤镜使用技巧简介如下。

（1）对于较大的或分辨率较高的图像，在进行滤镜处理时，会占用较大的内存，速度会较慢。为了减少内存的使用量，加快处理速度，可以先分别对单个通道进行滤镜处理，再合并图像。也可以先在低分辨率的情况下进行滤镜处理，记下滤镜对话框的处理数据，再对高分辨率图像进行一次性滤镜处理。

（2）为了在试用滤镜时节省时间，可先在图像中选择有代表性的一小部分进行试验。

（3）可以对图像进行不同滤镜的叠加多重处理；还可以将多个使用滤镜的过程录制成动作（Action），可以一次使用多个滤镜对图像进行加工处理。

（4）图像经过滤镜处理后，其边缘会有一些毛边，需要对图像边缘进行平滑处理。

3．模糊滤镜

单击"滤镜"→"模糊"命令，调出"模糊"菜单，其内有11个滤镜命令，如图4-1-16（a）所示。单击"滤镜"→"模糊画廊"命令，调出"模糊画廊"菜单，其内有5个滤镜命令，如图4-1-16（b）所示。它们的作用主要是降低相邻像素间的对比度，将颜色变化较大的区域平均化，达到柔化和模糊图像的目的。下面简介两个模糊滤镜的特点。

（1）"光圈模糊"滤镜：可以对图像的椭圆形模糊区进行调整，就像调整光圈一样。打开一幅图像，单击"模糊画廊"菜单内的"光圈模糊"命令，结果如图4-1-17所示。

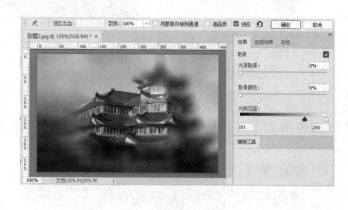

（a）　　　（b）

图4-1-16 "模糊"和"模糊画廊"菜单　　　图4-1-17 "光圈模糊"命令的执行结果

可以看到，选项栏改变了，还调出了"模糊工具"和"效果"面板，如图4-1-18和图4-1-17所示。利用这两个面板，可以调整光圈模糊的程度、光照范围、散景颜色和光源散景等参数，在调整参数的同时，图像会随之变化，所见即所得。单击选项栏内的"确定"按钮或按Enter键，可以退出调整，获得"光圈模糊"滤镜处理效果，如图4-1-19所示。

图4-1-18 "模糊工具"面板　　　图4-1-19 "光圈模糊"滤镜处理效果

（2）"径向模糊"滤镜：可以产生旋转或缩放的模糊效果。单击"滤镜"→"模糊"→"径向模糊"命令，调出"径向模糊"对话框。按照图4-1-20进行设置，单击"确定"按钮，即可将图像径向模糊，如图4-1-21所示。可以在该对话框内的"中心模糊"显示框内拖曳以调整模糊的中心点。

4．扭曲滤镜组

单击"滤镜"→"扭曲"命令，调出"扭曲"菜单，其内有9个滤镜命令，如图4-1-22所示。它们的作用主要是按照某种几何方式将图像进行几何扭曲，从而产生三维或变形效果。可以通过"滤镜库"来应用"扩散亮光""玻璃""海洋波纹"滤镜。

图4-1-20 "径向模糊"对话框　图4-1-21 径向模糊后的图像　　图4-1-22 "扭曲"菜单

（1）波浪滤镜：可以使图像（见图4-1-23）呈波浪式效果。"波浪"对话框如图4-1-24所示。其中的选项包括波浪生成器的数目、波长（从一个波峰到下一个波峰的距离）、波浪高度和波浪类型（正弦、三角形或方形）。单击"随机化"按钮，可应用随机值。

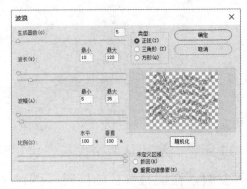

图4-1-23 输入6行文字　　　　　　　图4-1-24 "波浪"对话框

按照图4-1-24进行设置，单击"确定"按钮，即可将如图4-1-23所示的图像加工成如图4-1-25所示的图像。

如果选择了"三角形"单选按钮，则滤镜处理后的效果如图4-1-26所示。要创建波浪效果，可将"生成器数"设置为1，将最小波长、最大波长和波幅设置为相同的值，单击"随机化"按钮。

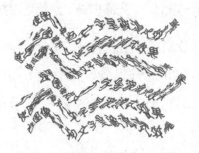 

图4-1-25 波浪滤镜（正弦）处理后的效果　　图4-1-26 波浪滤镜（三角形）处理后的效果

（2）波纹滤镜：创建波状起伏的图案，就像水池表面的波纹，可调整波纹的数量和大小。

（3）极坐标滤镜：根据选中的选项，将选区从平面坐标转换到极坐标，或者将选区从极坐标转换到平面坐标。

（4）挤压滤镜：可以挤压图像，正值（最大值是100%）是指将选区向中心移动，负值（最小值是-100%）是指将选区向外移动。

（5）切变滤镜：沿一条曲线扭曲图像。通过拖曳框中的线条来设定曲线，可以调整曲线上的任何一点。单击"默认"按钮，可以将曲线恢复为直线。

（6）球面化滤镜：将选区内的图像产生向外凸起的3D效果。在图4-1-23中间创建一个圆形区域，选中文字所在的图层，单击"滤镜"→"扭曲"→"球面化"命令，调出"球面化"对话框。按照图4-1-27设置，单击"确定"按钮，即可将图像加工成如图4-1-28所示的图像。

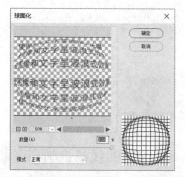
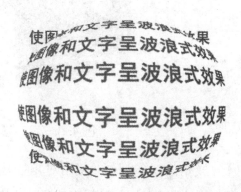

图4-1-27 "球面化"对话框　　　　　**图4-1-28 将选区内的图像进行球面化处理**

（7）水波滤镜：根据选区中图像像素的半径，将选区进行径向扭曲。"水波"对话框内的"起伏"数值框用来设置水波方向从选区的中心到其边缘的反转次数，"数量"数值框中数值的绝对值表示水波纹的多少。在"样式"下拉列表中选择"水池波纹"选项，可以将像素置换到左上方或右下方；选择"从中心向外"选项，可以向着或远离选区中心置换像素；选择"围绕中心"选项，可以围绕中心旋转像素。

（8）旋转扭曲滤镜：旋转图像，中心的旋转程度比边缘的旋转程度大。指定角度时可生成旋转扭曲图案。

（9）置换滤镜：使用另一幅图像（置换图）的亮度值来确定如何扭曲图像。例如，使用抛物线形的置换图创建的图像看上去像印在一块两角固定悬垂的布上。

（10）扩散亮光滤镜：将图像渲染成如同透过一个柔和的扩散滤镜来观看的效果。为此滤镜添加透明的白杂色，并从选区的中心向外渐隐亮光。

（11）玻璃滤镜：使图像看起来如同透过不同类型的玻璃所观看到的效果。可以选择一种玻璃纹理，可以调整缩放量、扭曲度和平滑度。

（12）海洋波纹滤镜：将随机分隔的波纹添加到图像表面，使图像看上去如同在水中。

5．画笔描边滤镜组

画笔描边滤镜组有8个滤镜。它们的作用是使用不同的画笔和油墨对图像边缘进行强化处理，从而产生喷溅等绘画效果。单击"滤镜"→滤镜库"命令，调出"滤镜库"对话框，可以看到"画笔描边"文件夹下有8个滤镜缩览图，单击不同的缩览图，可切换到相应的滤镜对话框，左边是滤镜效果图，右边是参数设置栏，随着调整参数，即可在左边看到效果图。例如，选中"墨水轮廓"缩览图，滤镜库如图4-1-29所示。

图4-1-29 "墨水轮廓"对话框（滤镜库）

（1）成角的线条滤镜：使用对角描边重绘图像，用相反方向的线条绘制亮区和暗区。

（2）墨水轮廓滤镜：以钢笔画的风格，用纤细的线条在原始图像细节上重绘图像。"墨水轮廓"对话框如图4-1-29所示，可以看到，有3个参数选项可以调整。

（3）喷溅滤镜：可以产生如同用喷枪在图像边缘喷涂出笔墨飞溅的效果。

（4）喷色描边滤镜：使用图像的主导色，用成角的、喷溅的颜色线条重绘图像。

（5）强化的边缘滤镜：强化图像边缘。当设置较高的边缘亮度控制值时，强化效果类似白色粉笔；当设置较低的边缘亮度控制值时，强化效果类似黑色油墨。

（6）深色线条滤镜：用短的、绷紧的深色线条绘制暗区；用长的白色线条绘制亮区。

（7）烟灰墨滤镜：如同用蘸满油墨的画笔在宣纸上绘画。

（8）阴影线滤镜：保留原始图像的细节和特征，同时使用模拟的铅笔阴影线添加纹理，并使彩色区域的边缘变粗糙。"强度"选项（1～3）用来确定使用阴影线的遍数。

【思考练习】

1．制作一幅"鹰击长空"图像，如图4-1-30所示，这是一幅鹰高速飞行的图像。该图像是在如图4-1-31所示的图像基础上加工制作而成的。

2. 制作一幅"狂奔老虎"，如图4-1-32所示。可以看到，一只奔跑的老虎，背景是模糊的。制作该图像使用了"城堡"图像和"老虎"图像，如图4-1-33所示。制作该图像使用了"高斯模糊"和"径向模糊"滤镜。

图4-1-30 "鹰击长空"图像

图4-1-31 "鹰"图像

图4-1-32 "狂奔老虎"图像

图4-1-33 "城堡"和"老虎"图像

3. 使用智能滤镜和模糊滤镜组中的滤镜制作一幅图像。

4. 制作一幅"声音的传播"图像，如图4-1-34所示。可以看到，在一幅风景图像（见图4-1-35）上，有一个由白色到浅蓝色的圆形波纹。在背景图像上，是由内向外逐渐旋转变大的文字"全世界人民行动起来，为绿化地球，保护生态环境而努力！"。

提示：首先，制作一个由白色到浅蓝色径向渐变的图像，使用水波滤镜，将图像进行旋转，产生水波效果；其次，输入10行文字，使每行文字两边正好与画布两边对齐，如果没有对齐，则可适当调整文字大小或画布窗口宽度；再次，使用极坐标滤镜，将文字进行从直角坐标系到极坐标系的变换，使10行文字分别变成大小不同的10个圆圈文字；然后，使用旋转扭曲滤镜，使圆圈文字旋转一点；最后，使用挤压滤镜，使文字向内挤压一点。

5. 制作一幅"旋转"图像，如图4-1-36所示。文字以某点为中心旋转了一周。

图4-1-34 "声音的传播"图像

图4-1-35 风景图像

图4-1-36 "旋转"图像

6. 制作一幅"别墅倒影"图像，如图4-1-37所示，可以看出，图像内有一栋别墅及其在水中形成的倒影，水中有波纹，图像有一个弯曲的立体框架，框架有阴影。该图像是将如图4-1-38所示的"别墅"图像进行"波纹扭曲""动感模糊""高斯模糊""水波扭曲""切变扭曲"滤镜处理和其他加工制作而成的。

图4-1-37 "别墅倒影"图像

图4-1-38 "别墅"图像

4.2 【案例14】火烧摩天楼

"火烧摩天楼"图像如图4-2-1所示。可以看出，它在如图4-2-2所示的图像上添加了"火烧摩天楼"火焰文字，文字的烈焰好像在封面上飞腾而起。

图4-2-1 "火烧摩天楼"图像

图4-2-2 原始图像

【制作方法】

1. 制作刮风文字

（1）打开"火烧摩天楼"图像，调整该图像宽为400像素、高为570像素并以名称"火烧摩天楼.psd"保存。在"背景"图层之上新增名称为"图层1"的图层，设置前景色为黑色，按Alt+Delete组合键，给该图层填充黑色。

（2）按下工具箱中的"横排文字工具"按钮T，利用它的选项栏，设置字体为楷体，大小为48点，颜色为白色，输入"火烧摩天楼"文字。单击"编辑"→"自由变换"命令，调整文字的大小，移动文字到画布的左下方，按Enter键确定，如图4-2-3所示。

（3）在"图层"面板内复制一份文字图层，该图层的名称为"火烧摩天楼 拷贝"，在将来填充文字颜色时使用。选中"火烧摩天楼"文字图层，单击"图层"→"栅格化"→"图层"命令，使该文字图层变为常规图层，此时的"图层"面板如图4-2-4所示。

注意： 若要对文字图层进行滤镜操作，则必须将文字图层栅格化。

（4）首先单击"编辑"→"变换"→"逆时针旋转90度"命令，将文字逆时针旋转90°；然后调整文字的位置；最后将"火烧摩天楼 拷贝"文本图层隐藏。

（5）单击"滤镜"→"风格化"→"风"命令，采用默认值（方法为"风"，方向为"从右"），单击"确定"按钮，获得吹风效果。

（6）再次单击"滤镜"→"风"命令，效果如图4-2-5所示。

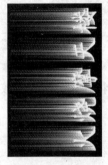

图4-2-3 "火烧摩天楼"文字　　图4-2-4 "图层"面板1　　图4-2-5 吹风的效果

2. 制作火焰文字

（1）单击"编辑"→"变换"→"顺时针旋转90度"命令，将"火烧摩天楼"图层中的图像顺时针旋转90°并调整文字的位置。

（2）单击"滤镜"→"模糊"→"高斯模糊"命令，调出"高斯模糊"对话框，设置模糊半径为3像素，单击"确定"按钮，将文字进行高斯模糊处理。

（3）选中"图层"面板内的"火烧摩天楼"图层，单击"图层"→"向下合并"命令，将"火烧摩天楼"和"图层1"两个图层合并，组成新的"图层1"，此时的"图层"面板如图4-2-6所示，图像如图4-2-7所示。

（4）单击"图像"→"调整"→"色相/饱和度"命令，调出"色相/饱和度"对话框。选中"着色"复选框，设置色相为"40"，饱和度为"100"，如图4-2-8所示。

图4-2-6 "图层"面板2　　图4-2-7 合并图层后的图像　　图4-2-8 "色相/饱和度"对话框

注意：只有使白色文字的背景为黑色，才能使用"色相/饱和度"命令为该图层上色。

（5）单击"色相/饱和度"对话框内的"确定"按钮，关闭该对话框，为"图层1"的文字着一种明亮的橘黄色，如图4-2-9所示。

（6）将"图层1"复制，将复制的图层名称改为"图层2"。利用"色相/饱和度"对话框（色相为0，饱和度为80），将"图层2"的文字改为红色，如图4-2-10所示。

（7）在"图层"面板的"设置图层的混合模式"下拉列表内选择"叠加"选项，将"图层2"的图层混合模式改为"叠加"。这样，红色和橘黄色就得到了很好的混合，火焰的颜色就出来了，如图4-2-11所示。

图4-2-9　橘黄色效果

图4-2-10　红色效果

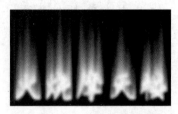

图4-2-11　混合后的效果

（8）选中"图层"面板内的"图层2"，单击"图层"→"向下合并"命令，将"图层2"和"图层1"两个图层合并，组成新的"图层1"。

3．制作火焰效果

（1）单击"图层"面板中的"创建新图层"按钮，创建一个名称为"图层2"的新图层。在"图层"面板内，将"图层2"拖曳到所有图层的最顶端。

（2）单击工具箱中的"画笔工具"按钮，按下选项栏内的"喷枪"按钮，设置喷枪流量为30%，画笔为30像素，硬度为0%，前景色为黑色。在文字的周围拖曳。

（3）单击"滤镜"→"液化"命令，调出"液化"对话框。在"液化"对话框中，使用"向前变形工具"，给所画的图像涂抹，并配合使用"膨胀工具"、"顺时针旋转扭曲工具"、"褶皱"和"平滑工具"等画出逼真的火焰外观。还可以使用"重建工具"，在绘制错误的地方涂抹，可以恢复原来的效果。单击"确定"按钮，关闭"液化"对话框，效果如图4-2-12所示。

（4）在"图层2"的下边创建一个"图层3"，并为该图层画布填充黑色。选中"图层2"，按Ctrl+I组合键，将图像的颜色反相，此时的图像如图4-2-13所示。

（5）单击"图层"→"向下合并"命令，将"图层2"和"图层3"两个图层合并，组成新的"图层2"。

（6）单击"图像"→"调整"→"渐变映射"命令，调出"渐变映射"对话框。单击可编辑渐变条，调出"渐变编辑器"对话框。利用该对话框设置渐变色为黑色到红绿色到黄色再到白色，如图4-2-14所示。

（7）单击"渐变编辑器"对话框内的"确定"按钮，完成渐变色的设置，回到"渐变映射"对话框。单击该对话框内的"确定"按钮，给火焰填充颜色，效果如图4-2-15所示。

图4-2-12　涂抹的火焰

图4-2-13　火焰图像

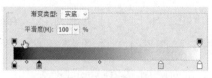

图4-2-14　设置渐变色

图4-2-15　填充颜色后的火焰

（8）在"图层"面板的"设置图层的混合模式"下拉列表内选择"滤色"选项，将"图层2"的图层混合模式改为"滤色"。

4．添加红色文字

（1）显示"图层"面板内的"火烧摩天楼 拷贝"文字图层，使用"移动工具" ⊕，将其内的白色文字和火焰字对齐。

（2）按住Ctrl键，单击该图层，在画布窗口内创建一个"火烧摩天楼"文字选区。

（3）选中"图层1"，设置前景色为红色，按Alt+Delete组合键，给文字选区填充红色，按Ctrl+D组合键，取消选区，再次隐藏"火烧摩天楼 拷贝"文字图层。

（4）选中"图层1"，在"图层"面板的"设置图层的混合模式"下拉列表内选择"滤色"选项，将"图层1"的图层混合模式改为"滤色"，显示出背景图像。最后效果如图4-2-1所示。

知识链接

1．"风格化"滤镜

单击"滤镜"→"风格化"命令，调出"风格化"菜单，如图4-2-16所示。它们的主要作用是通过移动和置换图像的像素来提高图像的对比度，从而产生刮风等效果。现举例如下。

（1）浮雕效果滤镜：可以勾画各区域的边界，降低边界周围的颜色值，产生浮雕效果。打开一幅图像，如图4-2-17所示。单击"滤镜"→"风格化"→"浮雕效果"命令，调出"浮雕效果"对话框，按照图4-2-18进行设置，单击"确定"按钮，即可将其加工成浮雕效果。

图4-2-16　"风格化"菜单　　　图4-2-17　加工前的图像　　图4-2-18　"浮雕效果"对话框

（2）凸出滤镜：可以将图像分为一系列大小相同的三维立体块或立方体，并叠放在一起，产生凸出的三维效果。打开如图4-2-17所示的图像，创建选中白色背景的选区，单击"滤镜"→"风格化"→"凸出"命令，调出"凸出"对话框。按照图4-2-19进行设置，单击"确定"按钮，按Ctrl+D组合键，即可将选区内的图像加工成如图4-2-20所示的效果。

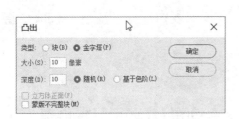 

图4-2-19　"凸出"对话框　　　　　　图4-2-20　加工后的图像效果

2．液化图像

液化图像是一种非常直观和方便的图像调整方式。它可以将图像或蒙版图像调整为液化状态。单击"滤镜"→"液化"命令，调出"液化"对话框，如图4-2-21所示。

该对话框的显示框内显示的是要加工的当前整幅图像（图像中没有创建选区）或选区中的图像，左边是加工使用的液化工具，右边是对话框的选项栏。当将鼠标指针移到中间的画面上时，鼠标指针呈圆形。在图像上拖曳或单击，即可获得液化图像的效果。在图像上拖曳的速度会影响加工的效果。

将鼠标指针移到液化工具上，会显示出相应的名称。单击液化工具按钮，即可使用相应的液化工具。在使用液化工具前，通常要先在"液化"对话框右边的"大小"和"压力"数值框中设置画笔大小和压力。"液化"对话框中各工具和部分选项的作用简介如下。

（1）"向前变形工具"按钮：按下该按钮，设置画笔大小和画笔压力等，在图像上拖曳，即可获得涂抹图像的效果，如图 4-2-22 所示。

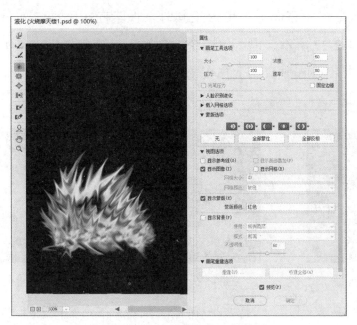

图 4-2-21 "液化"对话框

（2）"重建工具"按钮 ：按下该按钮，设置画笔大小和压力等，在要加工的图像上拖曳，即可将拖曳处的图像恢复原状，如图 4-2-23 所示。

（3）"平滑工具"按钮 ：按下该按钮，在图像上拖动，可以平滑地混杂像素，获得平滑涂抹图像的效果。它可用于创建火焰、云彩、波浪和相似的效果。

（4）"顺时针旋转扭曲工具" ：按下该按钮，设置画笔大小和压力等，使画笔的圆形正好圈住要加工的那部分图像。此时单击，即可看到圆形内的图像在顺时针旋转扭曲，当获得满意的效果时，松开鼠标即可，效果如图 4-2-24 所示。

按住 Alt 键，同时单击，即可看到圆形内的图像在逆时针旋转扭曲。

图 4-2-22 向前变形　　　　**图 4-2-23 重建**　　　　**图 4-2-24 顺时针旋转扭曲**

（5）褶皱工具 ：按下该按钮，设置画笔大小和压力等，在按住鼠标左键或拖曳时，可以使像素朝着画笔区域的中心移动。当获得满意的效果时，松开鼠标即可，效果如图 4-2-25 所示。

（6）膨胀工具 ：按下该按钮，设置画笔大小和压力等，在按住鼠标左键或拖曳时，使像素朝着离开画笔区域中心的方向移动，如图4-2-26所示。

（7）左推工具 ⬌：当垂直向上拖曳该工具时，像素向左移动（如果向下拖曳，则像素会向右移动），如图4-2-27所示。也可以围绕对象顺时针拖曳以增大其大小或逆时针拖曳以减小其大小。按住 Alt 键，在垂直向上拖曳的同时向右推像素（或在向下拖曳的同时向左移动像素）。

图4-2-25　褶皱　　　　　　图4-2-26　膨胀　　　　　　图4-2-27　左推

（8）冻结蒙版工具 ✐：设置画笔大小和压力等后，在不需要加工的图像上拖曳，即可在拖曳过的地方覆盖一层半透明的颜色，建立保护冻结区域，如图4-2-28所示。这时再用其他液化工具（不含解冻工具）在冻结区域拖曳，不能改变冻结区域内的图像。

（9）解冻蒙版工具 ✐：设置画笔大小和压力等后，在冻结区域拖曳，可以擦除半透明颜色，使冻结区域变小，达到解冻的目的。

（10）脸部工具 ☺：用来调整脸部图像，如调整脸庞大小、鼻子高低和眼睛大小等。

（11）抓手工具 ✋：按下该按钮后，当图像不能全部显示时，可以移动图像的显示范围。

（12）缩放工具 🔍：按下该按钮后，单击画面，可以放大图像；按住 Alt 键，同时单击画面，可缩小图像。

（13）"大小"数值框：用来设置画笔大小，即画笔圆形的直径。它的取值是 1 ～ 150。画笔越大，操作时作用的范围也越大。

（14）"浓度"数值框：用来控制画笔在边缘羽化范围的大小。产生画笔的中心最强、边缘最弱的效果。

（15）"压力"数值框：用来设置在预览图像上拖曳画笔时的扭曲速度。画笔压力越大，拖曳时图像的变化越大，当单击圈住图像时，图像变化的速度也越快。使用低画笔压力可减慢更改速度，因此更易于在恰到好处的时候停止。

（16）"速率"数值框：用来设置在预览图像上拖曳画笔时图像的变化速度。

（17）"重建"按钮：在进行图像扭曲加工后，该按钮变为有效状态。单击该按钮，可以调出"恢复重建"对话框，如图4-2-29所示。该对话框用来调整恢复重建量，即调整扭曲图像量的大小。当拖曳"数量"滑块，调整"数量"数值框中的数值时，可以同时看到图像扭曲结果。调整好后，单击"确定"按钮，使图像按照设定完成扭曲量的调整。

（18）"恢复全部"按钮：在进行图像扭曲加工后，该按钮变为有效状态。单击该按钮，可以使加工的图像恢复原状。

（19）"蒙版选项"栏：单击该栏左边的"展开"按钮▶，将"蒙版选项"栏展开，其内第1行有5个按钮，每个按钮右边有一个黑色箭头按钮▾；第2行有"无""全部蒙住""全部反相"3个文字按钮。将鼠标指针移到按钮上，会显示相应按钮的作用提示文字。单击第1行5个按钮右边的黑色箭头按钮▾，分别可以调出相应的菜单列表，单击其内的命令，即可执行相应的操作。第1行5个按钮用来确定创建的蒙版和已有选区的合成方式；第2行3个按钮用来确定创建蒙版的特点，"全部蒙住"按钮和"全部反相"按钮的作用简介如下。

● "全部蒙住"按钮：单击该按钮，可使预览图像全部覆盖一层半透明的颜色。

● "全部反相"按钮：单击该按钮，可使冻结区域解冻，没冻结区域变为冻结区域。

图 4-2-28　冻结蒙版

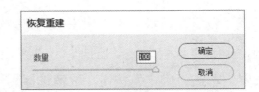

图 4-2-29　"恢复重建"对话框

（20）"视图选项"栏：其中部分选项的作用简介如下。

● "显示图像"复选框：选中该复选框后，显示图像，否则不显示图像。

● "显示网格"复选框：选中该复选框后，显示网格。

● "网格大小"下拉列表：用来选择网格的大小。

● "网格颜色"下拉列表：用来选择网格的颜色。

● "显示蒙版"复选框：选中该复选框后，可以显示蒙版，此时，"蒙版颜色"下拉列表变为有效状态，可以选择一种颜色作为蒙版颜色。

● "显示背景"复选框：选中该复选框后，可以显示背景图像，它下边的3个选项均变为有效状态。其中，"使用"下拉列表用来选择要显示的图层，"模式"下拉列表用来选择一种现实背景图像的模式，"不透明度"数值框用来调整加工图像的不透明度。

【思考练习】

1．制作一幅"冰雪文字"图像，如图4-2-30所示。

2．制作一幅"飞行文字"图像，如图4-2-31所示。

3．利用如图4-2-32所示的图像制作一幅"风景丽人"图像，如图4-2-33所示。

图4-2-30 "冰雪文字"图像

图4-2-31 "飞行文字"图像

图4-2-32 "风景"和"丽人"图像

图4-2-33 "风景丽人"图像

4．制作"木纹材质"图像，如图4-2-34所示。图像中有水平的木纹线条，局部还有一些不规则的扭曲。木纹素材的制作方法很多，此处给出一种简单方法的提示。

新建背景为棕色的画布窗口，单击"滤镜"→"纹理"→"颗粒"命令，调出"颗粒"对话框，设置颗粒类型为"水平"，强度为"16"，对比度为"16"。在画布中创建一个椭圆选区，单击"滤镜"→"扭曲"→"波浪"命令，调出"波浪"对话框，按照图4-2-35进行设置。单击"确定"按钮。取消选区，给木纹图像添加几个不规则的局部扭曲。

图4-2-34 "木纹材质"图像

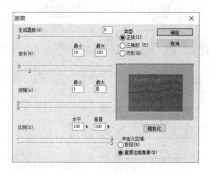

图4-2-35 "波浪"对话框

4.3 【案例15】杨柳戏春雨

"杨柳戏春雨"图像如图4-3-1所示。该图像是在如图4-3-2所示的"杨柳.jpg"图像的基础上制作而成的。

图4-3-1 "杨柳戏春雨"图像

图4-3-2 "杨柳.jpg"图像

注意：制作下雨大都用添加杂色的方法，本案例采用"点状化"滤镜，因为点状化的大小和多少是可以控制的。

【制作方法】

（1）打开"杨柳.jpg"图像，如图4-3-2所示，并以名字"杨柳戏春雨.psd"保存。创建一个名称为"图层1"的图层，设置前景色为黑色、背景色为白色，按Alt+Delete组合键，为"图层1"的画布填充黑色。

（2）单击"滤镜"→"像素化"→"点状化"命令，调出"点状化"对话框，在"单元格大小"数值框中输入3，如图4-3-3所示。单击"确定"按钮，效果如图4-3-4所示。

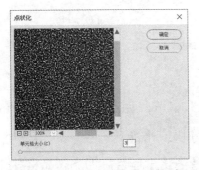

图4-3-3 "点状化"对话框

图4-3-4 点状化效果

（3）单击"图像"→"调整"→"阈值"命令，调出"阈值"对话框，在其内的"阈值色阶"数值框中输入255，如图4-3-5所示。单击"确定"按钮，使画面中的白点减少，效果如图4-3-6所示。

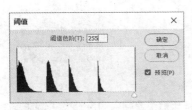

图4-3-5 "阈值"对话框

图4-3-6 阈值调整效果

（4）单击"滤镜"→"模糊"→"动感模糊"命令，调出"动感模糊"对话框，该对话框的设置如图4-3-7所示。单击"确定"按钮。

（5）单击"滤镜"→"锐化"→"USM锐化"命令，调出"USM锐化"对话框。在该对话框内，拖曳3个滑块，可以调整"数量""半径""阈值"3个参数值的大小，"数量"和"半径"的值越大，"阈值"的值越小，雨线越多，颜色越白。此处为了获得细雨效果，"数量"值为500%、"半径"值为1.2像素，"阈值"的值为20色阶，如图4-3-8所示。单击"确定"按钮，效果如图4-3-9所示。

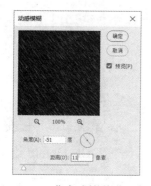  

图4-3-7　"动感模糊"对话框　图4-3-8　"USM 锐化"对话框　图4-3-9　USM 锐化处理效果

（6）可以单击"滤镜"→"锐化"→"智能锐化"命令，调出"智能锐化"对话框，利用该对话框，也可以进行雨线数量的调整。

知识链接

1. 像素化滤镜组

单击"滤镜"→"像素化"命令，调出"像素化"菜单，如图4-3-10所示。可以看出，像素化滤镜组有7个滤镜。它们的作用主要是将图像分块或平面化。

（1）晶格化滤镜：单击"滤镜"→"像素化"→"晶格化"命令，调出"晶格化"对话框，进行相应的设置，如图4-3-11所示，单击"确定"按钮，可以使图像产生点状效果。

（2）铜版雕刻滤镜：可以在图像上随机分布各种不规则的线条和斑点，产生铜版雕刻的效果。单击"滤镜"→"像素化"→"铜版雕刻"命令，调出"铜版雕刻"对话框，进行相应的设置，如图4-3-12所示，单击"确定"按钮，可将图像加工成铜版雕刻图像。

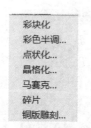  

图4-3-10　"像素化"菜单　　图4-3-11　"晶格化"对话框　图4-31-12　"铜版雕刻"对话框

2. 锐化滤镜组

单击"滤镜"→"锐化"命令，可知其子命令有6个，如图4-3-13所示。它们的作用主要是提高图像相邻像素间的对比度，减少甚至消除图像的模糊，使图像轮廓更清晰。

（1）智能锐化滤镜：具有USM 锐化滤镜没有的锐化调整功能。它可以设置锐化算法或调整阴影和高光区域的锐化量。"智能锐化"对话框如图4-3-14所示，简介如下。

● "数量"数值框：设置锐化量，其数值越大，边缘像素之间的对比度越高。

● "半径"数值框：决定边缘像素周围受锐化影响的像素数量。半径值越大，受影响的边缘就越宽，锐化的效果也就越明显。

- "减少杂色"数值框：用来输入一个百分数，确定减少图像中杂色量的百分比。
- "移去"下拉列表：设置用于对图像进行锐化的算法。"高斯模糊"是USM锐化滤镜使用的方法。"镜头模糊"将检测图像中的边缘和细节，可对细节进行更精细的锐化，并减少锐化光晕。"动感模糊"将减少由于相机或主体移动导致的模糊。
- "角度"数值框：当在"移去"下拉列表中选中"动感模糊"选项后，用它来设置运动方向。
- "阴影/高光"按钮 〉：单击 〉按钮，会展开"阴影"和"高光"栏，单击"阴影"文字会展开"阴影"栏，单击"高光"文字会展开"高光"栏。利用它可以调整较暗和较亮区域的锐化效果。其中，"渐隐量"和"色调宽度"分别用来调整阴影或高光中的锐化量与色调的修改范围；"半径"用来调整每个像素周围区域的大小。

图4-3-13　"锐化"菜单　　　　图4-3-14　"智能锐化"对话框

（2）防抖滤镜："防抖"对话框如图4-3-15所示，简介如下。

- 将鼠标指针移到各选项（也叫控件）上，可以获得选项名称，上边的提示栏内会显示相应的文字帮助信息。
- 选中工具箱内的"模糊评估工具" 后，在图像中拖曳，可以创建模糊评估区域，拖曳模糊评估区域内的中心控制柄，可以移动模糊评估区域的位置；拖曳模糊评估区域四周的方形控制柄，可以调整模糊评估区域的大小。
- 选中工具箱内的"模糊方向工具" ，在图像中拖曳，可以创建模糊方向线，线两端各有一个方形控制柄，拖曳方形控制柄，可以调整模糊方向线的方向、位置和长短，同时会调整图像模糊的方向、位置和大小。
- 选中右边参数设置栏中的"预览"复选框，可以看到模糊和锐化效果；调整各参数选项，可看到图像的变化；单击模糊评估区域内的中心控制柄，其内的小黑点会显示或消失，预览图像的锐化效果会随之显示或消失。
- 在创建模糊评估区域或模糊方向线的同时，会自动在"高级"选区内显示一个正方形缩览图，其下边有一个复选框，选中该复选框，可以显示（也叫激活）模糊评估区域或模糊方向线；不选中该复选框，可以隐藏（也叫停用）模糊评估区域或模糊方向线。

● 单击"高级"选区内的"删除模糊临摹"按钮 🔟，可以删除左起选中的一个模糊评估区（一个模糊临摹）。选中"高级"选区内的复选框，即可激活模糊临摹，选中"显示模糊评估区域"复选框，可以在图像预览框中显示模糊评估区域。单击"高级"选区内的"添加建议的模糊临摹"按钮，可以创建一个模糊评估区域。

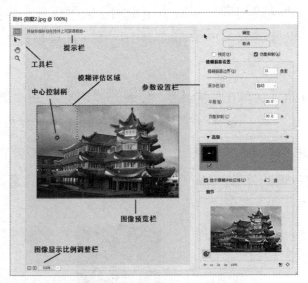

图4-3-15　"防抖"对话框

（3）USM 锐化滤镜：查找图像中颜色发生显著变化的区域，在不指定数量的情况下锐化边缘；调整边缘细节的对比度，在边缘的每侧生成一条亮线和一条暗线；使边缘突出。

（4）锐化边缘滤镜：只锐化图像的边缘，同时保留总体的平滑度。

（5）锐化滤镜：聚焦选区并提高其清晰度。

（6）进一步锐化滤镜：比锐化滤镜有更强的锐化效果。

3．"镜头校正"滤镜

"镜头校正"滤镜可以修复常见的镜头瑕疵，如桶形和枕形失真、晕影和色差。单击"滤镜"→"镜头校正"命令，调出"镜头校正"对话框，如图4-3-16所示。单击"自定"选项卡，其使用方法简介如下。

（1）该对话框的中间是图像预览栏，其内显示的是要加工的当前图像（图像中没有创建选区）或选区中的图像；左边是工具栏，其内是加工使用的工具；右边是参数选项栏，用来调整照片图像的镜头校正效果，切换到"自定"选项卡后，可以通过选择相机型号和镜头型号来自动进行照片图像的镜头校正。

（2）将鼠标指针移到左边的工具上，可以显示出相应的名称，同时，上边的提示栏中会显示相应的帮助信息。

（3）单击"移去扭曲工具"按钮 🔲，在图像预览栏内的图像上拖曳，可以调整图像的扭曲程度，随着拖曳即可看到效果。

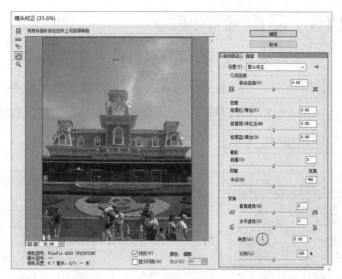

图4-3-16 "镜头校正"对话框

（4）单击"拉直工具"按钮 ，在图像预览栏内的图像上拖曳出一条直线，即可将图像旋转一定的角度，使图像向水平拉直或垂直拉直方向变化。

（5）选中"显示网格"复选框，会在图像预览栏内显示网格，单击"移动网格工具"按钮，在图像预览栏内的图像上拖曳，即可移动网格。

（6）在右边参数选项栏内调整各参数的大小，同时即可在图像预览栏内看到图像的变化效果，这非常有利于读者掌握该对话框的使用。

【思考练习】

1．制作一幅"雨中情"图像，如图4-3-17所示。它是由如图4-3-18所示的"草地.jpg"和"动物情.jpg"图像制作而成的。

图4-3-17 "雨中情"图像 　　　图4-3-18 "草地.jpg"和"动物情.jpg"图像

2．参考本案例的制作方法，制作另一幅有下雨景色的图像。

3．制作一幅"气球迎飞雪"图像，如图4-3-19所示。它是利用如图4-3-20所示的图像制作的。

图4-3-19 "气球迎飞雪"图像 　　　图4-3-20 热气球图像

4.4 【案例16】圣诞雪中迎客

"圣诞雪中迎客"图像如图4-4-1所示,在大雪纷飞的圣诞夜晚,一栋小别墅前有一棵圣诞树,一位圣诞老人站在门前迎接远方来的客人。该图像在如图4-4-2所示的"圣诞夜.jpg"图像上添加了如图4-4-3所示的"圣诞客.jpg""圣诞老人.jpg""圣诞树.jpg"图像,并通过滤镜处理制作了飞雪和彩色玻璃文字。

图4-4-1 "圣诞雪中迎客"图像

图4-4-2 "圣诞夜.jpg"图像

图4-4-3 "圣诞客.jpg""圣诞老人.jpg""圣诞树.jpg"图像

【制作方法】

1. 制作背景画面

(1)打开"圣诞夜.jpg""圣诞客.jpg""圣诞老人.jpg""圣诞树.jpg"4幅图像。将"圣诞夜.jpg"图像调整为宽800像素、高600像素,并以名称"圣诞雪中迎客.psd"保存。

(2)选中"圣诞老人.jpg"图像,创建选区,将该图像中的圣诞老人选中;使用"移动工具"✛,将选区内的圣诞老人拖动到"圣诞雪中迎客.psd"图像内;在"圣诞雪中迎客.psd"图像内复制一幅圣诞老人图像,调整圣诞老人图像的大小和位置。将生成的图层名称改为"圣诞老人"。

(3)按照上述方法,将"圣诞树.jpg"和"圣诞客.jpg"图像中的圣诞树和圣诞客复制到"圣诞雪中迎客.psd"图像内,并调整复制图像的大小和位置。将生成的两个图层名称分别改为"圣诞树"和"圣诞客"。

(4)在"图层"面板内,将"圣诞树"图层移到"圣诞老人"图层的下边。

2．制作雪景

（1）在"圣诞老人"图层上添加一个图层，将该图层的名称改为"小雪"，将前景色设置为黑色、背景色为白色，按 Alt+Delete 组合键，将"小雪"图层的画布填充为黑色。

（2）选中"小雪"图层。单击"滤镜"→"杂色"→"添加杂色"命令，调出"添加杂色"对话框。按照图4-4-4进行设置，单击"确定"按钮。

（3）单击"滤镜"→"其他"→"自定"命令，调出"自定"对话框（可以控制杂色的多少）。按照图4-4-5进行设置，单击"确定"按钮，使白色杂点减少一些。

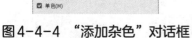

图4-4-4　"添加杂色"对话框

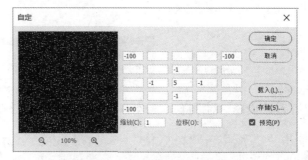

图4-4-5　"自定"对话框设置

（4）选中"小雪"图层，使用"矩形工具" ，在画布中创建一个矩形选区，如图4-4-6所示。先按Ctrl+C组合键，将选区中的图像复制到剪贴板中；再按Ctrl+V组合键，将剪贴板中的图像粘贴到画面中，在"图层"面板的"小雪"图层上会自动生成一个名称为"图层1"的图层。

（5）单击"编辑"→"自由变换"命令，调整选区内图像与画布一样大，将白色颗粒调大，按Enter键确定。将"图层1"的图层混合模式改为"滤色"，效果如图4-4-7所示。

（6）拖曳"图层1"到"图层"面板的"创建新图层"按钮 上，复制一个名称为"图层1副本"的图层，以加强雪的效果，如图4-4-8所示。

（7）选中"小雪"图层，单击"滤镜"→"模糊"→"动感模糊"命令，调出"动感模糊"对话框。该对话框的设置如图4-4-9所示，单击"确定"按钮。

（8）按住Shift键，同时选中"图层"面板内的"图层1副本"和"图层1"两个图层，单击"图层"→"合并图层"命令，将选中的两个图层合并，组成新图层。将新图层的名称改为"雪"，混合模式改为"滤色"。

图4-4-6　创建矩形选区　　图4-4-7　"滤色"混合模式效果　　图4-4-8　复制图层

3．制作彩色玻璃文字

（1）选中"图层"面板内的"雪"图层。使用工具箱中的"横排文字工具" **T**，在其选项栏内设置字体为华文琥珀、大小为30点、颜色为黄色，输入"圣诞迎客"文字。单击"编辑"→"自由变换"命令，调整文字的大小和位置，如图4-4-10所示，将文字移到画布的左上方，按Enter键，确定调整。

（2）单击"滤镜"→"模糊"→"动态模糊"命令，调出"动态模糊"对话框。在"动态模糊"对话框中，设置角度为45°，距离为20像素，单击"确定"按钮，完成文字的动态模糊处理，如图4-4-11所示。

图4-4-9 "动感模糊"对话框　　图4-4-10 "圣诞迎客"文字　　图4-4-11 动态模糊处理效果

（3）单击"滤镜"→"风格化"→"查找边缘"命令，效果如图4-4-12所示。

（4）在"圣诞雪中迎客"文字图层下边创建一个名称为"图层1"的图层，选中该图层，给该图层填充黑色，如图4-4-13所示。选中"圣诞雪中迎客"与"图层1"两个图层，单击"图像"→"合并图层"命令，将选中的两个图层合并，合并后的图层名称为"圣诞雪中迎客"。

（5）单击"渐变工具"按钮■，在选项栏内设置线性渐变方式，设置渐变色为"色谱渐变"，在"模式"下拉列表中选择"颜色"选项。从文字的左边向右边拖曳，给文字填充五彩渐变色，如图4-4-14所示。

图4-4-12 "查找边缘"　　　图4-4-13 背景色改为黑色　　图4-4-14 给文字填充
滤镜处理效果　　　　　　　　　　　　　　　　　　五彩渐变色

（6）使用工具箱内的"魔棒工具" ，在其选项栏内设置容差为20像素。单击文字的黑色背景，创建选中所有黑色的选区。按Delete键，删除选区内的黑色。按Ctrl+D组合键，取消选区。

（7）选中"小雪"图层，将该图层的混合模式改为"滤色"。此时的画布图像效果如图4-4-1所示。

知识链接

1．"素描"滤镜组

单击"滤镜"→"滤镜库"命令，调出"滤镜库"对话框，选中"素描"滤镜类型（"素描"滤镜组）中的一个滤镜缩览图，如选中"水彩画纸"滤镜缩览图，此时的"滤镜库"
对话框成为"水彩画纸"对话框，如图4-4-15所示。可以看出，"素描"滤镜组有14个滤镜。
它们的作用主要是模拟素描和速写等艺术效果。它们一般需要与前景色和背景色配合使用，
因此，在使用该滤镜前，应设置好前景色和背景色。选中一个滤镜后，调整右边的参数选
项栏中的选项，随之可以在图像预览栏内看到调整效果。

下面简要介绍几个滤镜的作用。

（1）"水彩画纸"滤镜：用来模拟水彩绘画的效果。如图4-4-15所示，在右边的参数选
项栏中，有"纤维长度""亮度""对比度"3个数值框，拖曳滑块或在数值框中输入数字，
都可以改变参数的数值，同时在图像预览栏内看到调试效果。

（2）"炭精笔"滤镜：用来模拟炭精笔绘画效果。

（3）"影印"滤镜：可以产生模拟影印的效果，其前景色用来填充高亮度区、背景色用
来填充低亮度区。

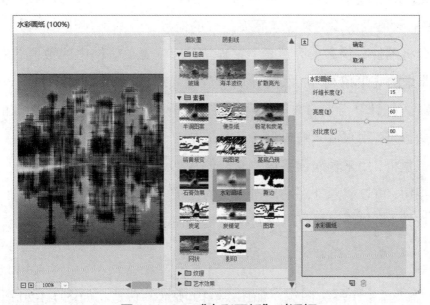

图4-4-15 "水彩画纸"对话框

2."杂色"滤镜组

单击"滤镜"→"杂色"命令，调出的菜单如图4-4-16所示。该菜单中各命令的作用
主要是给图像添加或去除杂点。例如，"添加杂色"滤镜可以给图像随机地添加一些细小的
混合色杂点，"中间值"滤镜可以将图像的中间值附近的像素用附近的像素替代。

3."其他"滤镜

单击"滤镜"→"其他"命令，调出的菜单如图4-4-17所示。该菜单中各命令的作用
是修饰图像的细节部分，用户可以创建自己的滤镜。

（1）"高反差保留"滤镜：可以删除图像中色调变化平缓的部分，保留色调高反差部分，

使图像的阴影消失，并使亮点突出。

（2）"自定"滤镜：可以用它创建自己的锐化、模糊或浮雕等效果的滤镜。单击"滤镜"→"其他"→"自定"命令，调出"自定"对话框，如图4-4-18所示。该对话框中各选项的作用如下。

  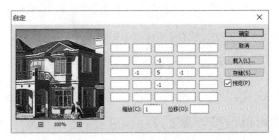

图4-4-16　"杂色"菜单　　图4-4-17　"其他"菜单　　　　图4-4-18　"自定"对话框

- 5×5的数值框：中间的数值框代表目标像素，四周的数值框代表目标像素周围对应位置的像素。通过改变数值框中的数值（-999～+999），可以改变图像的整体色调。数值框中的数值表示该位置像素亮度提升的倍数。

系统首先会将图像各像素的亮度值（Y）与对应位置数值框中的数值（S）相乘；其次将其值与像素原来的亮度值相加；然后除以缩放量（SF）；最后与位移量（WY）相加，即(Y×S+Y)/SF+WY。把计算出来的数值作为相应像素的亮度值，用以改变图像的亮度。

- "缩放"数值框：用来输入缩放量，其取值是1～9999。
- "位移"数值框：用来输入位移量，其取值是-9999～+9999。
- "载入"按钮：可以载入外部用户自定义的滤镜。
- "存储"按钮：可以将设置好的自定义滤镜存储起来。

【思考练习】

1. 制作一幅"雪中小屋"图像，如图4-4-19所示。它是将如图4-4-20所示的"小屋"图像通过滤镜处理制作而成的。

2. 制作一幅"大雪熊猫"图像，如图4-4-21所示。它是将如图4-4-22所示的"熊猫.jpg"图像通过滤镜处理而成的。

图4-4-19　"雪中　　　图4-4-20　"小屋"　　　图4-4-21　"大雪　　　图4-4-22　"熊猫.jpg"
小屋"图像　　　　　　图像　　　　　　　熊猫"图像　　　　　　图像

（1）打开"熊猫.jpg"图像，调整图像的宽为600像素、高为450像素，设置前景色为灰色，并以名称"大雪熊猫.pds"保存。创建一个名称为"图层1"的图层，给它填充灰色。

（2）单击"滤镜"→"素描"→"绘图笔"命令，调出"绘图笔"对话框，如图4-4-23 所示。在该对话框中，设置描边长度为15mm，明/暗平衡为26，描边方向为右对角线。单击"绘图笔"对话框内的"确定"按钮，画布图像如图4-4-24 所示。

图4-4-23 "绘图笔"对话框

（3）单击"选择"→"色彩范围"命令，调出"色彩范围"对话框。在对话框的"选择"下拉列表中选择"高光"选项，如图4-4-25 所示。单击"确定"按钮，选中图像中的白色区域。按Delete 键，删除选区中的白色，效果如图4-4-26 所示。

图4-4-24 倾斜的白色　　图4-4-25 "色彩范围"对话框　　图4-4-26 删除选区中的白色效果

（4）单击"选择"→"反选"命令。设置前景色为白色，按Alt+Delete 键，为选区填充白色。按Ctrl+D 组合键，取消选区，图像效果如图4-4-21 所示。

（5）单击"滤镜"→"模糊"→"动感模糊"命令，调出"动感模糊"对话框，在对话框中设置角度为45°，距离为8 像素。单击"确定"按钮。单击"滤镜"→"模糊"→"高斯模糊"命令，调出"高斯模糊"对话框，在对话框中设置模糊半径为2 像素。单击"确定"按钮。

4.5 【案例17】围棋一角

"围棋一角"图像如图4-5-1所示。它由围棋盘和16颗棋子组成。首先制作木纹图像；然后使用铅笔工具制作"围棋棋盘"图像，如图4-5-2所示；最后使用"塑料包装"滤镜制作棋子图像。

图4-5-1 "围棋一角"图像

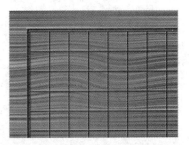

图4-5-2 "围棋棋盘"图像

【制作方法】

1. 制作木纹图像

（1）新建宽为600像素、高为450像素、模式为RGB颜色、背景为白色的画布，并以名称"围棋一角.pds"保存。新建一个名称为"图层1"的图层，给它填充灰色，并将粘贴的木纹所在的图层更名为"木纹"。

（2）单击"滤镜"→"杂色"→"添加杂色"命令，调出"添加杂色"对话框。"数量"为最大值，选中"单色"复选框和"高斯分布"单选按钮，效果如图4-5-3所示。

（3）单击"滤镜"→"模糊"→"动感模糊"命令，调出"动感模糊"对话框，设置角度为0°，距离为800像素，单击"确定"按钮，效果如图4-5-4所示。

（4）单击"滤镜"→"模糊"→"进一步模糊"命令，使图像再模糊一些。

（5）单击"滤镜"→"扭曲"→"旋转扭曲"命令，调出"旋转扭曲"对话框，设置角度为36°，单击"确定"按钮，效果如图4-5-5所示。

图4-5-3 添加杂色的效果

图4-5-4 动感模糊效果

图4-5-5 旋转扭曲后的效果

（6）单击"图像"→"调整"→"亮度/对比度"命令，调出"亮度/对比度"对话框，利用该对话框调整图像的亮度和对比度，单击"确定"按钮。

（7）单击"图像"→"调整"→"色相/饱和度"命令，调出"色相/饱和度"对话框，利用该对话框调整图像的色相和饱和度。单击"确定"按钮，画布效果如图4-5-6所示。

（8）按住Ctrl键，选中"图层1"和"背景"图层，右击选中的图层，调出其快捷菜单，单击其中的"合并图层"命令，将两个图层合并为"背景"图层。

图4-5-6　调整颜色后的图像

2. 制作"围棋棋盘"图像

注意：有了木纹图像后，接下来的工作就是画棋盘上的格线。如果直接手绘的话，则很难保证格线之间的间距均匀。因此需要借助网格来完成工作。

（1）单击"编辑"→"首选项"→"参考线、网格和切片"命令，调出"首选项"对话框，如图4-5-7所示，在"网格线间隔"后的下拉列表中选择"像素"选项，在"网格线间隔"数值框中输入70，设置参考线的颜色为黄色。单击"确定"按钮。

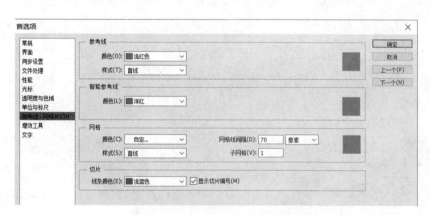

图4-5-7　"首选项"对话框

（2）单击"视图"→"显示"→"网格"命令，显示网格，图像窗口中出现间距为70像素的网格。

（3）设置前景色为黑色。新建"棋盘格"图层，并选中该图层。使用工具箱内的"铅笔工具" ，在选项栏中设置笔触为2像素。单击画布左上角的网格点，按住Shift键，单击该条水平网格线的最右端，可以沿该条网格线在起点和终点之间绘制出一条直线。

（4）按相同的方法绘制出其余格线，效果如图4-5-8所示。

注意：按住Shift键，可以在本次单击点与上一个单击点之间绘制一条直线，由于显示了网格，因此即使单击处稍有偏差，系统也会自动将绘制的直线对齐网格线，保证绘制出准确的棋盘格线。

（5）单击"视图"→"显示"→"网格"命令，隐藏网格。将铅笔的笔触直径设置为6像素。按住Shift键，在格线的左边和上边一点拖曳以绘制棋盘的外框线，如图4-5-9所示。

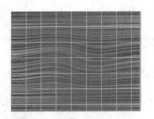

图4-5-8 棋盘格线   图4-5-9 棋盘格线和棋盘的外框线

（6）单击"图层"面板中的"添加图层样式"按钮 *fx*，调出它的下拉菜单，单击其中的"斜面和浮雕"命令，调出"图层样式"对话框，选中"斜面和浮雕"复选框，其关键设置如图4-5-10所示，单击"确定"按钮，效果如图4-5-2所示。

3．制作棋子图像

（1）在"棋盘格"图层上创建一个"黑子"图层，选中该图层。使用"椭圆工具" ，在其选项栏的"样式"下拉列表中选择"固定大小"选项，在"宽度"和"高度"数值框内均输入120，创建一个圆形选区，设置前景色为黑色，按Alt+Delete组合键，在选区中填充黑色。

（2）单击"滤镜"→"艺术效果"→"塑料包装"命令，调出"塑料包装"对话框。按照图4-5-11进行设置，单击"确定"按钮，效果如图4-5-12所示。按Ctrl+D组合键，取消选区。

图4-5-10 关键设置   图4-5-11 "塑料包装"对话框设置

（3）创建一个直径为60像素的圆形选区，将选区拖曳到如图4-5-13所示的位置，按Ctrl+Shift+I组合键，将选区反选，按Delete键，将不需要的部分删除。在"黑子"图层上创建一个名称为"白子"的图层。按照上述方法制作白棋子。

（4）利用"图层样式"对话框，将黑棋子和白棋子所在图层添加"投影"图层样式效果，结果如图4-5-14所示。

（5）将"黑子"和"白子"图层各复制7份，显示网格，使用"移动工具" 将棋子移到如图4-5-1所示的位置，并隐藏网格。

图4-5-12 应用"塑料包装"滤镜的效果　　图4-5-13 创建选区　　图4-5-14 黑、白棋子

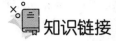知识链接

1．"艺术效果"滤镜

单击"滤镜"→"艺术效果"命令，调出它的菜单，如图4-5-15所示。菜单中各命令的作用主要是处理计算机绘制的图像，去除计算机绘图的痕迹，使图像看起来更像是人工绘制的。

（1）"塑料包装"滤镜：给图像涂上一层光亮塑料，强调表面细节。单击"滤镜"→"艺术效果"→"塑料包装"命令，调出"塑料包装"对话框，如图4-5-16所示。

（2）海绵滤镜：使用颜色对比强烈、纹理较重的区域创建图像，模拟海绵绘画效果。单击"滤镜"→"艺术效果"→"海绵"命令，可以调出"海绵"对话框。

（3）"绘画涂抹"滤镜：可以选取各种大小（从1到50）和类型的画笔来创建绘画效果。画笔类型包括简单、未处理光照、暗光、宽锐化、宽模糊和火花。

图4-5-15 "艺术效果"菜单

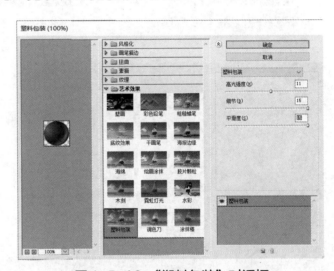

图4-5-16 "塑料包装"对话框

2．"视频"滤镜和"Digimarc"滤镜

（1）"视频"滤镜：单击"滤镜"→"视频"命令，可以调出"视频"菜单，其子命令有两个。它们的作用主要是解决视频图像输入与输出时系统的差异问题。

（2）"Digimarc"（作品保护）滤镜：单击"滤镜"→"Digimarc"命令，可以调出"Digimarc"菜单，其子命令有"嵌入水印"滤镜和"读取水印"滤镜。它们的作用是给图像加入或读取著作权信息。

【思考练习】

1．制作一幅"玻璃花"图像，如图4-5-17所示。可以看到，水中有一朵玻璃花。制作该图像需要使用如图4-5-18所示的两幅图像和"塑料包装"滤镜。

2. 制作一幅"珍珠项链"图像，如图4-5-19所示。可以看出，在墨绿色的背景上，有一个由白色珍珠和红色闪光项链坠组成的项链。制作该图像的提示如下。

（1）新建一个背景色为黑色、宽为400像素、高为300像素、颜色模式为RGB颜色的画布窗口。为了有利于创建心脏形状的选区，使画布中显示标尺和3条参考线，在"图层"面板内新增名称为"图层1"的图层，选中该图层。以名称"珍珠项链.pds"保存。

（2）使用"画笔工具" 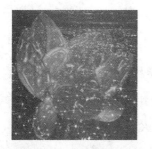，调出"画笔"面板。设置画笔直径为9像素、间距为100%，如图4-5-20所示；设置前景色为白色。

图4-5-17 "玻璃花"图像　　　图4-5-18 "海洋"和"荷花"图像

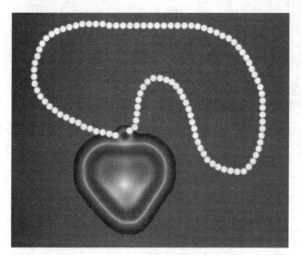

图4-5-19 "珍珠项链"图像　　　图4-5-20 "画笔"面板

（3）使用"椭圆选框工具" ⬭创建一个圆形选区，如图4-5-21所示。单击"选择"→"存储选区"命令，调出"存储选区"对话框。在"名称"文本框内输入选区的名称"圆形1"。单击"确定"按钮，保存选区，退出该对话框。

（4）水平向右拖曳选区，移到右边一些，如图4-5-22所示。单击"选择"→"载入选区"命令，调出"载入选区"对话框。在"通道"下拉列表内选择"圆形1"选项，选中"添加到选区"单选按钮，单击"确定"按钮，退出该对话框。同时将选区加载到画布中的原来位置，并与画布中的选区合并，如图4-5-23（a）所示。

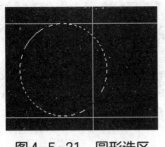

图 4-5-21　圆形选区

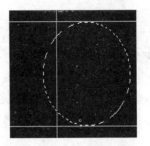

图 4-5-22　移动选区

（5）按住 Shift 键，创建一个椭圆选区，与原选区相加，如图 4-5-23（b）所示。隐藏参考线，进行选区的加减调整，直到选区变成心脏形状，如图 4-5-23（c）所示。

（6）单击"选择"→"存储选区"命令，调出"存储选区"对话框，在"名称"文本框内输入选区的名称"心脏形状"，单击"确定"按钮，保存选区，退出该对话框。

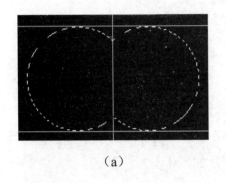

（a）

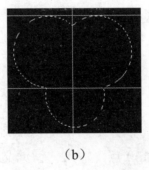

（b）

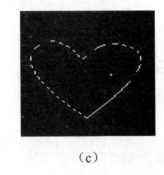

（c）

图 4-5-23　选区调整

（7）单击"选择"→"修改"→"羽化"命令，设置羽化半径为 20 像素。设置前景色为红色，并填充前景色。按 Ctrl+D 组合键，取消选区，效果如图 4-5-24 所示。

（8）单击"选择"→"载入选区"命令，调出"载入选区"对话框。选中"新建选区"单选按钮，在"通道"下拉列表内选择"心脏形状"选项，单击"确定"按钮，将"心脏形状"选区载入画布中。

（9）单击"选择"→"修改"→"扩展"命令，调出"扩展选区"对话框，设置扩展量为 10 像素，单击"确定"按钮，效果如图 4-5-25 所示。单击"选择"→"选择"→"羽化"命令，设置羽化半径为 5 像素。

（10）给选区描边 2 像素，位置居中，颜色为白色，效果如图 4-5-26 所示。单击"滤镜"→"艺术效果"→"塑料包装"命令，调出"塑料包装"对话框。设置高光强度为"20"，细节为"15"，平滑度为"15"，单击"确定"按钮，效果如图 4-5-27 所示。

（11）在心脏形状的图像上创建一个羽化半径为 5 像素的圆形选区。单击"编辑"→"描边"命令，调出"描边"对话框，设置描边宽度为 1 像素，位置为居中，颜色为白色。单击"确定"按钮，完成选区描边，效果如图 4-5-19 所示。

（12）将"背景"图层的填充颜色改为墨绿色，效果如图 4-5-19 所示。

　　　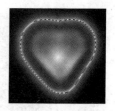

图4-5-24　填充红色　　图4-5-25　扩展选区　　图4-5-26　选区描边　　图4-5-27　滤镜处理

4.6　【案例18】铁锈文字

"铁锈文字"图像如图4-6-1所示。制作它需要使用"光照效果"和"塑料包装"滤镜。

图4-6-1　"铁锈文字"图像

【制作方法】

（1）新建宽为520像素、高为150像素、模式为RGB颜色、背景为白色的画布。

（2）新建一个名称为"图层1"的图层。使用"横排文字工具" **T**，在其选项栏中设置文字的字体为黑色、黑体、大小为130点，输入"铁锈文字"，如图4-6-2所示。

（3）使用"移动工具" ✛，将文字移到画布的中间位置。单击"图层"→"栅格化"→"文字"命令，将"铁锈文字"文字图层转换为常规图层。

（4）设置前景色（$R=72$，$G=45$，$B=18$）、背景色（$R=190$，$G=110$，$B=60$）。单击"滤镜"→"渲染"→"云彩"命令，对文字应用"云彩"滤镜。取消选区，效果如图4-6-3所示。

铁锈文字　｜铁锈文字｜

图4-6-2　输入文字　　　　　图4-6-3　云彩滤镜后的效果

（5）单击"图层"面板中的 _fx._ 按钮，调出其下拉菜单，单击其中的"内发光"命令，调出"图层样式"对话框。在"结构"选区内选中"单色"单选按钮，将颜色设置为铁锈色（$R=95$，$G=80$，$B=80$），在"混合模式"下拉列表内选择"溶解"选项，"品质"选区的设置不变，其余设置如图4-6-4所示。单击"确定"按钮，给文字添加内发光效果。

注意：内发光效果是指在画布的边缘以内添加发光效果，但由于在对话框中指定光的颜色为铁锈色，并采用"溶解"模式和添加杂色，因此，该效果是在文字笔画中添加铁锈杂点。

（6）选中"图层样式"对话框内的"斜面和浮雕"复选框。单击"高光模式"下拉列表右边的色块，调出"拾色器"对话框。在该对话框中，设置颜色为R=180，G=180，B=180，其余设置如图4-6-5所示。效果如图4-6-6所示。

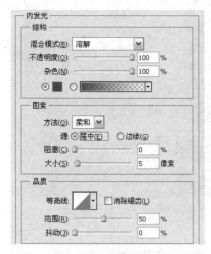

图4-6-4 "图层样式"对话框

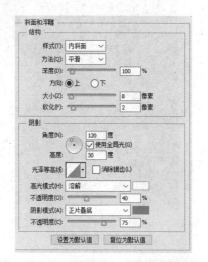

图4-6-5 "图层样式"对话框设置

注意：从图4-6-6中可以看到，通过使用"斜面和浮雕"图层样式，在文字的高光部分添加了灰色锈斑，在文字的暗调部分添加了黑色锈斑。

（7）单击"滤镜"→"滤镜库"命令，调出"滤镜库"对话框，选择"艺术效果"→"塑料包装"命令，调出"塑料包装"对话框，在其参数设置栏内设置高光强度为"20"，细节为"15"，平滑度为" 2"，如图4-6-7所示。单击"确定"按钮。

铁锈文字

图4-6-6 设置"斜面和浮雕"图层样式效果

图4-6-7 "塑料包装"对话框

（8）单击"滤镜"→"渲染"→"光照效果"命令，即可在文字上添加圆环控制柄，并可调出"光照效果"的"属性"和"光源"面板，如图4-6-8所示。同时切换到"光照效果"选项栏，如图4-6-9所示。拖曳绿色细圆圈、内部圆圈和圆形控制柄，可以调整光照的控制范围、光源位置和光源亮度。

单击"光照效果"选项栏内的"确定"按钮，即可完成给文字添加光源的工作。按Ctrl+F 组合键，多次应用"光照效果"滤镜，根据所按的次数，图像呈现不同的锈斑程度。

（9）单击"图层"面板中的 *fx.* 按钮，调出其下拉菜单，单击中的"投影"命令，调出"图层样式"对话框的"投影"选项卡，设置如图4-6-10所示。单击"图层样式"对话框内的"确定"按钮，即可为"图层1"添加投影样式效果，最终效果如图4-6-1所示。

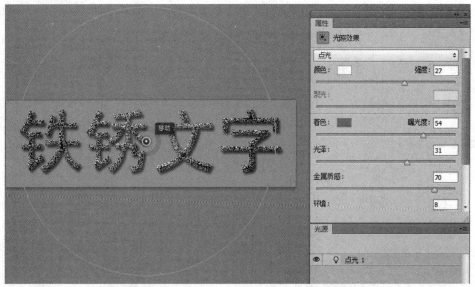

图4-6-8 "光照效果"的圆环控制柄及"属性"和"光源"面板

图4-6-9 "光照效果"选项栏

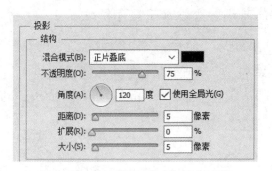

图4-6-10 "投影"选项卡设置

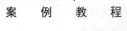知识链接

1. "渲染"滤镜组

单击"滤镜"→"渲染"命令,调出"渲染"菜单,如图4-6-11所示。可以看出,"渲染"滤镜组有5个滤镜。它们的作用主要是给图像加入不同的光源,以模拟产生不同的光照效果。

(1)"分层云彩"滤镜:可以通过随机地抽取介于前景色与背景色之间的值来生成柔和云彩图案。此滤镜将云彩数据和现有的像素混合,其方式与"差值"模式混合颜色的方式相同。应用此滤镜几次之后,会创建出与大理石的纹理相似的凸缘和叶脉图案。

新建一个画布窗口,设置前景色为红色、背景色为黄色,单击"滤镜"→"渲染"→"分层云彩"命令,即可获得如图4-6-12所示的图像。

图4-6-11 "渲染"菜单　　　图4-6-12 "分层云彩"滤镜的处理效果

（2）"光照效果"滤镜：通过改变17种光照样式、3种光照类型和4套光照属性，在图像上产生无数种光照效果；还可以使用灰度文件的纹理（称为凹凸图）产生类似3D的效果，并存储样式。该滤镜的功能很强大，运用恰当可产生极佳的效果。

打开一幅图像，单击"滤镜"→"渲染"→"光照效果"命令，调出"光照效果"的圆环控制柄及"属性"和"光源"面板，如图4-6-8所示。同时调出的"光照效果"选项栏如图4-6-9所示。

将鼠标指针移到圆环内圈黑色粗圆圈控制柄上，当鼠标指针右上方出现一个黑底白字"强度：×"时，如图4-6-13所示，顺时针或逆时针拖曳，可以改变光照强度。将鼠标指针移到绿色细圆圈控制柄上，当鼠标指针右上方出现一个黑底白字"缩放"时，拖曳可以改变光照的范围。将鼠标指针移到圆环内圆形控制柄上，或者将鼠标指针移到绿色细圆圈控制柄圈部或外部，当鼠标指针右上方出现一个黑底白字"移动"时，拖曳可以改变光源的位置。

在"光照效果"的"属性"面板内，可以设置在"光源"面板内选中的光源的各种属性。设置完后，单击其选项栏内的"确定"按钮，即可关闭这些面板和选项栏，完成光源的设置。

（3）"镜头光晕"滤镜：通过选择4种镜头类型来调整光照亮度，从而在图像上产生不同的光照效果。

打开一幅图像，单击"滤镜"→"渲染"→"镜头光晕"命令，调出"镜头光晕"对话框，如图4-6-14所示。在该对话框内，可以选择镜头类型、调整光源亮度。

图4-6-13 改变光照强度　　　图4-6-14 "镜头光晕"对话框

2．"镜头校正"滤镜

"镜头校正"滤镜可以修复常见的镜头瑕疵，如桶形和枕形失真、晕影和色差。单击"滤镜"→"镜头校正"命令，调出"镜头校正"对话框，如图4-3-16所示。

3．"纹理"滤镜组

单击"滤镜"→"纹理"命令，即可看到其子命令，如图4-6-15所示。"纹理"滤镜组有6个滤镜。它们的作用主要是给图像加上指定的纹理。

（1）"马赛克拼贴"滤镜：作用是将图像处理成马赛克效果。打开图像，单击"滤镜"→"纹理"→"马赛克拼贴"命令，调出"马赛克拼贴"对话框，如图4-6-16所示。

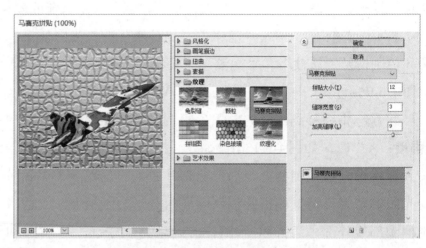

图4-6-15 "纹理"菜单　　　　　图4-6-16 "马赛克拼贴"对话框

（2）"龟裂缝"滤镜：在图像中产生不规则的龟裂缝效果。

选中一个图层（如"背景"图层），单击"滤镜"→"转换为智能滤镜"命令或"图层"→"智能对象"→"转换为智能对象"命令，可将选中的图层转换为保存智能对象的图层，如图4-6-17所示。此时，可给智能对象添加滤镜，但是没有破坏该图层内的图像，此时的"图层"面板如图4-6-18所示。单击 图标，可重新设置滤镜参数。

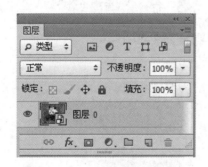

图4-6-17 "图层"面板1　　　　　图4-6-18 "图层"面板2

4．智能滤镜

要在应用滤镜时不破坏图像，以便以后能够更改滤镜设置，可以应用智能滤镜。这些滤镜是非破坏性的，可以调整、移去或隐藏智能滤镜。应用于智能对象的任何滤镜都是智能滤镜。除了"液化"和"消失点",智能对象可以应用任意的 Photoshop 滤镜。此外,可以将"阴影/高光"和"变化"调整作为智能滤镜应用。

在"图层"面板中,智能滤镜将出现在应用这些智能滤镜的智能对象图层的下方。要展开或折叠智能滤镜,可以单击智能对象图层内右侧的◎▲和◎▼按钮。

【思考练习】

1. 制作一幅"台灯灯光"图像,如图 4-6-19 所示。可以看出,两盏台灯的光线分别为白色和绿色。它是在如图 4-6-20 所示的"台灯"图像的基础上使用"光照效果"滤镜加工而成的。

2. 制作一幅"禁止吸烟"图像,如图 4-6-21 所示。可以看出,画面中心为香烟被加上了禁止的图样,背景是一个小男孩,画面右边有红色文字"让烟草远离儿童"。

3. 利用"镜头光晕"滤镜,给如图 4-6-22 所示的图像加镜头光晕,效果如图 4-6-23 所示。

4. 用"液化"滤镜制作一幅"火焰文字"图像,如图 4-6-24 所示。

图 4-6-19 "台灯灯光"图像

图 4-6-20 "台灯"图像

图 4-6-21 "禁止吸烟"图像

图 4-6-22 夜景图像

图 4-6-23 加镜头光晕效果

图 4-6-24 "火焰文字"图像

4.7 【案例19】风景摄影展厅

"风景摄影展厅"图像如图 4-7-1 所示。展厅的地面是黑白相间的大理石,顶部是明灯倒挂,3 面墙上有 4 幅摄影图像,两边图像有透视效果。

图 4-7-1 "风景摄影展厅"图像

【制作方法】

1. 制作展厅顶部和地面图像

（1）新建一个画布窗口，设置宽为60像素、高为60像素、背景色为白色、RGB颜色模式。先在画布窗口左上角创建一个宽和高均为30像素的选区，填充黑色；再将选区移到右下角，填充黑色，最后效果如图4-7-2所示。将该图像以名称"砖"定义为图案。

（2）新建一个画布窗口，设置宽为900像素、高为400像素、背景色为白色、RGB颜色模式。使用"油漆桶工具" 🪣，在其选项栏的"填充"下拉列表内选择"图案"选项，在"图案"下拉列表内选择"砖"图案，单击选区内部，给选区填充"砖"图案，结果如图4-7-3所示。将文档以名称"地面.jpg"保存，关闭该画布窗口。

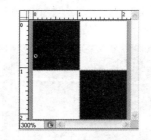
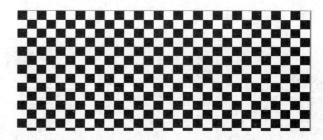

图4-7-2 黑白相间的图案　　　　图4-7-3 黑白相间的地面图像

（3）新建一个画布窗口，设置宽为900像素、高为400像素、背景色为白色、RGB颜色模式。创建2条水平参考线、3条垂直参考线，以名称"风景摄影展厅.psd"保存。

（4）打开"风景1.jpg""风景2.jpg""风景3.jpg""风景4.jpg"图像文件，如图4-7-4所示。分别对它们进行剪裁处理，调整它们的高为300像素、宽约为300像素。

（5）打开"灯.jpg"图像，如图4-7-5所示。调整该图像的宽为30像素、高为26像素。单击"图像"→"定义图案"命令，调出"定义图案"对话框，在"名称"文本框内输入"灯"，单击"确定"按钮，定义一个名称为"灯"的图案。

图4-7-4 "风景1.jpg""风景2.jpg""风景3.jpg""风景4.jpg"图像

（6）选中"风景摄影展厅.psd"文档，使用工具箱内的"多边
形套索工具" ，在画布窗口的上方创建一个梯形选区，如图4-7-6
所示。使用工具箱内的"油漆桶工具" ，在其选项栏的"填充"
下拉列表内选择"图案"选项，在"图案"下拉列表内选择"灯"
图案，单击选区内部，给选区填充"灯"图案。

（7）单击"图像"→"描边"命令，调出"描边"对话框，设
置描边颜色为金黄色、宽度为3像素、居中，单击"确定"按钮，
即可给选区描边。

图4-7-5 "灯.jpg"
图像

（8）在左方、右方和下方各创建一个梯形选区，并给选区描金黄色、宽度为3像素的
边。按Ctrl+D组合键，取消选区，结果如图4-7-7所示。

也可以使用工具箱内的"铅笔工具" ，在选项栏中设置笔触为3像素。单击线段起点，
按住Shift键，单击线段终点，在起点和终点之间绘制出一条直线。

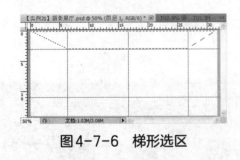

图4-7-6 梯形选区　　　　　　　图4-7-7 选区描边结果

（9）双击"图层"面板内的"背景"图层，调出"新建图层"对话框，单击"确定"按钮，
将"背景"图层转换为常规图层——"图层0"。将白色部分删除。

2. 制作透视图像

（1）选中"风景3.jpg"图像，单击"选择"→"全部"命令，创建选中整幅图像的选区；
单击"编辑"→"拷贝"命令或按Ctrl+C组合键，将选区内的图像拷贝到剪贴板内。

（2）切换到"风景摄影展厅.psd"文档，在"图层"面板内新建一个名称为"图层1"
的图层，并选中该图层。单击"滤镜"→"消失点"命令，调出"消失点"对话框。

（3）单击"创建平面工具"按钮 ，在该对话框的左边梯形框架内，依次单击梯形的

3 个端点，拖曳创建一个梯形透视平面，双击以结束，结果如图4-7-8 所示。

（4）按Ctrl+V 组合键，将剪贴板内的"风景 3.jpg"图像粘贴到"消失点"对话框的预览窗口内。单击"消失点"对话框的"变换工具"按钮 ►‡，如果图像在梯形透视平面外边，则将粘贴的图像移到梯形透视平面内。将图像调小一些，并调整图像的位置，效果如图4-7-9所示。单击"确定"按钮，关闭"消失点"对话框，回到画布窗口。

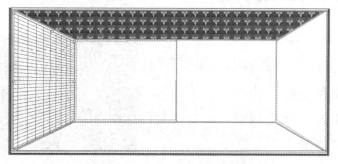

图4-7-8　第1 个透视平面

图4-7-9　在透视平面内插入图像

（5）按照上述方法，在画布窗口的右边框架内创建一个透视平面，并在其内加入透视图像"风景 4.jpg"，如图4-7-10 所示。在画布窗口的正面框架内插入两幅图像，结果如图4-7-11 所示。

（6）打开"地面 .jpg"图像，调整该图像的宽为 500 像素、高为 267 像素。按Ctrl+A 组合键，创建选中整幅图像的选区，按Ctrl+C 组合键，将选区内的图像拷贝到剪贴板内。切换到"风景摄影展厅 .psd"文档，在"图层"面板内新建一个名称为"图层5"的图层。单击"滤镜"→"消失点"命令，调出"消失点"对话框。单击工具箱内的"创建平面工具"按钮 ⬚，在该对话框的下边创建一个梯形透视平面。

图4-7-10　第2 个透视图像

图4-7-11　插入 4 幅图像

（7）按Ctrl+V 组合键，将剪贴板内的"地面 .jpg"图像粘贴到"消失点"对话框的预览窗口内。单击工具箱内的"变换工具"按钮 ►‡，将图像调小一些，并移到下边的透视平面内。调整图像的大小和位置，单击"确定"按钮，回到画布窗口。

（8）使用自由变换调整各图层内的图像大小和位置，最后效果如图4-7-1 所示。

链接知识

利用"消失点"对话框可以创建一个或多个有消失点的透视平面（简称平面），在该平面内复制粘贴的图像、创建的矩形选区、使用"画笔工具" ✐ 绘制的图形、使用"图章工具" ♨ 仿制的图像都具有相同的透视效果。这样，可以简化透视图形和图像的制作与编辑过程。当修饰、添加或移去图像中的内容时，因为可以正确确定这些编辑操作的方向，并将它们缩放到透视平面，所以效果更逼真。完成"消失点"对话框中的工作后，可以继续编辑图像。要在图像中保留透视平面信息，应以 PSD、TIFF 或 JPEG 格式存储文档。另外，还可以测量图像中的对象，并将 3D 信息和测量结果以 DXF 和 3DS 格式导出，以便在 3D 应用程序中使用。

1. "消失点"对话框

打开一幅图像，单击"滤镜"→"消失点"命令，调出"消失点"对话框，如图 4-7-12 所示。其中包括用于定义透视平面的工具、编辑图像的工具、测量工具（仅限 Photoshop Extended）和图像预览部分。消失点工具（选框、图章、画笔及其他工具）的工作方式与工具箱中的对应工具的工作方式十分类似，将鼠标指针移到工具按钮和选项上，会显示相应的名称和快捷键，信息栏内会显示相应的提示信息。选择不同的工具，其选项栏内的选项会随之改变。单击"消失点的设置和命令"按钮 ▾≡，可以调出显示其他工具设置和命令的菜单。工具箱中各工具的作用简介如下。

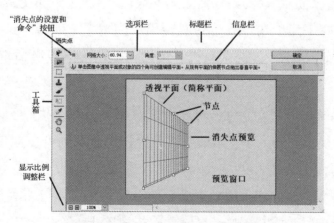

图 4-7-12 "消失点"对话框

（1）编辑平面工具 ▶：选择、编辑、移动平面并调整平面大小。

（2）创建平面工具 ▦：定义平面 4 个角节点、调整平面大小和形状并拉出新平面。

（3）选框工具 ⬚：创建正方形、矩形或多边形选区，同时移动或仿制选区。在平面中双击"选框工具"按钮 ⬚，可以创建选中整个平面的选区。

（4）图章工具 🖋：使用图像的一个样本绘画。它与仿制图章工具不同，"消失点"对话框中的图章工具不能仿制其他图像中的元素。

（5）画笔工具 🖌：使用其选项栏内设置的画笔颜色等绘画。

（6）变换工具 ▦：通过移动外框控制柄来缩放、旋转和移动浮动选区。它的特点类似于在矩形选区上使用"自由变换"命令。

（7）吸管工具 🖊：在预览图像中单击时，选择一种用于绘画的颜色。

（8）抓手工具 ✋：当图像大于预览窗口时，可以拖曳以移动预览图像。

（9）缩放工具 🔍：在预览图像中单击或拖曳，可以放大图像的视图；按住 Alt 键，同时单击或拖曳，可以缩小图像的视图。

在选择了任何工具的同时按住空格键，可以在预览窗口内拖曳图像的视图。

在"消失点"对话框底部的下拉列表中可以选择不同的缩放级别；单击加号或减号按钮，可以放大或缩小图像的视图。要临时在预览窗口内缩放图像的视图，可以按住 X 键。这对在定义平面时放置角节点和处理细节特别有用。

2．使用"消失点"命令创建和编辑透视平面

（1）单击"滤镜"→"消失点"命令，调出"消失点"对话框，如图 4-7-12 所示。默认按下"创建平面工具"按钮 ▦。

（2）在预览图像上，依次单击透视平面的 3 个角节点，在单击第 3 个角节点后，会自动形成透视平面，拖曳到第 4 个角节点处双击，即可创建透视平面，如图 4-7-13 所示。创建透视平面后，"编辑平面工具"按钮 ▶ 呈按下状态，"创建平面工具"按钮 ▦ 转换为抬起状态，表示启用"编辑平面工具" ▶，停止使用"创建平面工具" ▦。

（3）在"编辑平面工具" ▶ 选项栏内，调整"网格大小"数值框内的数值，可以改变透视平面内网格的大小。

（4）拖曳透视平面的 4 个角节点，可以调整透视平面的形状；拖曳透视平面 4 条边的边缘节点，可以调整透视平面的大小；如果要移动透视平面，则可以拖曳透视平面。

（5）如果透视平面的外框和网格是蓝色的，则表示透视平面有效；如果透视平面的外框和网格是红色或黄色的，则表示透视平面无效，移动角节点可将其调整为有效状态。

（6）在添加角节点时，按 BackSpace 键，可以删除上一个节点。

3．创建共享同一透视的其他平面

（1）在"消失点"对话框中创建透视平面后，使用"编辑平面工具" ▶，按住 Ctrl 键，同时拖曳边缘节点，可以创建（拉出）共享同一透视的其他平面，如图 4-7-14 所示。另外，使用"创建平面工具" ▦，拖曳边缘节点，也可以创建（拉出）共享同一透视的其他平面。如果新创建的平面没有与图像正确对齐，则可以使用"编辑平面工具" ▶ 拖曳角节点以调

整平面。调整一个平面将影响所有连接的平面。拉出多个平面可保持平面彼此相关。

可以从初始透视平面中拉出第2个平面，还可以从第2个平面中拉出其他平面，根据需要，可以拉出任意多个平面。这对在各表面之间无缝编辑复杂的几何形状很有用。

（2）新平面将沿原始平面成90°拉出。虽然新平面是以90°拉出的，但可以将这些平面调整到任意角度。在刚创建新平面后，松开鼠标，"角度"数值框变为有效状态，调整"角度"数值框中的数值，可以改变新拉出平面的角度。另外，在使用"编辑平面工具"或"创建平面工具"的情况下，按住Alt键，同时拖曳位于旋转轴相反一侧的中心边缘节点，也可以改变新拉出平面的角度，如图4-7-15所示。

图4-7-13　透视平面　　图4-7-14　共享同一透视的其他平面　　图4-7-15　改变新拉出
平面的角度

除了调整相关透视平面的角度，还可以调整透视平面的大小。按住Shift键，单击各个平面，可以同时选中多个平面。

4．在透视平面内复制粘贴图像

（1）打开要加入透视平面的图像，可以将一幅图像复制到剪贴板内。复制的图像可以来自另一个Photoshop文档。如果要复制文字，则应先选择整个文本图层，然后将其复制到剪贴板上。

（2）创建一个新图层，准备将加入透视平面的图像保存在该图层内，原始图像不会受破坏，这样可以使用图层不透明度控制、样式和混合模式来分别处理。

（3）调出"消失点"对话框，创建透视平面。按Ctrl+V组合键，将剪贴板内的图像粘贴到"消失点"对话框的预览窗口内，如图4-7-16所示。

（4）单击工具箱内的"变换工具"按钮，此时粘贴的图像四周会出现8个控制柄，可以调整图像的大小。拖曳图像到透视平面内，以产生透视效果（是真正的逼真透视），如图4-7-17所示。

图4-7-16　粘贴图像　　　　　图4-7-17　将图像移到透视平面内

187

注意：虽然有两个平面，但是它们属于一个透视平面，因此粘贴的图像会移到这两个平面内，在产生透视效果的同时产生折叠效果。

（5）拖曳透视平面内的图像，图像可以在透视平面内移动，且移动过程中始终保持透视状态。将图像向右下角移动，露出图像的左上角控制柄，向右下角拖曳左上角控制柄，使图像变小，如图4-7-18（a）所示。

（6）将图像向左上方移动，并调小图像，直到图像小于透视平面，如图4-7-18（b）所示。将图像调整的刚好与透视平面完全一样，如图4-7-19所示。

（7）还可以使用"编辑平面工具" 调整透视平面的大小，但是不能够调整透视平面的形状。单击"确定"按钮，关闭"消失点"对话框，回到画布窗口，即可获得在背景图像上添加一幅透视折叠图像的效果，如图4-7-20所示。

（a）

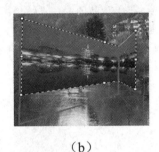
（b）

图4-7-18　调整图像大小和位置

图4-7-19　最终效果

（8）还可以在透视平面内插入其他图像。具体的方法是：将第2幅图像复制到剪贴板内，单击"滤镜"→"消失点"命令，调出"消失点"对话框。按Ctrl+V组合键，将剪贴板内的图像粘贴到"消失点"对话框的预览窗口内，按照上述方法调整图像，结果如图4-7-21所示。

（9）还可以在透视平面内创建矩形选区，如图4-7-22所示。可以看到，创建的选区也具有相同的透视效果。此时，可以对选区进行移动、旋转、缩放、填充和变换等操作。

如果要用其他位置的图像替代选区内的图像，则可以首先在选项栏的"移动模式"下拉列表内选中"目标"选项，将选区移到需要替换图像的位置；然后将"移动模式"下拉列表内的选项改为"源"选项；最后将鼠标指针移到要用来填充选区的图像上。

图4-7-20　背景图像上的透视折叠图像　图4-7-21　插入第2幅图像　图4-7-22　创建矩形选区

或者按住Ctrl键，同时将鼠标指针移到要用来填充选区的图像上。

注意：选区内的图像与鼠标指针所在处的图像一样，如图4-7-23所示。

图4-7-23 替换选区内的图像

如果将选区移出透视平面，则它还具有上述特点。按Ctrl+D组合键，取消选区。在上述操作中，如果出现错误操作，则可按Ctrl+Z键撤销刚进行的操作。

【思考练习】

1．制作一幅"模拟空间"图像，如图4-7-24所示。展厅的地面是黑白相间的大理石；顶部是明灯倒挂；3面墙上有云海的照片，并且两边图像有透视效果。

2．为如图4-7-25所示的房间图像的地面和墙壁贴图。

图4-7-24 "模拟空间"图像

图4-7-25 房间图像

第5章 绘制图像和调整图像

本章将学习6个案例，使读者可以掌握图章、修复，以及渲染、橡皮擦、画笔、形状工具组内工具的使用方法和技巧。另外，还可以初步掌握图像的色阶、曲线、色彩平衡、亮度/对比度、色相/饱和度、反相和色调等的调整方法与操作技巧。

5.1 【案例20】我家可爱的小狗

"我家可爱的小狗"图像是一幅手绘图像，图像中是一只活泼、可爱、栩栩如生的小狗，如图5-1-1所示。本案例不要求绘制得多么逼真，只要求反复练习设置画笔，提高使用"画笔"和"渲染"工具组内工具的熟练程度。

图5-1-1 "我家可爱的小狗"图像

【制作方法】

1. 绘制小狗身体

（1）新建宽为1000像素、高为750像素、模式为RGB颜色、背景为透明的画布。

（2）设置前景色为黑色，即设置绘图颜色为黑色。单击工具箱中的"铅笔工具"按钮，右击画布窗口或单击选项栏内的"画笔预设"下拉按钮，调出"画笔预设"面板。调整笔触大小为1像素，如图5-1-2所示。在画布内绘制一只小狗的大致轮廓图形，如图5-1-3所示。

（3）单击"画笔工具"按钮 ，单击选项栏内的"画笔预设"下拉按钮 ，调出"画笔预设"面板，在其内选择适当大小的笔触。在选项栏内适当调整画笔的不透明度和流量，在画布内绘制小狗身上的黑色斑点，如图5-1-4所示。

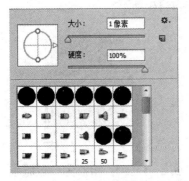

图5-1-2 "画笔预设"面板

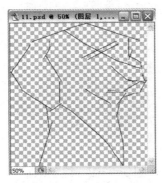

图5-1-3 小狗轮廓

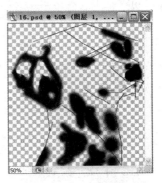

图5-1-4 绘制斑点

（4）设置前景色为白色，使用"画笔工具" ，给小狗绘制一些白色，作为小狗的身躯，如图5-1-5所示。

（5）右击画布窗口，调出"画笔预设"面板，单击该面板右上角的 按钮，调出"画笔预设"面板菜单，选中其内的"描边缩览图"选项，单击"自然画笔"命令，调出一个提示框，单击"追加"按钮，将外部的"自然画笔"笔触追加到当前笔触之后。选中"画笔预设"面板内的"Spray 26 Pixels"（喷射26像素）笔触，如图5-1-6所示，在"大小"数值框内设置大小为30像素。

（6）在其选项栏内适当调整画笔的不透明度和流量，在黑色斑点上多次单击，产生毛茸茸的效果，如图5-1-7所示。至此，小狗身体基本绘制完毕。

图5-1-5 补白色

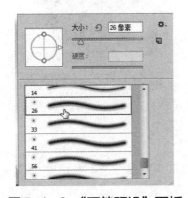

图5-1-6 "画笔预设"面板

图5-1-7 绘制绒毛

2．绘制小狗眼睛

（1）在"图层"面板内新建名称为"图层2"的图层，选中该图层。使用"椭圆选框工具" ，创建一个椭圆选区，并填充黑色。按Ctrl+D组合键，取消选区。

（2）设置前景色为橘黄色，在黑色椭圆图形的下方绘制，依次使用"减淡工具" 和

"加深工具" 涂抹黑色椭圆图形，效果如图5-1-8所示。

（3）使用"铅笔工具" 和"画笔工具" 绘制眼眶。使用"模糊工具" 多次单击眼眶边缘，增加真实效果，如图5-1-9所示。调整眼睛的位置和大小。将"图层2"和"图层1"两个图层合并为"图层1"，继续绘制另一只眼睛，如图5-1-10所示。

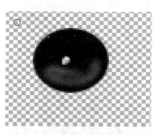

图5-1-8　绘制眼睛　　　　图5-1-9　绘制眼眶　　　　图5-1-10　绘制另一只眼睛

（4）使用"铅笔工具" 绘制小狗的睫毛，使用"模糊工具" 涂抹，效果如图5-1-11所示。使用"画笔工具" 、"模糊工具" 、"减淡工具" 和"加深工具" 绘制小狗的鼻子，如图5-1-12所示。

（5）使用"画笔工具" 和"模糊工具" 加工小狗的细节部分，特别是毛的效果。多次使用"模糊工具" ，单击图像需要模糊处，产生更加逼真的效果。使用"橡皮工具" 将小狗图像的边缘擦除，效果如图5-1-13所示。

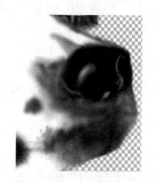

图5-1-11　绘制睫毛　　　　图5-1-12　绘制鼻子　　　　图5-1-13　使用"画笔工具"和
　　　　　　　　　　　　　　　　　　　　　　　　　　　　　　　　"模糊工具"涂抹

3．制作背景图像和文字

（1）将"图层1"的名称改为"小狗"，将该文档以名称"小狗.psd"保存。

（2）打开"背景.jpg"图像，如图5-1-14所示，以名称"我家可爱的小狗.psd"保存。

（3）向下拖曳"小狗.psd"文档的选项卡，使该文档的画布窗口独立。单击"移动工具"按钮 ，按住Ctrl键，单击"图层"面板内"图层1"的缩览图 ，载入选区，选中整个小狗图形。

（4）将选区内的小狗图像拖曳到"我家可爱的小狗.psd"图像中。此时，"图层"面板中会增加一个名称为"图层1"的图层，将该图层的名称改为"小狗"。单击"编辑"→"自由变换"命令，调整小狗图像的大小和位置，按Enter键确认。

（5）输入红色、华文琥珀字体、大小为70点的"我家可爱的小狗"竖排文字，单击"样式"面板内的"蛇皮"图标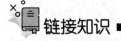，添加图层样式，文字效果如图5-1-1所示。

（6）选中"图层"面板内的"背景"图层，单击"图像"→"调整"→"曲线"命令，调出"曲线"对话框，拖曳其内的斜线，使它成为弯曲的线，如图5-1-15所示。同时可以看到，背景图像的树干、树叶和草变亮了，如图5-1-1所示。

图5-1-14 "背景.jpg"图像

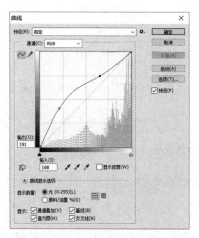

图5-1-15 "曲线"对话框

链接知识

1. "画笔预设"面板的使用

在选中画笔等工具后，单击其选项栏中的"画笔"下拉按钮▾或右击画布窗口内部，调出"画笔预设"面板，如图5-1-2所示。利用该面板可以设置画笔的形状与大小。单击"画笔预设"面板中的一种画笔预设图案，按Enter键，或者双击"画笔预设"面板中的一种画笔预设图案，即可完成画笔预设的设置。单击"画笔预设"面板右上角的 按钮，调出"画笔预设"面板菜单。其中部分命令简介如下。

（1）存储画笔：单击"存储画笔"命令，可以调出"另存为"对话框。利用该对话框，可以将当前"画笔预设"面板内的画笔（文件的扩展名为.ABR）保存到磁盘中。

（2）删除画笔：选中"画笔预设"面板内的一个画笔图案，单击菜单中的"删除画笔"命令，即可将选中的画笔从"画笔预设"面板中删除。

（3）复位画笔：单击"画笔预设"面板菜单内的"复位画笔"命令，可以调出"Adobe Photoshop"提示框，如图5-1-16（a）所示。单击该提示框内的"追加"按钮后，可将默认画笔追加到当前画笔的后边；单击该提示框内的"确定"按钮，可用默认画笔替代当前画笔。

（4）载入画笔：单击"画笔预设"面板菜单中的"载入画笔"命令，会调出"载入"

对话框，利用该对话框，可以将外部画笔文件（文件的扩展名为.ABR）导入当前"画笔预设"面板中，并追加到原画笔的后边。

单击"画笔预设"面板菜单最下面一栏中的一个命令，会调出"Adobe Photoshop"提示框，如图5-1-16（b）所示；单击"追加"按钮后，可将新调入的画笔追加到当前画笔的后边；单击"确定"按钮后，可以用新调入的画笔替代当前画笔。

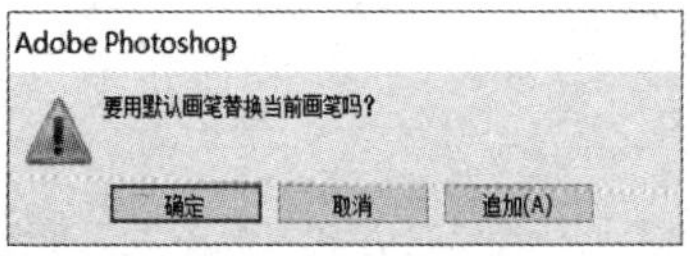

（a）    （b）

图5-1-16 "Adobe Photoshop"提示框

（5）替换画笔：单击"替换画笔"命令，调出"Adobe Photoshop"提示框。单击该对话框中的"取消"按钮，即可调出"载入"对话框，利用该对话框，可以导入扩展名为.ABR的画笔文件，替换"画笔预设"面板内选中的画笔。

（6）重命名画笔：选中"画笔预设"面板内的一个画笔图案，单击菜单中的"重命名画笔"命令，调出"画笔名称"对话框，如图5-1-17所示，在此可以给选定的画笔重命名。

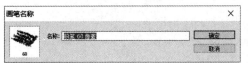

图5-1-17 "画笔名称"对话框

（7）改变"画笔预设"面板的显示方式："画笔预设"面板的显示方式有6种，单击菜单中的"纯文本""小缩览图""描边缩览图"等选项中的一个，可以在各种显示方式之间切换。

2. 画笔工具组内工具的选项栏

画笔工具组内的"画笔工具" 、"铅笔工具" 、"颜色替换工具" 和"混合器画笔工具" 的选项栏分别如图5-1-18～图5-1-21所示。

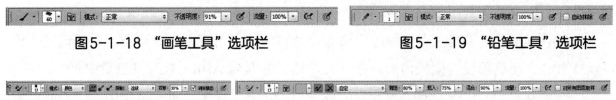

图5-1-18 "画笔工具"选项栏   **图5-1-19 "铅笔工具"选项栏**

图5-1-20 "颜色替换工具"选项栏   **图5-1-21 "混合器画笔工具"选项栏**

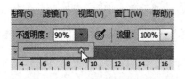

图5-1-22 数值的调整方法

数值框数值的调整方法：如"不透明度"数值框，可以直接在数值框内输入数；拖曳"不透明度"文字；单击数值框右边的下拉按钮，调出一个滑块，拖曳滑块改变数值，如图5-1-22所示。

画笔工具组内4个工具选项栏内部分选项的作用如表5-1-1所示。

表5-1-1 画笔工具组内4个工具选项栏内部分选项的作用

序号	名 称	作 用
1	"模式"下拉列表	用来设置绘画模式
2	"不透明度"数值框	决定绘制图像的不透明程度,其值越大,不透明度越大,透明度越小
3	"流量"数值框	决定绘制图像的笔墨流动速度,其值越大,绘制图像的颜色越深
4	"切换画笔面板"按钮	单击该按钮,可以调出"画笔"面板,利用该面板可以设置画笔笔触的大小和形状等
5	"启用喷枪模式"按钮	单击该按钮后,画笔会变为喷枪,可以喷出色彩
6	"取样"栏	用来设置拖曳时的取样模式,它有3个按钮,简介如下: ① "取样:连续"按钮:在拖曳时,连续对颜色取样; ② "取样:一次"按钮:只在第1次单击时对颜色取样并替换,以后拖曳不再替换颜色。 ③ "取样:背景色板"按钮:取样的颜色为原背景色,只替换与背景色一样的颜色
7	"限制"下拉列表	其内有"连续""不连续""查找边缘"3个选项,简介如下: ① 选择"连续"选项表示替换与鼠标指针处颜色相近的颜色; ② 选择"不连续"选项表示替换出现在任何位置的样本颜色; ③ 选择"查找边缘"选项表示替换包含样本颜色的连续区域,同时能更好地保留形状边缘的锐化程度
8	"容差"数值框	该数值越大,在拖曳涂抹图像时,选择相同区域内的颜色越多
9	"消除锯齿"复选框	当使用颜色替换工具时,选中它后,涂抹时替换颜色后可使边缘过渡平滑
10	"对不透明度使用压力"按钮	始终对"不透明度"使用"压力"。在关闭时,"画笔预设"面板控制压力
11	"对大小使用压力"按钮	始终对"大小"使用"压力"。在关闭时,"画笔预设"面板控制压力
12	"当前画笔载入"下拉列表	在使用"铅笔工具"时,选项栏内会增加"当前画笔载入"下拉列表,它有3个选项,用来载入画笔、清理画笔和只载入纯色。当载入纯色时,它和涂抹的颜色混合,混合效果由"混合"等数值框内的数据决定
13	"每次描边后载入画笔"按钮	按下它后,每次涂抹绘图后,对画笔进行更新
14	"每次描边后清理画笔"按钮	按下它后,每次涂抹绘图后,对画笔进行清理,相当于在实际用绘图笔绘画时,绘完一笔后,将绘图笔在清水中清洗
15	"预设混合画笔组合"下拉列表	用来选择一种预先设置好的混合画笔。在下拉列表中选择一个选项后,其右边的4个数值框内的数值会随之变化
16	"潮湿"数值框	用来设置从画布拾取的油彩量
17	"载入"数值框	用来设置画笔上的油彩量
18	"混合"数值框	用来设置颜色的混合比例
19	"自动抹除"复选框	在使用"铅笔工具"时,选项栏内会增加"自动抹除"复选框,如果选中该复选框,当鼠标指针中心点所在位置的颜色与前景色相同时,则用背景色绘图;当鼠标指针中心点所在位置的颜色与前景色不相同时,则用前景色绘图。如果没选中该复选框,则总用前景色绘图

3. 创建新画笔

（1）使用"画笔"面板创建新画笔：单击"切换画笔面板"按钮或"窗口"→"画笔"命令，调出"画笔"面板，如图5-1-23所示。利用该面板，可以设计各种各样的画笔。单击面板下边的"创建新画笔"按钮，可以调出"画笔名称"对话框，如图5-1-24（a）所示。

在"名称"文本框中输入画笔名称，单击"确定"按钮，即可将刚设计好的画笔加载到"画笔预设"面板中。

（2）利用图像创建新画笔：在图像上创建一个选区，用选区选中要作为画笔的图像。单击"编辑"→"定义画笔预设"命令，调出"画笔名称"对话框，如图5-1-24（b）所示。在"名称"文本框内输入画笔名称。单击"确定"按钮，即可完成创建新画笔的工作。在"画笔预设"面板内的最后边会增加新的画笔图案。定义画笔的选区可以是任何形状的，当没有选区时，也可以将整幅图像定义为画笔。

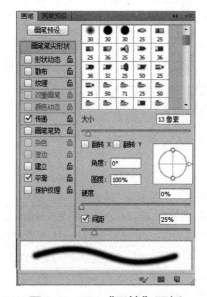

图5-1-23 "画笔"面板

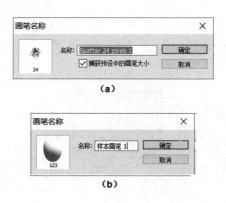

图5-1-24 "画笔名称"对话框

4. 使用画笔组工具中的工具绘图

使用画笔组工具中的工具绘图的方法基本一样，只是使用画笔工具绘制的线条比较柔和；使用铅笔工具绘制的线条硬，像用铅笔绘图一样；使用喷枪工具绘制的线条像喷图一样；使用颜色替换工具绘图只是替换颜色。绘图的一些要领如下。

（1）使用画笔工具和铅笔工具绘图的颜色均为前景色。

（2）设置前景色（绘图色）和画笔类型等，单击画布窗口内部，可以绘制一个点。

（3）在画布中拖曳，可以绘制曲线。

（4）单击起点并不松开鼠标，按住 Shift 键，同时拖曳，可绘制水平或垂直直线。

（5）单击直线起点，按住 Shift 键，单击直线终点，可以绘制直线。

（6）按住 Shift 键，依次单击多边形的各个顶点，可以绘制折线或多边形。

（7）按住 Alt 键，可将画图工具切换到吸管工具（适用于本节介绍的其他工具）。

（8）按住 Ctrl 键，可将画图工具切换到"移动工具" ✛（适用于本节介绍的其他工具）。

（9）如果已经创建了选区，则只可以在选区内绘制图像。

5. 渲染工具组

工具箱内的渲染工具分别放置在两个渲染工具组中，如图5-1-25所示。它们的作用如下。

（1）"模糊工具" ○：用来将图像突出的色彩和锐利的边缘柔化，使图像模糊。"模糊工具"选项栏如图5-1-26所示，其"强度"（也叫压力）数值框是用来调整压力大小的，压力值越大，模糊的作用越大。选中"对所有图层取样"复选框后，在涂抹时，对所有图层的图像取样，否则只对当前图层的图像取样。

图5-1-25　两个渲染工具组　　　　　　图5-1-26　"模糊工具"选项栏

在如图5-1-27所示的"花园"图像的右半部分创建一个矩形选区，单击"模糊工具"按钮 ○，按照图5-1-26进行设置，反复在选区内拖曳，效果如图5-1-28所示。

图5-1-27　"花园"图像　　　　　　　图5-1-28　模糊加工的效果

（2）"锐化工具" △：与"模糊工具" ○ 的作用正好相反，用来将图像相邻颜色的反差加大，使图像的边缘更锐利，其使用方法与"模糊工具" ○ 的使用方法一样。"锐化工具"选项栏如图5-1-29所示，选中"保护细节"复选框后，可以使涂抹后的图像保护细节；选中"对所有图层取样"复选框后，在涂抹时，对所有图层的图像取样，否则只对当前图层的图像取样。将如图5-1-27所示图像的右半部分进行锐化后的效果如图5-1-30所示。

图5-1-29　"锐化工具"选项栏

（3）"涂抹工具" ：可以使图像产生涂抹的效果，将如图5-1-27所示图像的右半部分进行涂抹加工后的效果如图5-1-31所示。如果选中其选项栏的"手指绘画"复选框，则使用前景色进行涂抹，结果如图5-1-32所示。"涂抹工具" 选项栏如图5-1-33所示。

图5-1-30　锐化图像效果　　　　图5-1-31　涂抹图像1　　　　图5-1-32　涂抹图像2

图5-1-33 "涂抹工具"选项栏

（4）"减淡工具" <img>：作用是使图像的亮度提高。"减淡工具"选项栏如图5-1-34所示。其中，前面没有介绍的选项的作用如下。

图5-1-34 "减淡工具"选项栏

- "范围"下拉列表：有3个选项，即"暗调"（对图像暗色区域进行亮化）、"中间调"（对图像中间色调区域进行亮化）、"高光"（对图像高亮度区域进行亮化）。
- "曝光度"数值框：用来设置曝光度，取值为1% ~ 100%。

按照图5-1-34进行设置后，将如图5-1-27所示图像的右半部分减淡后的图像如图5-1-35所示。

（5）"加深工具" <img>：作用是使图像的亮度降低，将如图5-1-27所示图像的右半部分加深后的图像如图5-1-36所示。加深工具选项栏如图5-1-37所示。

图5-1-35 减淡图像

图5-1-36 加深图像

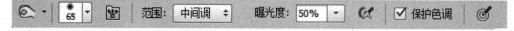

图5-1-37 "加深工具"选项栏

（6）"海绵工具" <img>：作用是使图像的饱和度提高或降低。"海绵工具"选项栏如图5-1-38所示。如果选择"模式"下拉列表中的"降低饱和度"选项，则使图像的饱和度降低；如果选择"模式"下拉列表中的"饱和"选项，则使图像的饱和度提高。

图5-1-38 "海绵工具"选项栏

【思考练习】

1．绘制"家"图像，如图5-1-39 所示。制作一幅"自然"图像，如图5-1-40 所示。

2．绘制一幅"风"图像，如图5-1-41 所示。

3．利用外部画笔（扩展名为.ABR 的画笔文件）绘制一些图形。

图5-1-39 "家"图像　　　　图5-1-40 "自然"图像　　　　图5-1-41 "风"图像

4．绘制如图5-1-42 所示的 3 幅图形。

图5-1-42　几幅图形

5.2 【实例21】鱼鹰和鱼

"鱼鹰和鱼"图像如图5-2-1 所示。制作该图像使用了如图5-2-2 和图5-2-3 所示的"鱼和鱼缸.jpg"图像与"鱼鹰.jpg"图像。

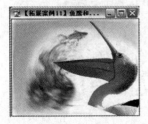

图5-2-1 "鱼鹰和鱼"图像　　图5-2-2 "鱼和鱼缸.jpg"图像　　图5-2-3 "鱼鹰.jpg"图像

【制作方法】

（1）打开如图5-2-2 所示的"鱼和鱼缸.jpg"图像和如图5-2-3 所示的"鱼鹰.jpg"图像。将"鱼和鱼缸.jpg"图像以名称"鱼鹰和鱼.psd"保存。

（2）使用工具箱中的"魔术橡皮擦工具"，设置容差为50 像素，擦除图5-2-3 中的蓝色背景。使用"橡皮擦工具" 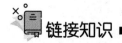 ，将没擦除的蓝色图像擦除，结果如图5-2-4所示。

（3）将图5-2-4中的图像复制到"鱼鹰和鱼.psd"图像中。调整鱼鹰图像的位置、大小和旋转角度，结果如图5-2-5所示。

（4）双击"背景"图层，调出"新建图层"对话框，单击"确定"按钮，将"背景"图层转换成名称为"图层0"的常规图层。

（5）在"图层"面板内新建名称为"图层2"的图层，选中该图层。设置背景色为白色，按Ctrl+Delete组合键，将"图层2"填充为白色，并将"图层2"拖曳到"图层0"的下边。

（6）单击"图层1"左边的眼睛图标 👁 ，将"图层1"隐藏。选中"图层0"，使用"背景橡皮擦工具" ，将该图层内右边的鱼缸擦除，如图5-2-6所示。

图5-2-4　擦除蓝色背景

图5-2-5　调整鱼鹰图像

图5-2-6　擦除鱼缸

（7）单击"历史记录"面板内最后一个"背景色橡皮擦"记录左边的方形选框 ，使方形选框内出现历史记录标记 ，如图5-2-7所示。

（8）单击"滤镜"→"模糊"→"径向模糊"命令，调出"径向模糊"对话框，在"数量"数值框内输入10，选中"旋转"和"好"单选按钮，单击"确定"按钮。单击"图层1"左边的方形选框 ，显示"图层1"。

（9）使用工具箱中的"历史记录画笔" ，多次单击"图层0"上的鱼，最后效果如图5-2-1所示。此时，"图层"面板如图5-2-8所示。

图5-2-7　"历史记录"面板

图5-2-8　"图层"面板

链接知识

1. 橡皮擦工具

使用"橡皮擦工具" 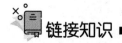 擦除图像，可以理解为用设置的画笔使用背景色为绘图色重新绘图。因此，画笔绘图中采用的一些方法在擦除图像时也可以使用。例如，如果按住Shift键，

同时拖曳，则可沿水平或垂直方向擦除图像。

若选中其选项栏内的"抹到历史记录"复选框，则在擦除图像时，只能够擦除到历史记录处。另外，还可以在此状态下拖曳，将前面擦除的图像还原（可以不进行历史记录设置）。单击"历史记录"面板内相应记录左边的方形选框■，使方形选框内出现历史记录标记⊿，可设置历史记录。

选中"背景"图层，在图像上拖曳，可擦除"背景"图层中的图像，并用背景色（绿色）填充擦除部分，如图5-2-9（a）所示。如果擦除的不是"背景"图层中的图像，则擦除的部分会变透明，如图5-2-9（b）所示。如果图像中有选区，则只能擦除选区内的图像。

（a）　　　　　　　　　　　　　　　　（b）

图5-2-9　用"橡皮擦工具"擦除图像的效果

单击工具箱内的"橡皮擦工具"按钮❀后，其选项栏如图5-2-10所示。利用它可以设置橡皮擦的模式、不透明度等。

图5-2-10　"橡皮擦工具"选项栏

2. 背景橡皮擦工具

"背景橡皮擦工具"❀擦除图像的方法与"橡皮擦工具"❀擦除图像的方法基本一样，只是它在擦除"背景"图层中的图像时，擦除部分呈透明状，不填充任何颜色。"背景橡皮擦工具"选项栏如图5-2-11所示。利用它可以设置橡皮的形状、大小和容差等。

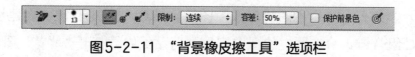

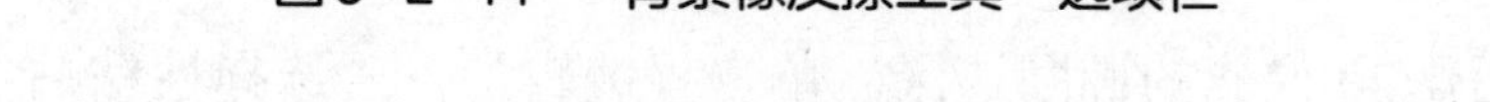

图5-2-11　"背景橡皮擦工具"选项栏

（1）"限制"下拉列表：用来设定擦除当前图层图像的方式。它有3个选项，即"不连续"（只擦除当前图层中与取样颜色相似的颜色）、"临近"（擦除当前图层中与取样颜色相邻的颜色）和"查找边缘"（擦除当前图层中包含取样颜色的相邻区域，以显示清晰的擦除区域边缘）。

（2）"容差"数值框：用来设置系统选择颜色的范围，即颜色取样允许的彩色容差值，其取值是1% ～ 100%。容差值越大，取样和擦除的区域也越大。

（3）"保护前景色"复选框：选中该复选框后，将保护与前景色匹配的区域。

（4）"取样"栏 ：用来设置取样模式。它有3个按钮，即"连续"（在拖曳时，取样颜色会随之变化，背景色也随之变化）、"一次"（单击时进行颜色取样，以后拖曳不再进行颜色取样）和"背景色板"（取样颜色为原背景色，只擦除与背景色相同的颜色）。

3．魔术橡皮擦工具

"魔术橡皮擦工具"  可以智能擦除图像。单击工具箱内的"魔术橡皮擦工具"按钮后，只要单击要擦除的图像处，就可擦除单击点和相邻区域内或整个图像中与单击点颜色相近的所有颜色，其选项栏如图5-2-12所示。

（1）"容差"数值框：用来设置系统选择颜色的范围，即颜色取样允许的彩色容差值。该数值的取值是0 ～ 255。容差值越大，取样和擦除的区域也越大。

图5-2-12　"魔术橡皮擦工具"选项栏

（2）"连续"复选框：选中该复选框后，擦除的是整个图像中与单击点颜色相近的所有颜色，否则擦除的是与单击点相邻的区域。

4．历史记录笔工具组

历史记录笔工具组有历史记录画笔和历史记录艺术画笔两个工具，它们的作用如下。

（1）"历史记录画笔工具" ：应与"历史记录"面板配合使用，可以恢复"历史记录"面板中记录的任何一个过去的状态，其选项栏如图5-2-13所示，其中各选项均在前面介绍过。"流量"数值框中的值越大，拖曳仿制效果越明显。

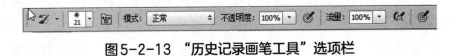

图5-2-13　"历史记录画笔工具"选项栏

例如，打开如图5-2-14所示的"丽人"图像，按Ctrl+A组合键，创建选中全部图像的选区，按Ctrl+C组合键，将选区内的图像拷贝到剪贴板内。打开"鲜花"图像，如图5-2-15所示。创建一个羽化20像素的椭圆选区，单击"编辑"→"选择性粘贴"→"贴入"命令，将剪贴板内的图像贴入羽化的选区内，结果如图5-2-16所示。

单击"历史记录"面板内"椭圆选框"操作名称左边的方形选框 ，使其内出现历史记录标记 ，使用"历史记录画笔工具" ，在贴入图像上拖曳，效果如图5-2-17所示。

（2）"历史记录艺术画笔工具" ：可以与"历史记录"面板配合使用，恢复"历史

记录"面板中记录的任何一个过去的状态；还可以附加特殊的艺术处理效果。"历史记录艺术画笔工具"选项栏如图5-2-18所示。

图5-2-14 "丽人"图像　图5-2-15 "鲜花"图像　图5-2-16 羽化贴入　图5-2-17 部分恢复

图5-2-18 "历史记录艺术画笔工具"选项栏

- "样式"下拉列表：选择不同的样式，可获得不同的恢复效果。
- "区域"数值框：用来设置操作时鼠标指针作用的范围。
- "容差"数值框：该参数的取值是0%～100%，用来设置操作时恢复点间的距离。

【思考练习】

1. 制作一幅"女人花"图像，如图5-2-19所示。它是将如图5-2-20所示的两幅图像放入不同图层中（"丽人"图像在上），并使用"橡皮擦工具"擦除人物以外的图像获得的。

图5-2-19 "女人花"图像　　　图5-2-20 "风景"和"丽人"图像

2. 制作一幅"花园丽人"图像，如图5-2-21所示。它是利用如图5-2-22所示的"花园.jpg"和"丽人.jpg"图像制作而成的。制作该图像主要使用"橡皮擦工具" 。

图5-2-21 "花园丽人"图像　　　图5-2-22 "花园.jpg"和"丽人.jpg"图像

3．绘制"荷塘月色"图像，如图5-2-23所示。绘制"归燕"图像，如图5-2-24所示。

4．制作一幅"草原"图像，如图5-2-25所示。

5．利用提供的画笔文件，绘制一些采用不同画笔绘制的图形。

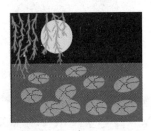

图5-2-23 "荷塘月色"图像　　图5-2-24 "归燕"图像　　图5-2-25 "草原"图像

5.3 【案例22】修复照片

图5-3-1是一幅照片图像，由于船上人很多，主要人物两边有一些其他人物，而且天空中无云。这些均需要进行加工处理。修复后的照片图像如图5-3-2所示。

图5-3-3是一幅受损的"风景"照片图像，图像中很多地方已经被划伤，修复后的照片效果如图5-3-4所示。

图5-3-1 修复前的　　图5-3-2 修复后的　　图5-3-3 "风景"　　图5-3-4 修复后的
　　照片图像　　　　　照片图像　　　　　照片图像　　　　　照片效果

【制作方法】

1．修复如图5-3-1所示的照片图像

（1）打开如图5-3-1所示的照片图像，以"修复照片1.psd"保存。调整图像的宽为460像素、高为340像素。

（2）单击工具箱中的"仿制图章工具"按钮，单击其选项栏中的"画笔"下拉按钮或右击画布窗口内部，调出"画笔预设"面板，设置画笔为尖角50像素画笔，并设置不透明度为100%、流量为100%、不选中"对齐"复选框。

（3）按住Alt键，单击右边人物胳膊左边的水波纹处，获取修复图像的样本，拖曳要修复的右边人物的胳膊处，修除人物胳膊。可以多次取样、拖曳。修复后，可以使用"修复画笔工具" 再次进行修复，使得到的水波纹更自然一些，结果如图 5-3-5 所示。

（4）单击工具箱内的"修补工具"按钮，在其选项栏内选中"源"单选按钮。在左边栏杆和人物头部处拖曳，创建一个比要修复图像稍大的选区，如图 5-3-6（a）所示。拖曳选区内的图像到其右边，用右边的图像替代选区中的图像，如图 5-3-6（b）所示。松开鼠标，按 Ctrl+D 组合键，取消选区，结果如图 5-3-6（c）所示。

图 5-3-5　修除右边人物的胳膊

（5）按照上述方法，使用工具箱中的"仿制图章工具"，将左边的人物修除，如图 5-3-7 所示。将图像放大，使用"吸管工具"和"画笔工具"修复细节。

（6）使用工具箱中的"魔术棒工具"，按住 Shift 键，单击照片背景的白色处，选中所有背景白色。打开一幅"云图"图像，全选该图像，并将它拷贝到剪贴板中。选中"修复照片 1.psd"图像，单击"编辑"→"选择性粘贴"→"贴入"命令，将剪贴板中的图像粘贴到选区中。

（7）单击"编辑"→"自由变换"命令，调整粘贴的云图图像的大小和位置。

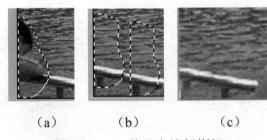

（a）　　　　（b）　　　　（c）

图 5-3-6　修理左边船栏杆

图 5-3-7　修除左边的人物

2. 修复如图 5-3-3 所示的照片图像

（1）打开如图 5-3-3 所示的照片图像，以"修复照片 2.psd"保存。调整图像的宽为 600 像素、高为 450 像素。

（2）使用工具箱中的"修补工具"，选中一块天空中的受损区域，如图 5-3-8 所示。将选区拖曳到希望采样的地方，如图 5-3-9 所示。松开鼠标后，得到如图 5-3-10 所示的效果。按 Ctrl+D 组合键，取消选区。至此，这一块受损区域修复完毕。

图 5-3-8　选中受损区域　　　图 5-3-9　拖曳选区　　　图 5-3-10　松开鼠标后的效果

（3）采用同样的方法，修复天空中其他受损的区域，效果如图 5-3-11 所示。

（4）因为建筑图像上具有清晰的纹理，并且图像具有连贯性，所以用"仿制图章工具"仿制附近的区域进行修复。

（5）单击工具箱中的"仿制图章工具"按钮，在其选项栏内设置画笔为尖角 19 像素画笔，并设置不透明度为100%、流量为100%、不选中"对齐"复选框。在受损区域涂抹，如图 5-3-12 所示。最终效果如图 5-3-4 所示。

图 5-3-11　修复天空中的受损区域　　　图 5-3-12　使用"仿制图章工具"修复建筑上的
受损区域

链接知识

1. 图章工具组

工具箱内的图章工具组有"仿制图章工具"和"图案图章工具"，它们的作用如下。

（1）"仿制图章工具"：可以将图像的一部分复制到同一幅或其他图像中，其选项栏如图 5-3-13 所示，复制图像的方法以及其选项栏内部分选项的作用如下。

图 5-3-13　"仿制图章工具"选项栏

● 打开如图5-3-14所示的"风景"图像，以及如图5-3-15所示的"鲜花"图像。下面将"鲜花"图像的一部分或全部复制到"风景"图像中。

图 5-3-14　"风景"图像　　　　　　　图 5-3-15　"鲜花"图像

注意：打开的两幅图像应具有相同的彩色模式。单击"图像"→"模式"命令，调出"模式"菜单，可以看到当前图像的模式，也可以利用该菜单中的命令改变图像的模式。

● 单击工具箱内的"仿制图章工具"按钮，在其选项栏内进行画笔、模式、流量、不透明度等的设置。选中"对齐"复选框的目的是复制一幅图像。

- 按住 Alt 键，同时单击"鲜花"图像的中间部分（此时鼠标指针变为 ⊕ 状），单击点即复制图像的基准点（采样点）。因为选中了"对齐"复选框，所以系统将以基准点对齐，即使多次复制图像，也只会继续复制一幅图像。

- 选中"风景"图像画布窗口。在"风景"图像内拖曳，即可将"鲜花"图像以基准点为中心复制到"风景"图像中。在拖曳时，采样点处（此处是"鲜花"图像）会有一个十字线随之移动，指示出采样点。

- "对齐"复选框：如果选中该复选框，则即使在复制中多次重新拖曳，也不会重新复制图像，而是继续前面的复制工作，如图5-3-16所示；如果没选中"对齐"复选框，则在重新拖曳时，取样将复位，会重新复制图像，而不是继续前面的复制工作，效果如图5-3-17所示。

- "样本"下拉列表：选择进行取样的图层。

- "打开以在仿制时忽略调整图层"按钮 ：按下该按钮后，不可以对调整图层进行操作。在"样本"下拉列表中选择"当前图层"选项时，此按钮无效。

图5-3-16　复制一幅"鲜花"图像　　　　　图5-3-17　复制多幅"鲜花"图像

（2）"图案图章工具" ：与"仿制图章工具" 的功能基本一样，只是它复制的是图案，其选项栏如图5-3-18所示。使用该工具将"鲜花"图像的一部分复制到"风景"图像中的方法如下。

图5-3-18　"图案图章工具"选项栏

- 在"鲜花"图像中创建一个矩形选区（也可以不创建）。单击"编辑"→"定义图案"命令，调出"图案名称"对话框，如图5-3-19所示，在"名称"文本框内输入"鲜花"。单击"确定"按钮，即可定义一个名为"鲜花"的图案。

- 打开并选中"风景"图像。单击"图案图章工具"按钮 ，在其选项栏内设置画笔、模式、流量、不透明度（此处选择100%）等参数，选中"对齐"复选框，不选中"印象派效果"复选框。在"图案"下拉列表内选择"鲜花"图案。

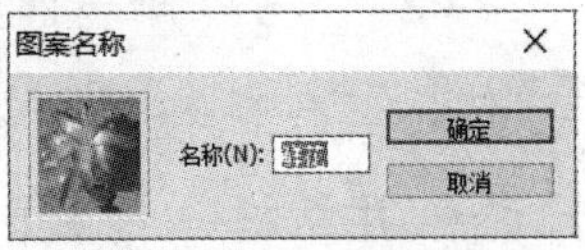

图5-3-19　"图案名称"对话框

● 在"风景"图像内拖曳，可将"鲜花"图案复制到"风景"图像中。如果选中了"对齐"复选框，则在复制中多次重新拖曳时，只是继续前面的复制工作；如果没选中"对齐"复选框，则会重新复制图案，而不是继续前面的复制工作。

2. 修复工具组

工具箱内的修复工具组有4个工具，它们和"仿制图章工具"都是用来修补图像的。"仿制图章工具"只是将采样点附近的像素直接复制到需要的地方。而修复工具可以用其他区域或图案中像素的纹理、光照和阴影来修复选中的区域，使修复后的像素不留痕迹地融入图像。"修复画笔工具"和"污点修复画笔工具"都可以用来修复图像中的污点、划痕等小瑕疵，它们经常配合使用，其中"污点修复画笔工具"更适用于修复有污点的图像。

使用修复工具是一个不断试验和修正的过程。修复工具组中4个工具的作用如下。

（1）"修复画笔工具"：可以将图像的一部分或一个图案复制到同一幅图像的其他位置或其他图像中，而且可以只复制采样区域像素的纹理到涂抹的作用区域，保留工具作用区域的颜色和亮度值，并尽量将作用区域的边缘与周围的像素融合。

注意：在使用"修复画笔工具"时，并不是一个实时过程，只有在停止拖曳时，Photoshop才会处理信息并完成修复。

"修复画笔工具"选项栏如图5-3-20所示，其中"源"栏的作用如下。

图5-3-20　"修复画笔工具"选项栏

"源"栏有两个单选按钮，选择"取样"单选按钮后，需要先取样，再复制；选择"图案"单选按钮后，不需要取样，复制的是选择的图案，其右边的下拉列表会变为有效状态，单击下拉按钮可以调出图案面板，用来选择图案。

在选择了"取样"单选按钮后，使用"修复画笔工具"复制图像的方法和使用"仿制图章工具"复制图像的方法基本相同：都是首先按住 Alt 键，同时选择一个采样点；然后在选项栏中选取一种画笔大小；最后通过拖曳，在要修补的部分涂抹。

（2）"污点修复画笔工具"：使用该工具可以快速移去图像中的污点和不理想的内容。它的工作方式与"修复画笔工具"的工作方式类似：使用图像或图案中的样本像素进行绘画，并将样本像素的纹理、光照、透明度和阴影与所修复的像素相匹配。"污点修复画笔工具"选项栏如图5-3-21所示，其中部分选项的作用如下。

图5-3-21　"污点修复画笔工具"选项栏

- "近似匹配"单选按钮：使用涂抹区域周围的像素查找要用作修补的图像区域。如果此选项的修复效果不好，则可以还原修复，继续尝试选择其他两个单选按钮。
- "创建纹理"单选按钮：使用选区中的所有像素创建一个用于修复该区域的纹理。
- "内容识别"单选按钮：参考涂抹区域周围的像素修复涂抹区域的图像。
- "对所有图层取样"复选框：选中该复选框，可从所有可见图层中对数据取样。

与"修复画笔工具"不同，"污点修复画笔工具"不要求指定样本点，它会自动从所修复区域的周围取样。具体的操作方法是：单击"污点修复画笔工具"按钮，在选项栏中选取一种画笔大小（比要修复的区域稍大的画笔，以做到只需单击一次，即可覆盖整个区域），在"模式"下拉列表中选取混合模式，在要修复的图像处单击或拖曳。

（3）"修补工具"：可以将图像的一部分复制到同一幅图像的其他位置，而且可以只复制采样区域像素的纹理到涂抹的作用区域，保留工具作用区域的颜色和亮度值，并尽量将作用区域的边缘与周围的像素融合。

注意：在修补图像时，通常应尽量选择较小的区域，以获得最佳的效果。"修补工具"选项栏如图5-3-22所示，其中部分选项的作用如下。

图5-3-22 "修补工具"选项栏

- "源"单选按钮：选中该单选按钮后，选区中的内容为要修改的内容。
- "目标"单选按钮：选中该单选按钮后，选区移到的区域中的内容为要修改的内容。
- "透明"复选框：选中该复选框后，取样修复的内容是透明的。
- "使用图案"按钮：在创建选区后，该按钮和其右边的下拉列表将变为有效状态。选择要填充的图案后，单击该按钮，即可将选中的图案填充到选区中。

"修补工具"的使用方法有些特殊，更像打补丁：首先使用该工具或其他选区工具将需要修补的地方定义出一个选区；然后使用"修补工具"，选中选项栏中的"源"单选按钮；最后将选区拖曳到要采样的地方，如图5-3-23所示。

（a）定义选区　　　　　　　（b）拖曳选区　　　　　　　（c）最终效果

图5-3-23 修补工具修复图像的过程1

如果选中修补工具选项栏中的"目标"单选按钮，则先将创建的选区内的图像作为样本，再将选区内的样本图像移到需要修补的地方，即可完成修复，如图5-3-24所示。

　（a）定义选区　　　　　　　　　　　　（b）拖曳选区

图5-3-24　修补工具修复图像的过程2

（4）红眼工具 ：使用该工具可以清除用闪光灯拍摄的人物照片中的红眼，也可以清除用闪光灯拍摄的照片中的白色或绿色反光。具体的操作方法是：先单击"红眼工具"按钮，再单击图像中的红眼处。"红眼工具"选项栏如图5-3-25所示，其中各选项的作用如下。

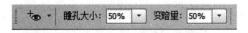

图5-3-25　"红眼工具"选项栏

- "瞳孔大小"数值框：用来设置瞳孔（眼睛暗色的中心）的大小。
- "变暗量"数值框：用来设置瞳孔的暗度。

【思考练习】

1．修复如图5-3-26（a）所示的"旧画像.jpg"图像，修复后的图像如图5-3-26（b）所示。

2．对如图5-3-27所示的一幅有红眼的照片图像进行修复。

　（a）　　　　（b）

图5-3-26　修复前后的照片图像　　　　**图5-3-27　有红眼的照片**

5.4 【案例23】中华旅游

"中华旅游"图像如图5-4-1所示。它的背景是"九寨沟"图像，如图5-4-2所示。图像中有故宫、长城、庐山、苏州园林、颐和园、布达拉宫和兵马俑图像，这些图像均有白色外框；有文字指明旅游胜地的名称和红色对钩；中间有环绕的绿色箭头；上方和右方有一些文字。

图5-4-1 “中华旅游”图像

图5-4-2 “九寨沟”图像

【制作方法】

1. 制作背景

（1）打开“九寨沟”图像，如图5-4-2所示，调整该图像的宽为1000像素、高为760像素。双击“背景”图层，调出“新建图层”对话框，单击“确定”按钮，将背景图层转换成名称为“图层0”的常规图层，并将该图层的名称改为“九寨沟”。将该图像以名称“中华旅游.psd”保存。

（2）打开“故宫.jpg”图像，使用“移动工具”拖曳该图像到“中华旅游.psd”图像中，并将“图层”面板中的“图层1”的名称改为“故宫”。

（3）选中“图层”面板内的“故宫”图层，单击“编辑”→“自由变换”命令，调整该图像的大小和位置，按Enter键确定。

（4）按住Ctrl键，单击“图层”面板内的“故宫”图层的预览图标，创建选中“故宫”图像的选区。单击“编辑”→“描边”命令，调出“描边”对话框。在该对话框中设置描边宽度为4像素，颜色为白色，选中“居外”单选按钮，单击“确定”按钮，给选区描边。

（5）按照上述方法，分别将“长城”“庐山”“苏州园林”“布达拉宫”“兵马俑”“颐和园”图像拖曳到“中华旅游.psd”图像内的不同位置，在“图层”面板内会生成一些图层，将这些图层的名称进行更改，并调整好它们的位置和大小，效果如图5-4-1所示。

（6）按照上述方法，给这些图像描4像素的白色边框。

2. 制作箭头图形

（1）新建一个宽为400像素、高为300像素、模式为RGB颜色、背景为白色的文档。创建两条参考线，并将该文档以名称“标志.psd”保存。

（2）单击工具箱中的“自定形状工具”按钮，在选项栏的“选择工具模式”下拉列表内选择“路径”选项，在“形状”下拉列表中选择➡，在画布上拖曳出如图5-4-3所示的箭头。此时，“路径”面板内会自动增加一个名称为“工作路径”的路径层。

（3）使用“直接选择工具”，选中箭头图形，水平拖曳箭头图形的控制柄，可以调整箭头图形的位置。按住 Ctrl 键，单击"路径"面板中的"工作路径"层缩览图，即可将路径转换成相应的选区。

（4）新建一个名称为"图层 1"的图层。将前景色设为淡绿色（R=25、G=123、B=48），按 Alt+Delete 组合键，给该图层的选区填充前景色，如图 5-4-4 所示。将"图层 1"复制一个名称为"图层 1 副本"的图层。隐藏"图层 1"并选中"图层 1 副本"。使用"矩形选框工具" [_]，在画布中拖曳出一个矩形选区，按 Delete 键，将选区内的图像删除，如图 5-4-5 所示。按 Ctrl+D 组合键，取消选区。

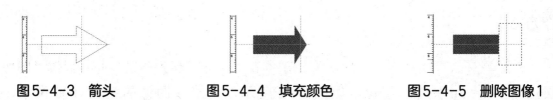

图5-4-3　箭头　　　　　图5-4-4　填充颜色　　　　　图5-4-5　删除图像1

（5）单击"编辑"→"自由变换"命令，拖曳调整图像的控制柄，把图像拉长一些，在其选项栏的"设置旋转"数值框中，将角度调整为-60°。按 Enter 键确定，效果如图 5-4-6 所示。

（6）显示"图层 1"，调整"图层 1"内的图像顺时针旋转 60°，结果如图 5-4-7 所示。选中"图层 1 副本"，按 Ctrl+E 组合键，使该图层和"图层 1"合并。

（7）使用工具箱内的"矩形选框工具" [_]，在画布中创建一个矩形选区，按 Delete 键，将选区内的图像删除，如图 5-4-8 所示。按 Ctrl+D 组合键，取消选区。

（8）选中"图层 1"，单击"编辑"→"自由变换"命令，进入自由变换调整状态，把中心控制点拖曳到如图 5-4-9 所示的位置上，将角度调整为 120°，按 Enter 键确定。

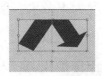

图5-4-6　调整角度　　图5-4-7　调整图像1　　图5-4-8　删除图像2　　图5-4-9　调整图像2

（9）两次按 Ctrl+Shift+Alt+T 组合键，旋转并复制图像，效果如图 5-4-10 所示。选中"图层 1 副本 2"图层，按 Ctrl+E 组合键，重复两次，把所有图像合并到"图层 1"中。将"图层 1"更名为"标志"，将当前图层的不透明度改为 85%，并为其加上"斜面和浮雕"与"投影"的图层样式，效果如图 5-4-11 所示。

（10）使用"移动工具" ✛，将如图 5-4-11 所示的图像拖曳到"中华旅游.psd"图像上，调整其位置和大小，并将该图像所在图层的名称改为"标志"。

3．添加文字

（1）按照图 5-4-1 输入相应的文字，添加"投影"图层样式效果。

（2）制作红对钩图像，其方法与制作箭头的方法基本一样，只是在"形状"下拉列表中选择✔，在画布内创建路径，将其转换成选区，并填充红色。这些由读者自行完成。

（3）在"图层"面板中，将所有文字图层移到最上边，选中最上边的文字图层，按住Shift键，单击最下边的文字图层，选中所有文字图层。右击选中的图层，调出其快捷菜单，单击其中的"蓝色"选项，给选中的所有图层着蓝色。

（4）单击"图层"面板内的"创建新组"按钮▣，在选中的文字图层上创建一个新组，双击该新组的名称，进入组名的编辑状态，将名称改为"文字"。拖曳选中的文字图层，将其移到"文字"组中，并将这些选中的文字图层向右缩进，成为"文字"组内的图层。单击"文字"组左边的图标▾，使"文字"组收缩。

（5）按照上述方法制作"对钩"组，用来保存所有对钩图形的图层；制作"图像"组，用来保存所有图像的图层。最后的"图层"面板如图5-4-12所示。

图5-4-10　旋转并复制图像　　　图5-4-11　标志　　　图5-4-12　最后的"图层"面板

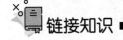 链接知识

1．形状工具组中工具的特点

单击工具箱内的形状工具组的绘图工具按钮，调出该工具组内的所有绘图工具，利用这些工具，可以绘制直线、曲线、矩形、圆角矩形、椭圆、多边形和自定形状的形状图形、路径和像素图像。不管选中哪个工具，其选项栏内的一些按钮和选项都基本一样。

（1）"选择工具模式"下拉列表 形状 ：用来进行绘图模式的切换，其内有3个选项，分别是"形状""路径""像素"。选择不同的选项，其选项栏会有较大的变化。

（2）"填充和描边"栏 填充: 描边: 3点 ：只有在"选择工具模式"下拉列表中选中"形状"选项，即进入"形状"绘图模式时，它才在选项栏左边的第3栏内出现，其内有"填充"下拉按钮、"描边"按钮、"设置形状描边宽度"数值框和"设置形状描边样式"下拉按钮。这些选项用来设置形状图像填充和描边的颜色或图案。

（3）"宽度和高度"栏 W: 0像素 H: 0像素 ：只有在"选择工具模式"列表框内选中"形状"选项后才有该栏，其内有"W"和"H"两个数值框，它们中间有"链接形状的宽度和高度"按

钮 。单击该按钮后，在"W"或"H"的其中一个数值框中输入数值，另一个数值框内的数值会随之改变，以保证原 W 和 H 数值的比例不变；如果"链接形状的宽度和高度"按钮 呈抬起状态，则需要分别在"W"和"H"数值框内输入数值，此时原 W 和 H 数值的比例可以改变。

（4）"路径"栏 ：只有在"选择工具模式"下拉列表内选中"形状"或"路径"选项后才有该栏，其内有 3 个按钮，单击各按钮会调出相应的菜单，选中不同的菜单选项，可以进行不同的形状和路径的合并、相减、相加、相交重叠等操作，以及形状路径对齐、上下层次调整的操作。

- "路径操作"按钮 ：单击该按钮 ，可以调出"路径操作"菜单，如图5-4-13所示。该菜单内各选项的作用将在下边集中介绍。

- "路径对齐方式"按钮 ：单击该按钮，可以调出"路径对齐方式"菜单，如图5-4-14所示。利用该菜单中的选项，可以将同一形状图层内的多幅选中的形状图形对齐。如果选中"对齐到选区"选项，则以选中的所有形状图形的区域为标准对齐；如果选中"对齐到画布"选项，则以画布为标准对齐。

- "路径排列方式"按钮 ：单击该按钮，可以调出"路径排列方式"菜单，如图5-4-15所示。利用该菜单中的选项，可以将同一形状图层内的一幅选中的形状图形的上下层次进行调整。

（5）"几何选项"按钮 ：单击该按钮，可以调出"几何选项"菜单。在"选择工具模式"下拉列表内选择不同的形状工具，"几何选项"菜单中的内容会不同。

图5-4-13 "路径操作"
菜单

图5-4-14 "路径对齐方式"
菜单

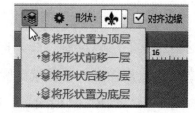

图5-4-15 "路径排列方式"
菜单

（6）"对齐边缘"复选框：选中该复选框后，绘制的图形和路径（如矩形或圆角矩形等）的边缘会对齐像素边界。

（7）"消除锯齿"复选框：只有在"选择工具模式"下拉列表内选中"像素"选项后才有该复选框。选中该复选框后，在绘制像素图像时，可以尽量消除图像边缘可能出现的锯齿，使图像边缘更平滑。

2."选择工具模式"复选框

单击形状工具选项栏内的"选择工具模式"下拉列表，会调出它的列表，选中不同选项后，会进入不同的绘图模式，选项栏会发生相应的变化。

（1）"形状"选项：选择"形状"选项后的"自定形状工具"选项栏如图5-4-16所示，进入形状绘图状态。在绘制形状图形时，会自动填充选项栏中设置的填充色，如图5-4-17所示。每绘制一幅形状图形，就会增加一个形状图层，如图5-4-18所示，同时会在"路径"面板内创建一个"形状路径"层，如图5-4-19所示。绘制的形状图形不可以用油漆桶工具填充颜色和图案。

图5-4-16 "自定形状工具"选项栏（选择"形状"选项）

  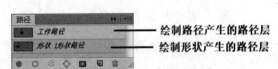

图5-4-17 绘制的 　　图5-4-18 "图层"面板 　　图5-4-19 "路径"面板
　 形状图形

（2）"路径"选项：选择"路径"选项后的"自定形状工具"选项栏如图5-4-20所示，进入路径绘制状态。在此状态下，绘制的是路径，不填充颜色，如图5-4-21所示。每绘制一个路径，就会在"路径"面板内增加一个"工作路径"层。绘制的路径不可以用油漆桶工具填充颜色和图案。

图5-4-20 "自定形状工具"选项栏（选择"路径"选项）

（3）"像素"选项：选择"像素"选项后的"自定形状工具"选项栏如图5-4-22所示，进入像素图像绘制状态。在此状态下，绘制的是像素图像，填充前景色，绘制的图像由像素组成，属于点阵图像，如图5-4-23所示。该图像可以用油漆桶工具填充颜色或图案，而且绘制图像是在当前图层中进行的，不会自动增加图层。

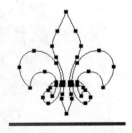

图5-4-21 绘制的
　路径

注意：选择"像素"选项后，选项栏的右起第2栏内的3个按钮通常是无效的。

图5-4-22 "自定形状工具"选项栏（选择"像素"选项）

3.填充和描边

图5-4-23 绘制
的像素图像

"填充和描边"栏只有在"选择工具模式"下拉列表中选中"形状"选项，即进入形状绘图模式时，才在选项栏左边第3栏内出现。在该绘图模式下，可以在画布内绘制各种形状图形。"填充和描边"栏有"填充"下拉按钮、"描边"按钮、"设置形状描边宽度"数值框和"设置形状描边样式"下拉按钮。它们的作用简介如下。

（1）"填充"下拉按钮 填充：□：在选择形状绘图模式后，单击该按钮，可以调出"填充"面板，如图5-4-24所示。其中各选项的作用如下。

- "无颜色"按钮 ⊘：单击该按钮，会使形状图形只有轮廓线，不填充颜色。

- "纯色"按钮 ■：单击该按钮，面板如图5-4-24所示，单击一个色块，即可使形状图形内填充相应的颜色。

- "渐变"按钮 ■：单击该按钮，"填充"面板如图5-4-25所示，单击"渐变"列表框内的一个渐变色图样，即可给形状图形填充该渐变色。关于"渐变"列表框中各选项的使用方法，可参看2.4节中的有关内容。

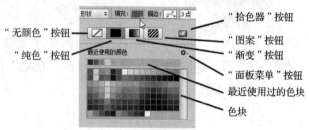

图5-4-24 "填充"面板（纯色）

- "图案"按钮 ▨：单击该按钮，"填充"面板如图5-4-26所示，单击其内的一个图案，即可给形状图形填充该图案。选择图形或图像，单击"编辑"→"定义图案"命令，可以调出"案例名称"对话框，利用该对话框可以创建一个图案。

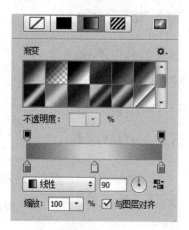

图5-4-25 "填充"面板（渐变填充）

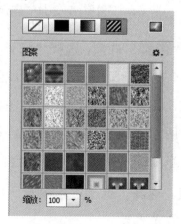

图5-4-26 "填充"面板（图案填充）

- "拾色器"按钮 ▨：单击该按钮，可以调出"拾色器"对话框，如图5-4-27所示。

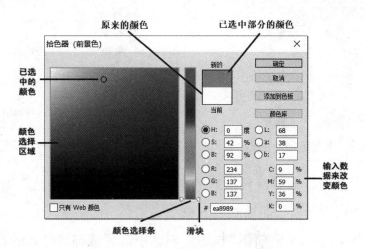

图5-4-27 "拾色器"对话框

　　在"拾色器"对话框内，右边有4个不同组合（如R、G、B）的数值框，在其内输入数据，可以选中与该组数据相对应的一种颜色；也可以在"#"数值框内输入十六进制数来表示一种颜色；还可以拖曳颜色选择条两边的滑块初步选择颜色，并在颜色选择区域内选中一种颜色。

　　（2）"描边"按钮 描边：▱：在选择形状绘图模式后，单击该按钮，可以调出"描边"面板，与图5-4-24一样，使用方法也一样。

　　（3）"设置形状描边宽度"数值框 3点　▾：在其内可以输入数字，也可以单击它，调出一个滑槽和滑块 ▱ ，拖曳滑块可以改变数字，从而调整形状描边的宽度。

　　（4）"设置形状描边样式"下拉按钮 ──▾：单击该下拉按钮，可以调出"描边选项"面板，如图5-4-28所示。在其内的列表框中，可以选中一种描边类型。

　　单击"更多选项"按钮，可以调出"描边"对话框，如图5-4-29所示。利用该对话框，可以设置一种预设的描边样式，其内选项的作用简介如下。

- 该对话框内有"对齐""端点""角点"3个下拉列表，其内各有3个示意图形和中文名称，可以帮助了解每个选项的含义。在如图5-4-28所示的"描边选项"面板内，也有这3个下拉列表，但是选项中没有中文名称。将鼠标指针移到这3个下拉列表上，稍等片刻也可以显示各个下拉列表的含义。

- "预设"下拉列表中给出了多种预设的描边样式，单击其中一种图形，即可选中该描边样式。单击其中的"删除当前预设"命令，即可将"预设"下拉列表中的当前预设的描边样式删除。

- 选中"虚线"复选框，它下边的6个数值框会变为有效状态，两个数值框为一组，用来定义一段虚线的长度及其与下一段虚线的间隔。

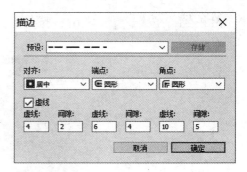

图5-4-28 "描边选项"面板   图5-4-29 "描边"对话框

- 单击"存储"按钮，即可将设置好的描边样式保存到"描边"对话框的"预设"下拉列表中和"描边选项"面板的列表框中。
- 单击"确定"按钮，即可关闭"描边"对话框，完成描边样式的设置。

4．形状路径操作

单击"路径操作"按钮，可以调出"路径操作"菜单，如图5-4-13所示。该菜单内各选项的作用简介如下。

（1）"新建图层"选项：选中该选项后，绘制一个形状图形（如箭头图形），如图5-4-30所示。此时，会创建一个新形状图层。新形状图形的填充和描边样式不会影响原形状图形的填充和描边样式。

（2）"合并形状"选项：该选项只有在已经绘制了一个形状图形并创建了一个形状图层后才有效。选中该选项后，绘制的新形状图形与原形状图形相加成一个新形状图形，而且新形状图形采用的填充和描边样式会影响原来形状图形的填充和描边样式，如图5-4-31所示。此时不会创建新的形状图层。

在选择"新建图层"选项的情况下，可以按住Shift键，拖曳绘制出一个新形状图形，也可以使创建的新形状图形与原来的形状图形相加成一个新的形状图形。

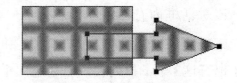

图5-4-30 新建形状图形   图5-4-31 形状图形相加

（3）"减去顶层形状"选项：该选项只有在已经绘制了一个形状图形并创建了一个形状图层后才有效。选中该选项后，绘制的新形状图形与原形状图形相减成一个新形状图形，新形状图形是将原来形状图形减去它与刚绘制的形状图形重合的部分，如图5-4-32（a）所示。单击工具箱内的其他工具，不显示路径，只显示形状图形，如图5-4-32（b）所示。

此时不会创建新图层。在选择"新建图层"选项的情况下，按住Alt键，拖曳出一个新形状图形，也可以使创建的新形状图形将与原来形状图形重合部分相减，得到一个新形状图形。

（a） （b）

图5-4-32 形状图形相减

（4）"与形状区域相交"选项◨：该选项只有在已经绘制了一个形状图形并创建了一个形状图层后才有效。选中该选项后，可以只保留新形状图形与原来形状图形重合的部分图形，得到一个新形状图形，而且不会创建新图层。例如，两矩形形状图形重合部分的新形状图形如图5-4-33（a）所示。

由于在绘制完形状图形后不会创建新图层，所以新形状图形和原形状图形在同一个形状图层内。

在选择"新建图层"选项的情况下，按住Shift+Alt组合键，拖曳出一个新形状图形，也可以只保留新形状图形与原形状图形重合的部分，得到一个新形状图形。

（5）"排除重叠形状"选项◨：该选项只有在已经绘制了一个形状图形并创建了一个形状图层后才有效。选中该选项后，可以清除新形状图形与原形状图形重合的部分，保留不重合部分的新形状图形与原形状图形，而且不会创建新图层。

例如，创建一个矩形形状图形与另一个矩形形状图形不重合部分的新形状图形，如图5-4-33（b）所示。

（6）"合并形状组件"选项◨：在同一个图层中绘制两幅或多幅形状图形。例如，可以先绘制一幅形状图形，再选中"合并形状组件"选项◨，然后绘制另一幅形状图形，两幅形状图形没有重叠部分，可以保证在同一个图层中绘制两幅图形，如图5-4-34所示。此时，使用工具箱内的"路径选择工具"▶，若单击其中一幅形状图形，则只能选中该形状图形，拖曳时也只能移动选中的形状图形。

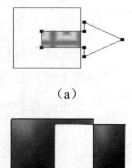

（a）

（b）

图5-4-33 形状图形相交和重叠

使用工具箱内的"路径选择工具"▶，单击其中一幅形状图形。此时，"路径操作"菜单中的"合并形状组件"选项变为有效状态。选中该选项，即可调出一个"Adobe Photoshop CC"提示框，如图5-4-35所示。单击"是"按钮，即可将同一图层中的两幅形状图形合并成一个形状组件。此时单击其中一个形状图形，即可选中该形状组件中的所有形状图形，如图5-4-36所示。拖曳时也可以移动选中的形状组件中的所有形状图形。

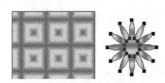
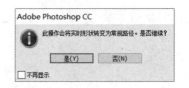
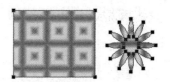

图5-4-34　两幅形状图形　图5-4-35　"Adobe Photoshop CC"　图5-4-36　合并形状
　　　　　　　　　　　　　　　　提示框　　　　　　　　　　　　组件

5．直线工具

单击工具箱内的"直线工具"按钮＼，在其选项栏的"选择工具模式"下拉列表内选择不同的选项，选项栏的内容会有一些不同，如图5-4-37所示。它增加了一个"粗细"数值框，其他与使用"自定形状工具" ✿ 等工具时的选项栏基本一样。按住Shift键并拖曳，可以绘制45°整数倍的直线。

图5-4-37　"直线工具"选项栏

（1）"粗细"数值框：输入数值，设置直线粗细，单位是像素。

（2）"几何选项"按钮：单击该按钮，会调出"箭头"面板，如图5-4-38所示。利用该面板，可以设置箭头的各种属性，读者可以自己试一试。图5-4-39给出了绘制的各种箭头。该面板内各选项的作用如下。

● "起点"复选框：选中它后，直线的起点有箭头。

● "终点"复选框：选中它后，直线的终点有箭头。

● "宽度"数值框：设置箭头相对于直线宽度的百分数，取值为10%～1000%。

● "长度"数值框：设置箭头相对于直线长度的百分数，取值为10%～5000%。

● "凹度"数值框：设置箭头头尾相对于直线长度的百分数，取值为-50%～+50%。

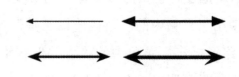

图5-4-38　"箭头"面板　　　　　　　图5-4-39　绘制的各种箭头

6．矩形工具

单击工具箱内的"矩形工具"按钮▣，在其选项栏的"选择工具模式"下拉列表内选择不同的选项，选项栏的内容会有一些不同，如图5-4-40所示。进行工具的属性设置后，即可在画布窗口内拖曳绘出矩形。按住Shift键并拖曳，可以绘制正方形。

单击"几何选项"按钮，会调出"矩形选项"面板，如图5-4-41所示。利用该面板，可以设置矩形的各种属性。设置完后，在画布内绘制一幅矩形形状图形，此时的"属性"面板如图5-4-42所示。可以看出，其内集合了前面介绍过的选项栏内的一些相关选项。

图5-4-40 "矩形工具"选项栏

在"属性"面板中，将鼠标指针移到各选项上，稍等片刻，即可显示该选项的名称，从而了解该选项的作用。将鼠标指针移到下面4个数值框旁边的图标上，当鼠标指针呈双箭头状时水平拖曳，可以调整相应数值框内的数值。

"矩形选项"面板内各选项的作用简介如下。

（1）"不受约束"单选按钮：选中该单选按钮后，在画布内拖曳，可以不受约束地绘制任意长宽比、任意大小的形状图形（或路径、像素图像）。单击画布，可以调出"创建矩形"对话框，如图5-4-43所示。该对话框内各选项的作用简介如下。单击"确定"按钮，可完成设置。

- "宽度"和"高度"数值框：在两个数值框内输入数值，可以自定义图形的宽度和高度。

图5-4-41 "矩形选项"面板

图5-4-42 "属性"面板

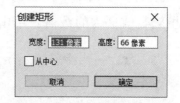

图5-4-43 "创建矩形"对话框

- "从中心"复选框：如果选中该复选框，则在画布内拖曳绘图时，图形以单击点为中心向四周扩展绘出形状图形（或路径、像素图像）；如果没选中该复选框，则在画布内拖曳绘图时，以单击点为图形的左上角并以此为起始点向拖曳的方向扩展绘出图形。

（2）"方形"单选按钮：选中该单选按钮后，在画布内拖曳，可以绘制一幅任意大小的正方形形状图形。

（3）"固定大小"单选按钮：在其右边的"W"和"H"数值框中输入宽度和高度数值，以该数值绘制形状图形（或路径、像素图像）。

（4）"比例"单选按钮：选中该单选按钮后，在画布内拖曳，可以按照定义的宽高比例绘制形状图形（或路径、像素图像）。

（5）"从中心"复选框：该复选框的作用与"创建矩形"对话框中的"从中心"复选框的作用一样。

7．圆角矩形、椭圆和多边形工具

（1）"圆角矩形工具"：单击"圆角矩形工具"按钮 ▇ 后，可以在画布内绘制圆角矩形，其选项栏（在形状图形绘制模式下）如图5-4-44所示，其中增加了一个"半径"数值框，其他选项的使用方法与"矩形工具"选项栏中各选项的使用方法基本一样。在路径模式和像素模式下，该选项栏会有上边介绍过的变化。

图5-4-44　"圆角矩形工具"选项栏

- "半径"数值框：该数值框内的数据决定了圆角矩形的圆角半径，单位是像素。
- "几何选项"按钮：单击该按钮，会调出"圆角矩形选项"面板，如图5-4-45所示。利用该面板，可以调整圆角矩形的一些属性。设置完后，在画布内绘制一幅矩形形状图形，此时的"属性"面板和图5-4-42基本一样。"圆角矩形选项"面板内各选项的作用和前面介绍的一样。

选中"不受约束"单选按钮后，单击画布，可以调出"创建圆角矩形"对话框，如图5-4-46所示。该对话框的"半径"栏中的4个数值框用来设置圆角矩形4个角的圆弧半径，将鼠标指针移到这4个数值框旁边的图标上，当鼠标指针呈双箭头状时水平拖曳，可以调整相应数值框内的数值。单击"确定"按钮，关闭该对话框，完成设置。

图5-4-45　"圆角矩形选项"面板

图5-4-46　"创建圆角矩形"对话框

（2）"椭圆工具"：单击"椭圆工具"按钮 ▬ 后，即可在画布内绘制椭圆和圆形图像。

"椭圆工具" ⬭ 的使用方法与"矩形工具"的使用方法基本一样。单击"几何选项"按钮，会调出"椭圆选项"面板，如图5-4-47所示。利用该面板可以调整椭圆的一些属性。"椭圆工具"选项栏与"矩形工具"选项栏基本一样。

选中"不受约束"单选按钮后，单击画布，可以调出"创建椭圆"对话框，如图5-4-48所示（其中的选项前面都介绍过）。单击"确定"按钮，关闭该对话框，完成设置。

图5-4-47 "椭圆选项"面板

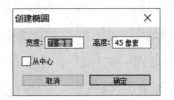

图5-4-48 "创建椭圆"对话框

（3）"多边形工具"：单击"多边形工具"按钮 ⬡ 后，即可在画布内绘制多边形图像。"多边形工具"选项栏如图5-4-49所示。它增加了一个"边"数值框。其他选项与"矩形工具"选项栏中的选项基本一样，它们的使用方法也一样。

图5-4-49 "多边形工具"选项栏

- "边"数值框：该数值框内的数据决定了多边形的边数。
- "几何选项"按钮：单击该按钮，会调出"多边形选项"面板，如图5-4-50所示。利用该面板，可以调整多边形的一些属性。设置完后，在画布内绘制一幅多边形形状图形，此时的"属性"面板和图5-4-40基本一样。"多边形选项"面板内各选项的作用和前面介绍的一样。

"创建多边形"对话框如图5-4-51所示。

图5-4-50 "多边形选项"面板

图5-4-51 "创建多边形"对话框

8．自定形状工具

单击"自定形状工具"按钮 ⬩ 后，可以在画布内绘制自定形状的图像。它的选项栏如图5-4-16、图5-4-20和图5-4-22所示，它增加了一个"形状"下拉按钮。

（1）“形状”下拉按钮：单击该下拉按钮，可以调出“形状”面板，如图5-4-52所示。右击画布，也可以调出“形状”面板。单击列表框内的形状样式，即可选中要绘制的形状图形。

（2）“几何选项”按钮：单击该按钮，可以调出“几何选项”面板，如图5-4-53所示。

- “不受约束”单选按钮：选中该单选按钮后，在画布内拖曳，可以不受约束地绘制任意长宽比、任意大小的形状图形（或路径、像素图像）。单击画布，可以调出“创建自定形状”对话框，如图5-4-54所示。

在对话框内，如果选中“保留比例”复选框，则在画布内拖曳绘图时，图形以“宽度”和“高度”数值框中自定义的宽高比绘制出形状图形；如果没选中该复选框，则在画布内拖曳绘图时，可以不受宽高比限制，自由绘制图形。

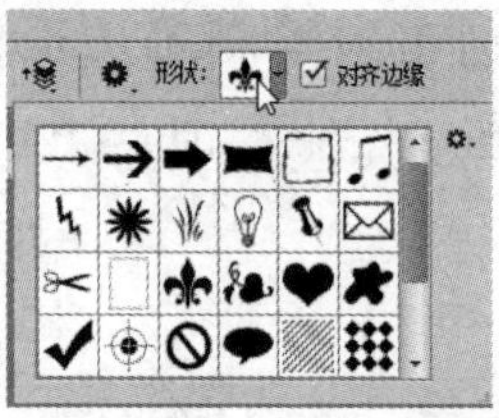

图5-4-52　“形状”面板

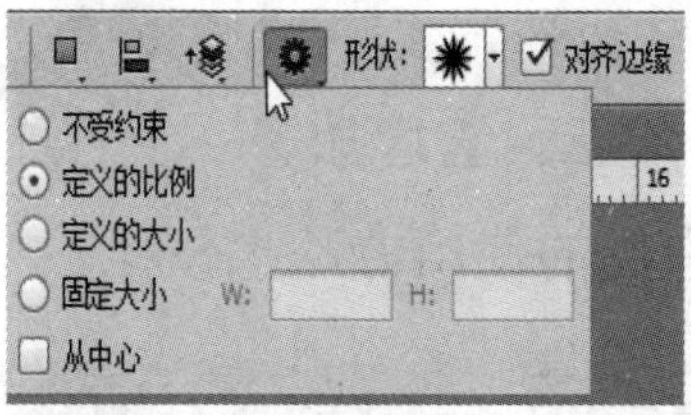

图5-4-53　“几何选项”面板

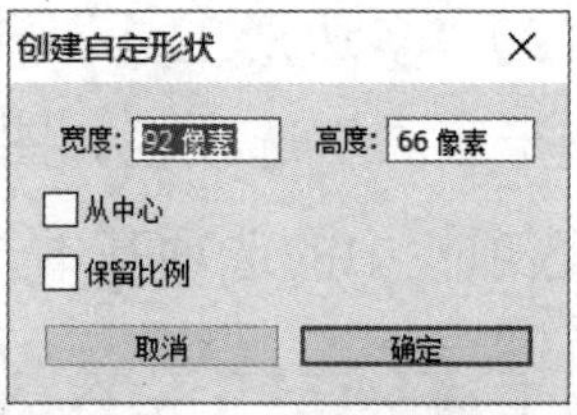

图5-4-54　“创建自定形状”对话框

- “定义的比例”单选按钮：选中该单选按钮后，在画布内拖曳，可以按照定义的宽高比例绘制形状图形（或路径、像素图像）。
- “定义的大小”单选按钮：选中该单选按钮后，在画布内拖曳，可以按照定义的宽度值和高度值绘制形状图形（或路径、像素图像）。

（3）单击“形状”面板中列表框右侧的“面板菜单”按钮，调出其面板菜单，该菜单共分5栏，如图5-4-55所示。第1栏有2个命令，分别用来给选中的形状样本重命名和删除选中的形状样本；第2栏有5个命令，用来选择形状样本的显示方式；第3栏有“预设管理器”命令，单击该命令，调出“预设管理器”对话框，用来管理各种类型的预设；第4栏有4个命令，用来对面板中的形状样本进行复位、载入、存储和替换操作；第5栏有18个命令，用来导入外部各种类型的形状样本。

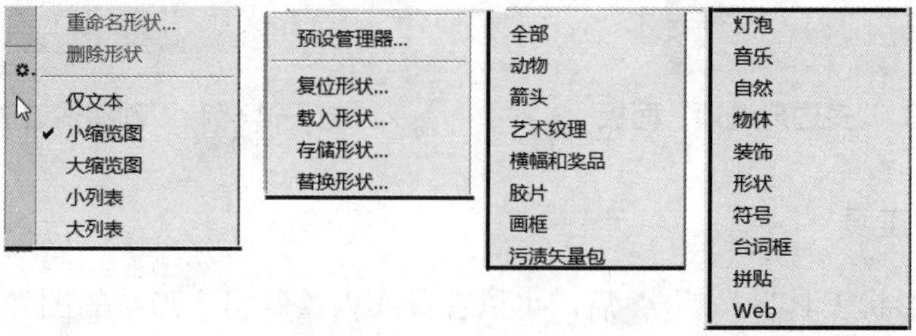

图5-4-55　面板菜单

单击第 5 栏中的一个命令，会调出一个"Adobe Photoshop"提示框，如图 5-4-56 所示。单击"追加"按钮，可将选中的类型形状追加到"形状"面板的列表框中的最后；单击"确定"按钮，可将选中的类型形状添加到"形状"面板的列表框内，替换原形状。

（4）单击"编辑"→"定义自定形状"命令，调出"形状名称"对话框，如图 5-4-57 所示。在"名称"文本框内输入新的名称，单击"确定"按钮，即可将刚刚绘制的图像定义为新的自定形状样式，并追加到"形状"面板的列表框中的自定形状样式图案的后边。

图 5-4-56 "Adobe Photoshop"列表框

图 5-4-57 "形状名称"对话框

【思考练习】

1. 参考本案例图像的制作方法，制作一幅"舌尖的家乡"宣传图像。

2. 参考本案例图像的制作方法，制作一幅"北京旅游"宣传图像。

3. 制作一幅"按钮"图像，如图 5-4-58 所示。

4. 绘制 4 张扑克牌（红桃 2、黑桃 6、方块 8 和梅花 10）图形。

5. 制作一幅"电影胶片"图像，如图 5-4-59 所示。

图 5-4-58 "按钮"图像

图 5-4-59 "电影胶片"图像

5.5 【案例24】玉玲珑饭店

"玉玲珑饭店"图像如图 5-5-1 所示。它以"饭店.jpg"图像（见图 5-5-2）为背景，制作出发散七彩光芒的霓虹灯文字，搭配有金色广告牌外框。"饭店.jpg"图像是一幅曝光不足、格式为"CMYK颜色"的图像，需要进行色彩调整。

图 5-5-1 "玉玲珑饭店"图像

图 5-5-2 "饭店.jpg"图像

【制作方法】

1. 图像色彩调整

（1）打开"饭店.jpg"图像，如图5-5-2所示。将图像的宽和高分别调整为600像素和500像素，以名称"玉玲珑饭店.pds"保存。

（2）单击"图像"→"模式"命令，调出"模式"菜单，单击该菜单内的"RGB模式"命令，将该图像转换为RGB颜色格式的图像。

（3）单击"图像"→"调整"→"曲线"命令，调出"曲线"对话框，在"通道"下拉列表中选择"红"选项，拖曳调整红曲线，如图5-5-3（a）所示，可以改变图像中红色成分的亮度、对比度和饱和度。

（4）在"通道"下拉列表中选择"绿"选项，可以拖曳绿曲线；选择"蓝"选项，可以拖曳蓝曲线。绿曲线和蓝曲线与红曲线相似。在"通道"下拉列表中选择"RGB"选项，拖曳RGB曲线，如图5-5-3（b）所示，可以改变图像中所有颜色的亮度、对比度和饱和度。

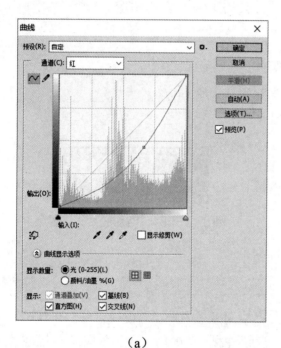
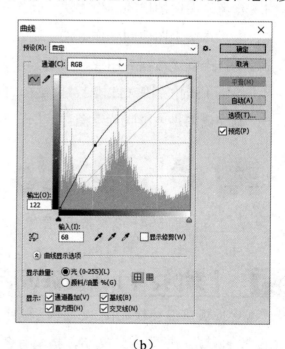

（a）   （b）

图5-5-3 "曲线"对话框1

按照上述方法调整好曲线，使图像变亮、清晰、对比度提升。单击"确定"按钮，关闭"曲线"对话框，效果如图5-5-4所示。

（5）单击"图像"→"调整"→"色阶"命令，调出"色阶"对话框，如图5-5-5所示。在"通道"下拉列表内选择"RGB"选项，拖曳"输入色阶"和"输出色阶"栏内的滑块，或者在相应的数值框内修改数值，同时观察图像色彩的变化，使图像变亮。如果某种颜色不足，则可在"通道"下拉列表内选择该基色进行调整。设置完成后单击"确定"按钮。

图5-5-4 曲线调整效果

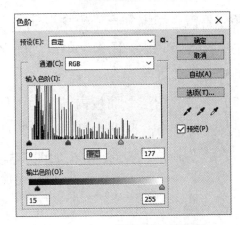

图5-5-5 "色阶"对话框

（6）单击"图像"→"调整"→"亮度/对比度"命令，调出"亮度/对比度"对话框，如图5-5-6所示。利用该对话框，可以调整图像的亮度和对比度。

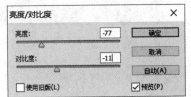

（7）单击"图像"→"调整"命令，调出"调整"菜单，单击该菜单内的"色彩平衡"和"色相/饱和度"等命令，可以进行相应的色彩调整。读者可以自己进行试验。

图5-5-6 "亮度/对比度"对话框

2．绘制边框

（1）使用工具箱中的"自定形状工具" ，在它的选项栏中单击"形状"下拉按钮 ，调出"形状"面板。单击该面板右侧的"面板菜单"按钮 ，调出其面板菜单，单击其中的"横幅和奖品"命令，调出"Adobe Photoshop"提示框，单击"追加"按钮，将一些形状追加到"形状"面板的列表框的后边。

（2）在其选项栏的"选择工具模式"下拉列表中选择"路径"选项；单击"形状"下拉按钮 ，调出"形状"面板，选中"横幅2"形状图案 ，在画布中拖曳，创建一个边框路径。

（3）设置前景色为黄色，在"背景"图层上新建一个"霓虹灯边框"图层。使用"画笔工具" ，右击画布内部，调出"画笔预设"面板，设置画笔大小为4像素，硬度为100%。

（4）单击"路径"面板中的"将路径作为选区载入"按钮 ，将选中的路径转换为选区。单击"编辑"→"描边"命令，调出"描边"对话框，设置宽度为5像素，选中"居中"单选按钮，单击"确定"按钮，给选区描4像素的黄色边。按Ctrl+H组合键，隐藏路径。

（5）选中"霓虹灯边框"图层，单击"编辑"→"变换"→"变形"命令，进入变形调整状态，调整控制柄，使图形形状如图5-5-7所示。按Enter键确定。

（6）单击"滤镜"→"模糊"→"高斯模糊"命令，调出"高斯模糊"对话框，在该对话框中设置半径为1像素。单击"确定"按钮，将"霓虹灯边框"图层内的"边框"图像添加模糊效果。

（7）单击"图层"面板内的"添加图层样式"按钮 *fx*，调出它的菜单，单击该菜单中的"外发光"命令，调出"图层样式"对话框，设置发光颜色为红色，其他设置如图5-5-8所示。单击"确定"按钮，效果如图5-5-9所示。

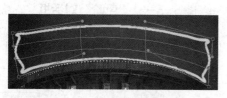

图5-5-7　调整图形形状

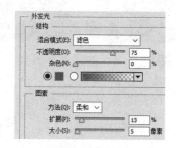

图5-5-8　"图层样式"对话框设置

（8）复制"霓虹灯边框"图层，复制图层的名称为"霓虹灯边框副本"，将复制图层内的图像进行缩小和变形调整，按Enter键确定，效果如图5-5-10所示。

图5-5-9　图层样式效果

图5-5-10　复制图像

3．输入文字

（1）使用工具箱中的"横排文字工具" **T**，在它的选项栏内设置字体为隶书，文字颜色为白色，字体大小为50点，输入文字"玉玲珑饭店"。使用工具箱内的"移动工具" ✛ 将文字移到框架内部中间位置。利用"字符"面板将文字间距调大一些。

（2）在"玉玲珑饭店"文字图层下边创建一个名称为"图层1"的图层，给该图层的画布填充黑色。选中"玉玲珑饭店"文字图层，单击"图层"→"向下合并"命令，将"玉玲珑饭店"文字图层与"图层1"合并，并将合并后的图层名称改为"文字"。

（3）使用工具箱中的"矩形选框工具" ▢，在文字的外边创建一个矩形选区。单击"滤镜"→"模糊"→"高斯模糊"命令，调出"高斯模糊"对话框，设置模糊半径为2像素，单击"确定"按钮，模糊效果如图5-5-11所示。

玉玲珑饭店

图5-5-11　高斯模糊效果

模糊操作是为下一步使用曲线命令做准备的，如果没通过模糊操作以在文字的边缘制作出一些过渡性的灰度的话，那么无论将曲线调整得多复杂，也无法在文字上制作出光泽效果。

（4）单击"图像"→"调整"→"曲线"命令，调出"曲线"对话框。在该对话框中拖曳曲线，调整结果如图5-5-12所示，单击"确定"按钮，图像如图5-5-13所示。

（5）单击"渐变工具"按钮，并单击选项栏中的"线性渐变"按钮，调出"渐变编辑器"对话框，按照图5-5-14设置线性渐变色。单击"确定"按钮。

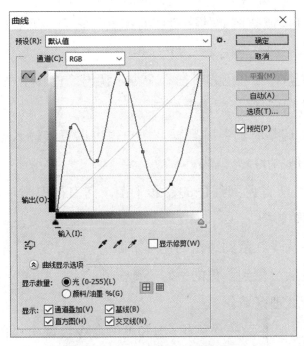

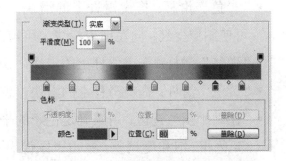

图5-5-13　调整曲线后的图像

图5-5-12　"曲线"对话框2　　　　图5-5-14　"渐变编辑器"对话框设置

（6）在"渐变工具"选项栏的"模式"下拉列表中选中"颜色"选项，该模式可以在保护原有图像灰阶的基础上给图像着色。按住Shift键，在画布中从左到右水平拖曳，给文字着色，效果如图5-5-15所示。

（7）按Ctrl+D组合键，取消选区。单击"编辑"→"变换"→"变形"命令，进入变形调整状态，调整控制柄，使图形形状如图5-5-16所示。按Enter键确定。

图5-5-15　渐变效果　　　　　　图5-5-16　文字的变形调整

（8）选中"图层"面板内的"文字"图层，在"设置图层的混合模式"下拉列表内选中"滤色"选项。至此，整个图像制作完毕，效果如图5-5-1所示。

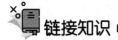链接知识

1. 图像的亮度 / 对比度、色彩平衡、色相 / 饱和度调整

（1）亮度 / 对比度调整：单击"图像"→"调整"→"亮度 / 对比度"命令，调出"亮度 / 对比度"对话框，如图5-5-6所示。在此可以调整图像的亮度和对比度。它们的调整范围是-50～+100，选中"使用旧版"复选框后的调整范围是-100～+100。

（2）色彩平衡调整：单击"图像"→"调整"→"色彩平衡"命令，调出"色彩平衡"对话框，如图5-5-17所示。"色彩平衡"对话框中各选项的作用如下。

- "色阶"数值框：分别用来显示3个滑块调整时的色阶数据，用户也可以直接输入数值来改变滑块的位置。它们的数值范围是-100～+100。
- "青色"滑杆：拖曳滑杆上的滑块，调整从青色到红色的色彩平衡。向右拖曳滑块，可使图像变红；向左拖曳滑块，可使图像变青。
- "洋红"滑杆：拖曳滑杆上的滑块，调整从洋红色到绿色的色彩平衡。
- "黄色"滑杆：拖曳滑杆上的滑块，调整从黄色到蓝色的色彩平衡。
- "色调平衡"选区：用来确定色彩的平衡处理区域。

（3）色相 / 饱和度调整：单击"图像"→"调整"→"色相 / 饱和度"命令，调出"色相 / 饱和度"对话框，如图5-5-18所示。该对话框内部分选项的作用如下。

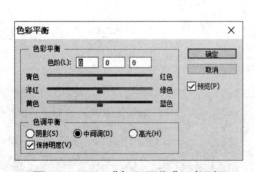

图5-5-17 "色彩平衡"对话框

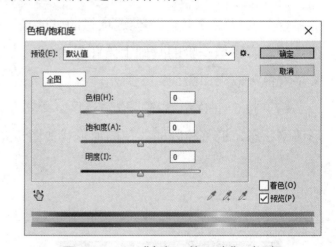

图5-5-18 "色相 / 饱和度"对话框

- "预设"下拉列表：用来选择"默认值"或其他预设。
- "编辑"下拉列表：用来选择"全图"（所有像素）和某种颜色的像素。当选择"全图"选项时，对话框内的 按钮行的数值会消失、吸管按钮变为无效状态。
- "色相""饱和度""明度"滑块及数值框：用来调整它们各自的数值。色相的数值为-180～+180，饱和度和明度的数值为-100～+100。

- 两个彩条和一个控制条：两个彩条用来标示各种颜色，调整时，下边彩条的颜色会随之变化。控制条 ▮▮▮▮▮▮▮ 上有 4 个控制滑块，用来指示色彩的范围，拖曳控制条内的 4 个滑块，可以调整色彩的变化范围（左边）和禁止色彩调整的范围（右边）。

- 3 个吸管按钮 ✏✏✏：单击任一按钮后，将鼠标指针移到图像或"颜色"面板上并单击，即可吸取单击处像素的色彩。其中，单击"吸管工具"按钮 ✏，吸取的色彩作为色彩的变化范围；单击"添加到取样"按钮 ✏，可以在原有色彩范围的基础上确定增加的色彩；单击"从取样中减去"按钮 ✏，可以在原有色彩范围的基础上确定减少的色彩。

- "着色"复选框：选中该复选框后，可以改变图像的颜色和明度。

单击 ✋ 按钮，在图像上拖曳，可以调整饱和度；按住 Ctrl 键，同时拖曳，可以调整色相。

（4）自然饱和度调整：单击"图像"→"调整"→"自然饱和度"命令，即可调出"自然饱和度"对话框，如图 5-5-19 所示。利用该对话框可以调整饱和度，并且是较自然的饱和度。

（5）自动调整：通过执行此命令，可使图像中不正常的色调、对比度或颜色得到改变。

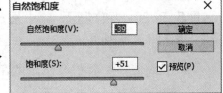

图 5-5-19 "自然饱和度"对话框

- 自动色调调整：单击"图像"→"自动色调"命令，即可自动调整图像色调。

- 自动对比度调整：单击"图像"→"自动对比度"命令，即可自动调整图像对比度。

- 自动颜色调整：单击"图像"→"自动颜色"命令，即可自动调整图像颜色。

2．图像的色阶调整

一种模式的图像可以有的颜色数目叫作色域。例如，灰色模式图像的色域为 0 ~ 255，RGB 模式图像的色域为 0 ~ $2^{24}-1$，CMYK 模式图像的色域为 0 ~ $2^{32}-1$。色阶就是图像像素每一种颜色的亮度值，色阶的取值是 0 ~ 255，其值越大，亮度越低；其值越小，亮度越高。色阶等级越多，图像的层次越丰富、好看。

（1）色阶直方图：用于观察图像中不同色阶的像素个数，不可以修改。打开一幅图像，单击"窗口"→"直方图"命令，调出"直方图"面板（紧凑视图），如图 5-5-20 所示。

如果"直方图"面板内没有给出数据信息，则可以单击该面板右上角的"面板菜单"按钮 ▤，调出"直方图"面板菜单，如图 5-5-21 所示。选中该菜单内的"显示统计数据"选项和"扩展视图"选项，使"直方图"面板（扩展视图）下边显示有关的数据，如图 5-5-22 所示。此时，"直方图"面板内的各选项和数据的含义如下。

● 直方图图形：这是一个坐标图形，横轴表示色阶，其取值为0～255，最左边为0，最右边为255；纵轴表示具有该色阶的像素数量。当鼠标指针在直方图图形内移动时，提示信息的右边一列会给出鼠标指针点的色阶值、具有该色阶的像素个数和百分位等信息。

● "通道"下拉列表：用来选择亮度和颜色通道，观察不同通道的色阶。对于不同模式的图像，下拉列表中的选项不一样，但都有"明度"选项，表示灰度模式图像。

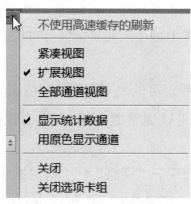

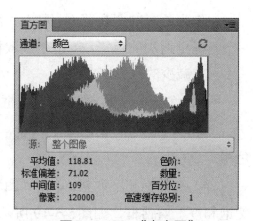

图5-5-20 "直方图" 面板（紧凑视图）　　图5-5-21 "直方图" 面板菜单　　图5-5-22 "直方图" 面板（扩展视图）

● 平均值：表示图像色阶的平均值。

● 标准偏差：表示图像色阶分布的标准偏差。该值越小，所有像素的色阶就越接近色阶的平均值。

● 中间值：表示图像像素色阶的中间值。

● 像素：整个图像或选区内图像像素的总数。

● 色阶：鼠标指针处的色阶值。如果在直方图图形内水平拖曳，选中一个色阶区域，如图5-5-23所示，则该项给出的是色阶区域内色阶值的范围。

● 数量：鼠标指针处色阶的像素个数。当有色阶区域时，会给出该区域内的像素个数。

● 百分位（百分数）：小于或等于鼠标指针处的色阶的像素个数占总像素个数的百分比。当有色阶区域时，给出该区域内像素个数占总像素个数的百分比。

● 高速缓存级别：显示图像高速缓存设置编号。

（2）色阶调整：单击"图像"→"调整"→"色阶"命令，可调出"色阶"对话框，如图5-5-24所示。该对话框中各选项的作用如下。

● "通道"下拉列表：用来选择复合通道（如RGB通道）和颜色通道（如红、绿、蓝通道）。对于不同模式的图像，下拉列表中的选项不一样，其色阶情况也不一样。

● "输入色阶"栏中的3个数值框：从左到右分别用来设置图像的最小、中间和最大色阶值。当图像色阶值小于设置的最小色阶值时，图像像素为黑色；当图像色阶值大于设置的最大色阶值时，图像像素为白色。最小色阶值的取值是 0 ～ 253，最大色阶值的取值是 2 ～ 255，中间色阶值的取值是 0.10 ～ 9.99。最小色阶值和最大色阶值越大，图像越暗；中间色阶值越大，图像越亮。

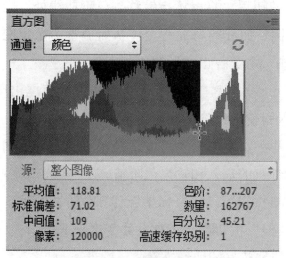

图 5-5-23 "直方图"面板

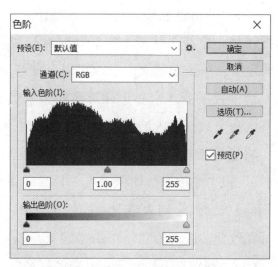

图 5-5-24 "色阶"对话框

- 色阶直方图：拖曳横坐标上的 3 个滑块，可以调整最小、中间和最大色阶值。

- "输出色阶"栏中的两个数值框：左边的数值框用来调整图像暗的部分的色阶值，右边的数值框用来调整图像亮的部分的色阶值，取值都是 0 ～ 255。数值越大，图像越亮。

- "输出色阶"栏中的两个滑块：分别用来调整"输出色阶"数值框中的数值。

- "自动"按钮：单击它后，系统会把图像中最亮的 0.5% 像素调整为白色，并把图像中最暗的 0.5% 像素调整为黑色。

- 吸管按钮组 🖋🖋🖋：从左到右 3 个吸管按钮的名字分别为"设置黑场""设置灰点""设置白场"。单击它们后，当单击图像或"颜色"面板时，即可获得单击处像素的色阶数值。

"设置黑场"按钮 🖋：系统将图像像素的色阶数值减去吸管获取的色阶数值作为调整图像各个像素的色阶数值，这样可以使图像变暗并改变颜色。

"设置灰点"按钮 🖋：系统将吸管获取的色阶数值作为调整图像各个像素的色阶数值，这样可以改变图像的亮度和颜色。

"设置白场"按钮 🖋：系统将图像像素的色阶加上吸管获取的色阶数值作为调整图像各个像素的色阶数值，这样可以使图像变亮并改变颜色。

3．图像的曲线调整

单击"图像"→"调整"→"曲线"命令，即可调出"曲线"对话框，如图 5-5-3（a）

所示（其中的曲线还是一条斜直线，没有调整）。"曲线"对话框中各选项的作用如下。

（1）色阶曲线水平轴：表示原来图像的色阶值，即色阶输入值。

（2）色阶曲线垂直轴：表示调整后图像的色阶值，即色阶输出值。

（3）"编辑点以修改曲线"按钮 ⌇：单击该按钮后，将鼠标指针移到色阶曲线处，当鼠标指针呈十字箭头状或十字线状时，拖曳可以调整曲线的弯曲程度，从而调整图像相应像素的色阶。单击曲线上一点，可以在曲线上生成一个空心正方形的控制点。

选中控制点（空心正方形变为黑色实心正方形），使"输入"和"输出"数值框出现，调整这两个数值框内的数值，改变控制点的输入和输出色阶值，如图5-5-3（b）所示。

将鼠标指针移出曲线，当鼠标指针呈白色箭头状时单击，可取消控制点的选取，同时"输入"和"输出"数值框消失，只显示鼠标指针点的输入和输出色阶值。

（4）"通过绘制来修改曲线"按钮 ✎：单击该按钮后，将鼠标指针移到色阶曲线处，拖曳可以改变曲线的形状。单击"编辑点以修改曲线"按钮 ⌇，可使曲线变得平滑。

（5）"预设"下拉列表：用来选择系统提供的调整好的曲线方案。

（6）"通道"下拉列表：用来选择图像通道，可以分别对不同通道图像进行曲线调整。

（7）"曲线显示选项"栏：其内有2个单选按钮、4个复选框和2个按钮，用来设置显示框内要显示的内容。将鼠标指针移到各选项上，会显示相应选项的名称和提示信息。

【思考练习】

1．制作一幅如图5-5-25所示的图像。它是对如图5-5-26所示的黑白图像进行着色的结果。

2．制作一幅"新年快乐"图像，如图5-5-27所示。它是通过在云图图像上制作透视矩形云图和立体文字后获得的。

图5-5-25 "照片着色"图像　图5-5-26 着色前的图像　　图5-5-27 "新年快乐"图像

3．将如图5-5-28所示的图像进行调整，使因为逆光拍照造成的阴暗部分变得明亮，使偏黄色和偏暗得到矫正，效果如图5-5-29所示。

4．制作一幅"霓虹灯"图像，如图5-5-30所示。

图5-5-28 照片图像

图5-5-29 调整后的图像

图5-5-30 "霓虹灯"图像

5.6 【案例25】图像添彩

"图像添彩"图像如图5-6-1所示。它是将如图5-6-2所示的"瀑布"图像进行"曲线"和"可选颜色"调整后获得的。对比原来的图像，它的色彩感增强了，画面主题更突出了。

图5-6-1 "图像添彩"图像

图5-6-2 "瀑布"图像

【制作方法】

（1）打开"瀑布"图像，如图5-6-2所示。为了修正照片图像光照不足的缺陷，单击"图像"→"调整"→"曲线"命令，调出"曲线"对话框，拖曳调整曲线，如图5-6-3所示。单击"确定"按钮，关闭"曲线"对话框，效果如图5-6-4所示。

（2）为了修正照片图像主题不鲜明（分不清主题是瀑布还是花草）的缺陷。使用工具箱内的"裁剪工具" 裁切图像，结果如图5-6-5所示。

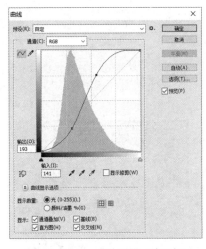

图5-6-3 "曲线"对话框　　　图5-6-4 曲线调整效果　　　图5-6-5 裁切后的图像

　　（3）为了解决整幅照片图像颜色过于单调的问题，单击"图像"→"调整"→"可选颜色"命令，调出"可选颜色"对话框，在"颜色"下拉列表中选择"绿色"选项，如图5-6-6所示。

　　（4）依次在"颜色"下拉列表中选择"黄色"和"青色"选项，分别进行设置，结果如图5-6-7所示。单击"确定"按钮，关闭"可选颜色"对话框，完成图像颜色的调整。

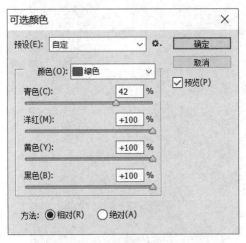

图5-6-6 "可选颜色"对话框　　　　图5-6-7 "可选颜色"对话框设置

　　（5）再次单击"图像"→"调整"→"曲线"命令，调出"曲线"对话框，拖曳调整曲线，最后效果如图5-6-1所示。单击"确定"按钮，关闭"曲线"对话框。

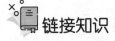 链接知识

1. 颜色调整

　　（1）替换颜色调整：打开一幅"花"图像，如图5-6-8所示。单击"图像"→"调整"→"替换颜色"命令，调出"替换颜色"对话框，如图5-6-9所示。该对话框中的"颜色容差"数值框中的数据用来调整选区内颜色的容差范围。其他数值框中的数据用来调整替换颜色的

属性。绿色替换红色后的效果如图 5-6-10 所示。具体的操作方法如下。

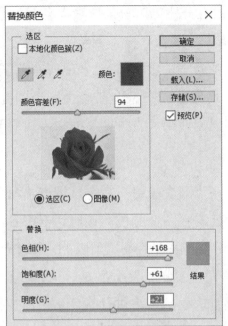

图 5-6-8 "花"图像

图 5-6-9 "替换颜色"
对话框

图 5-6-10 绿色替换红色后的
效果

① 先单击"吸管工具"按钮 ，再单击"花"图像中的一种颜色（如花朵的红色），确定要替换的颜色；或者单击"选区"内的"颜色"色块，调出"拾色器"对话框，用来选择要替换的颜色（此处为红色）。

② 先单击"添加到取样"按钮 ，再单击图像中的一种颜色，添加该颜色到取样颜色中。先单击"从取样中减去"按钮 ，再单击图像中的一种颜色，从取样颜色中减去该颜色。

③ 拖曳"颜色容差"滑杆上的滑块，调整"颜色容差"的大小，同时观察显示框内的变化，以确定颜色的容差。

④ 调整色相、饱和度和明度，以确定替换的颜色；或者单击"替换"选区内的"颜色"色块，调出"拾色器"对话框，用来选择替换的颜色（此处为绿色）。

⑤ 单击"确定"按钮，关闭该对话框。

（2）去色调整：单击"图像"→"调整"→"去色"命令，可以将图像颜色去除。

（3）可选颜色调整：单击"图像"→"调整"→"可选颜色"命令，调出"可选颜色"对话框，如图 5-6-6 所示。利用它可调整图像颜色。其中各选项的作用如下。

● "颜色"下拉列表：在其内选择一种颜色，表示下面的调整是针对该颜色进行的。

● "方法"栏：有两个单选按钮，分别是"相对"与"绝对"。

选中"相对"单选按钮后，改变后的数值按青色、洋红、黄色和黑色（CMYK）总数的百分比计算。例如，像素占黄色的百分比为 30%，如果改变了 20%，则改变的百分比为 30%×20%=6%，改变后，像素占有黄色的百分比为 30%+30%×20%=36%。

选中"绝对"单选按钮后，改后数值按绝对值调整。例如，像素占有黄色的百分比为30%，如果改为20%，则改变的百分比为20%，像素占有黄色的百分比为30%+ 20%=50%。

（4）"色调均化"调整：单击"图像"→"调整"→"色调均化"命令，可将图像的色调均化，重新分布图像像素的亮度值，更均匀地呈现所有范围的亮度级。使最亮的值呈白色，最暗的值呈黑色，中间值均匀分布在整个灰度中。当图像显得较暗时，可进行色调均化调整，以产生较亮的图像。配合使用"直方图"面板，可看到亮度的前后对比。

2．渐变映射调整

单击"图像"→"调整"→"渐变映射"命令，调出"渐变映射"对话框，如图5-6-11所示。利用它可以用各种渐变色调整图像颜色。该对话框中各选项的作用如下。

（1）"灰度映射所用的渐变"选区中的下拉列表：用来选择渐变色的类型。

（2）"渐变选项"选区：有两个复选框，分别是"仿色"和"反向"。

- "仿色"复选框：选中该复选框后，将进行颜色仿色渐变色，一般影响不大。
- "反向"复选框：选中该复选框后，将进行颜色反向渐变色。

图5-6-8所示的"花"图像经渐变映射调整后的图像如图5-6-12所示。

图5-6-11 "渐变映射"对话框　　　　图5-6-12　经渐变映射调整后的图像

3．反相和阈值等的调整

（1）反相调整：单击"图像"→"调整"→"反相"命令，使图像颜色反相。

（2）阈值调整：单击"图像"→"调整"→"阈值"命令，调出"阈值"对话框，如图5-6-13所示。利用该对话框，可以根据设定的阈值（转换临界值），将彩色图像转换为黑白图像。"阈值"对话框中各选项的作用如下。

- "阈值色阶"数值框：用来设置色阶转换的临界值。大于该值的像素颜色将转换为白色，小于该值的像素颜色将转换为黑色。
- 色阶图下边的滑块：拖曳滑块可以调整阈值色阶的数值。

（3）色调分离调整：单击"图像"→"调整"→"色调分离"命令，调出"色调分离"对话框，如图5-6-14所示。利用该对话框，可按"色阶"数值框设定的色阶值将彩色图像的色调分离。色阶值越大，图像越接近原始图像。

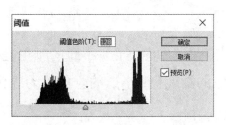

图5-6-13 "阈值"对话框

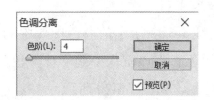

图5-6-14 "色调分离"对话框

4．"调整"面板的使用

单击"图层"→"新建调整图层"命令，调出它的菜单，其内有16个菜单命令，如图5-6-15所示。单击其中的任意一个命令，均可以调出"新建图层"对话框。利用该对话框，可以设置图层的名称、颜色、不透明度和图层模式。设置完后，单击"确定"按钮，关闭该对话框，调出相应的"属性"（相应的调整属性）面板。

单击"窗口"→"调整"命令，可以调出"调整"面板，其内有16个按钮，对应"调整"菜单内的16个命令，如图5-6-16所示。当将鼠标指针移到这些图标上时，会在上边显示相应的名称。

单击其内的一个按钮，就可调出相应的"属性"（相应的调整属性）面板，可以方便地进行各种图像调整之间的切换。此时，还会在"图层"面板内自动生成一个相应的调整图层，不会破坏原始图像，还有利于修改调整参数。当将鼠标指针移到"属性"面板下边一行的按钮上时，会显示相应的名称和作用。例如，单击👁按钮，可以隐藏或显示调整图层。

图5-6-17 "调整"菜单

例如，单击"图层"→"新建调整图层"→"渐变映射"命令，调出"新建图层"对话框。在该对话框的"名称"文本框内可以输入新建调整图层的名称"渐变映射1"，在"颜色"下拉列表内选择新建调整图层的颜色为橙色，"模式"和"不透明度"选项采用默认设置。单击该对话框中的"确定"按钮，调出"属性"（渐变映射）面板，如图5-6-17示。可以看出，该面板内的选项与如图 5-6-11 所示的"渐变映射"对话框内的选项基本一样。此时，在"图层"面板内会自动生成一个"渐变映射1"调整图层，而且它与其下面的图层组成图层剪贴组，"背景"图层成为基底图层，它是"渐变映射1"调整图层的蒙版，如图5-6-18所示。以后的调整不会破坏"背景"图层内的图像。

图5-6-16 "调整"面板 图5-6-17 "属性"（渐变映射）面板 图5-6-18 "图层"面板

【思考练习】

1．图5-6-19 所示的彩色图像中的彩球是蓝色到淡蓝色的渐变色；小鹿的颜色是棕色，眼睛是黑色。将该图像中的彩球颜色改为红色到棕色的渐变色；小鹿的颜色改为绿色，眼睛改为红色，如图5-6-20 所示。

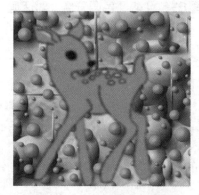

图5-6-19　原彩色图像

图5-6-20　替换颜色

2．制作一幅木刻图像，如图5-6-21 所示。该图像是将如图5-6-22 所示的图像改变颜色和加工后获得的。制作该图像主要需要使用色调均化、反相和阈值等图像调整技术。

图5-6-21　木刻图像

图5-6-22　原始图像

3．制作一幅"黄昏绿树"图像，如图5-6-23 所示。它是在如图5-6-24 所示的"日落树"图像的基础上进行色调均化处理和替换颜色后的结果。

图5-6-23　"黄昏绿树"图像

图5-6-24　"日落树"图像

4．将如图5-6-25所示的两幅"热气球"图像中热气球的颜色进行更换。

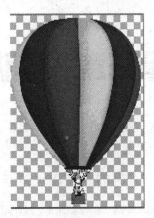

图5-6-25　两幅"热气球"图像

第6章 通道和蒙版应用

本章通过学习5个案例的制作，使读者可以了解通道的基本概念；掌握"通道"面板的使用方法，以及将通道转换为选区、存储选区和载入选区的方法；掌握创建和应用快速蒙版与蒙版的方法；掌握使用"应用图像"命令和"计算"命令进行图像处理的方法。

6.1 【案例26】色彩飞扬

"色彩飞扬"图像如图6-1-1所示。可以看到，一个小女孩好像漂浮在梦境中，手托着闪光的亮球。制作该图像首先需要制作浅灰色到深灰色的渐变色图像，如图6-1-2所示；然后利用"通道"面板，在红、绿、蓝通道中进行不同的加工处理，合成后的图像即可获得五彩缤纷的梦幻效果；最后添加如图6-1-3所示的"女孩"图像和光晕。

图6-1-1 "色彩飞扬"图像　图6-1-2 浅灰色到深灰色的　图6-1-3 "女孩"
　　　　　　　　　　　　　　　　渐变色图像　　　　　　　图像

【制作方法】

1. 制作梦幻效果

（1）新建一个画布，宽为450像素、高为300像素、模式为RGB颜色、背景为白色，并以名称"色彩飞扬.psd"保存。

（2）设置前景色为浅灰色（R、G、B的值均为240）、背景色为深灰色（R、G、B的值均为120），单击"渐变工具"按钮▣，按下选项栏中的"线性渐变"按钮▣。单击"渐变样式"下拉列表▣▣▣▣▣，调出"渐变编辑器"对话框，单击其内"预设"列表框中的第1个"前景色到背景色渐变"图标，单击"确定"按钮，设置渐变填充色为浅灰色到深灰色。

（3）按住 Shift 键，在画布内从下向上拖曳，给背景填充渐变色，如图6-1-2 所示。

（4）设置前景色为黑色，使用"画笔工具"![]，设置画笔为柔边、圆形、黑色、大小为30 像素，单击画布中的任意处，绘制一些图形，如图6-1-4 所示。在同一处多次单击，可以使颜色更黑。

（5）对通道进行处理。在"通道"面板内选中"红"通道，如图6-1-5 所示。

（6）单击"滤镜"→"扭曲"→"极坐标"命令，调出"极坐标"对话框，选中其中的"极坐标到平面坐标"选项，单击"确定"按钮。进行与上面相同的操作，效果如图6-1-6 所示。

（7）选中"绿"通道，单击"滤镜"→"扭曲"→"切变"命令，调出"切变"对话框，按图6-1-7 进行设置，单击"确定"按钮，效果如图6-1-8 所示。

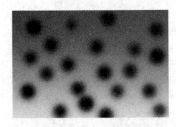
图6-1-4　绘制图形

图6-1-5　"通道"面板1

图6-1-6　"极坐标"滤镜效果

（8）选中"蓝"通道，单击"滤镜"→"扭曲"→"旋转扭曲"命令，调出"旋转扭曲"对话框，设置角度为300°，单击"确定"按钮，效果如图6-1-9 所示。

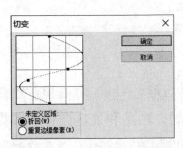
图6-1-7　"切变"对话框

图6-1-8　切变效果

图6-1-9　旋转扭曲效果

注意：针对每个通道的编辑都是独立的，即不会影响其他通道，这一点和图层是相似的。

2. 添加女孩和光晕

（1）在"通道"面板内，选中"RGB"通道，所有通道都随之恢复显示，效果如图 6-1-10 所示。

（2）选中"图层"面板内的"背景"图层，单击"图像"→"调整"→"曲线"命令，调出"曲线"对话框，利用该对话框将图像调暗一些，使红色更暗一些。

（3）单击"文件"→"打开"命令，打开如图6-1-3 所示的"女孩"图像。

（4）使用"魔术棒工具"![]，按住 Shift 键，先单击"女孩"图像中的一个白色和一个灰色小方块；再单击"选择"→"选区相似"命令，创建选中人物背景的选区；最后单击"选择"→"反选"命令或按 Shift+Ctrl+I 组合键，使选区反选，将女孩选中。

（5）使用工具箱内的"移动工具" ✛，将选区内的女孩图像拖曳到"色彩飞扬.psd"图像中，同时在该图像的"图层"面板内产生一个新图层，将该图层的名称改为"女孩"，并调整女孩图像的大小。

（6）选中"女孩"图层，单击"图像"→"调整"→"曲线"命令，调出"曲线"对话框，利用该对话框将图像调亮一些，如图6-1-11 所示。

（7）选中"背景"图层，单击"滤镜"→"渲染"→"镜头光晕"命令，调出"镜头光晕"对话框，按图6-1-12 进行设置。拖曳调整"镜头中心"光点在女孩手部的右上方位置。单击"确定"按钮，效果如图6-1-1 所示。

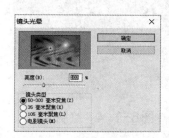

图6-1-10　显示所有通道　　　　图6-1-11　调整亮度　　　　图6-1-12　"镜头光晕"对话框
设置

链接知识

1．通道和"通道"面板

通道可以存储图像的颜色信息、选区和蒙版，主要有颜色通道、Alpha 通道和专色通道。Alpha 通道是用来存储选区和蒙版的，可以在该通道中绘制、粘贴和处理图像（图像是灰度图像）。要将 Alpha 通道中的图像应用到图像中，可以有许多方法，如可以在"光照效果"滤镜中使用。一幅图像最多可以有24 个通道。在打开一幅图像时就产生了颜色通道。图像的色彩模式决定了颜色通道的类型和个数。常用的通道有灰色通道、CMYK 通道、Lab 通道和 RGB 通道等。

（1）RGB 模式有4 个通道，分别是红、绿、蓝和 RGB 通道。红、绿、蓝通道分别保留图像的红、绿、蓝基色信息，RGB 通道保留图像三基色的混合色信息。RGB 通道也叫 RGB 复合通道，一般不属于颜色通道。每一个通道用一个或两个字节来存储颜色信息。"通道"面板如图6-1-13 所示。

（2）灰色模式图像的"通道"面板内只有一个灰色通道。

（3）CMYK 模式图像的"通道"面板内有CMYK、青色、洋红、黄色和黑色通道。

（4）Lab 模式图像的"通道"面板内有Lab、明亮、a 和 b 通道。明亮通道存储图像亮度情况的信息；a 通道存储绿色与红色之间的颜色信息；b 通道存储蓝色与黄色之间的颜色信息。

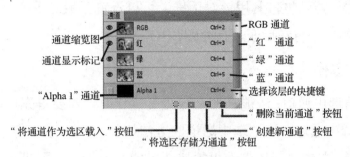

图6-1-13 "通道"面板1

2. 创建 Alpha 通道

（1）单击"通道"面板中的"将选区存储为通道"按钮 🔘，可将选区（如一个椭圆选区）存储，同时在"通道"面板中产生一个 Alpha 通道，该通道内是选区形状的图像，如图6-1-14 所示。单击"通道"面板中"Alpha 1"通道左边的 ▨图标，使 👁图标出现；同时单击该面板"RGB"通道左边的 👁图标，使它变为 ▨图标，隐藏其他通道，画布内只会显示"Alpha 1"通道的图像，如图6-1-15 所示。其中，白色对应选区内区域，黑色对应选区外区域。

（2）单击"通道"面板菜单中的"新建通道"命令，调出"新建通道"对话框，如图6-1-16 所示。Alpha 通道的名称自动定为 Alpha 1、Alpha 2 等。利用该对话框进行设置后，单击"确定"按钮，即可创建一个 Alpha 通道。该对话框中各选项的作用如下。

图6-1-14 "通道"面板3

图6-1-15 "Alpha 1"
通道的图像

图6-1-16 "新建通道"
对话框

- "名称"文本框：用来输入通道的名称。

- "被蒙版区域"单选按钮：选中该单选按钮后，在新建的 Alpha 通道中，有颜色的区域代表蒙版区，没有颜色的区域代表非蒙版区。蒙版区是被保护的区域，许多操作只能对该区域之外的非蒙版区内的图像进行，而不可以对蒙版区内的图像进行。

- "所选区域"单选按钮：选中该单选按钮后，在新建的 Alpha 通道中，有颜色的区域代表非蒙版区，没有颜色的区域代表蒙版区。它与"被蒙版区域"复选框的作用正好相反。

- ●"颜色"选区：可在"不透明度"数值框内输入通道的不透明度。单击颜色块，可以
  调出"拾色器"对话框，利用该对话框，可以设置蒙版的颜色。

其他创建通道的方法将在后面进行介绍。

3．通道的基本操作

（1）选中 / 取消选中通道：一般在对通道进行操作时，需要首先选中通道。选中的通道
会以浅蓝色显示。选中通道和取消选中通道的方法如下。

- 选中一个通道：单击"通道"面板中要选中的通道的缩览图或其右边的地方。
- 选中多个通道：在选中一个通道后，按住 Shift 键，同时单击"通道"面板中要选中
  的通道的缩览图或其右边的地方。
- 选中所有颜色通道：选中"通道"面板中的复合通道（CMYK 通道或 RGB 通道）。
- 取消通道的选中：单击"通道"面板中未被选中的通道，即可取消其他通道的选中。
  按住 Shift 键，同时单击"通道"面板中选中的通道，即可取消选中该通道。

（2）显示 / 隐藏通道：在图像加工中，常需要将一些通道隐藏起来，而让另一些通道显
示出来。它的操作方法与显示和隐藏图层的操作方法很相似（不可以将全部通道隐藏）。

单击"通道"面板中要显示的通道左边的 图标，使其内出现眼睛图标 ，可将该通
道显示出来。单击通道左边的 图标，使其内的眼睛图标消失，可将该通道隐藏起来。

（3）删除通道：选中"通道"面板内的一个通道，单击"删除当前通道"按钮 ，调
出一个提示框，单击"是"按钮，即可删除选中通道。将要删除的通道拖曳到"通道"面
板的"删除当前通道"按钮 上，松开鼠标，也可以删除选中的通道。

4．分离与合并通道

（1）分离通道：将图像中的所有通道分离成多个独立的图像。一个通道对应一幅图像。
新图像的名称由系统自动给出，分别由"原文件名"+"-"+"通道名称缩写"组成。分离后，
原始图像将自动关闭。对分离的图像进行加工，不会影响原始图像。

在进行分离通道操作以前，一定要在"图层"面板中将图像中的所有图层合并到"背
景"图层中，否则"通道"面板菜单中的"分离通道"命令是无效的。单击"通道"面板
菜单内的"分离通道"命令，即可分离通道。

（2）合并通道：将分离的各个独立的通道图像合并为一幅图像。在将一幅图像进行分
离通道操作后，可以先对各个通道图像进行编辑修改，再将它们合并为一幅图像。这样可
以获得一些特殊的加工效果。合并通道的操作方法如下。

① 单击"通道"面板菜单中的"合并通道"命令，调出"合并通道"对话框，如图 6-1-17
所示。在"合并通道"对话框的"模式"下拉列表内选择一种模式。如果某种模式选项呈
灰色，则表示它不可选。选择"多通道"选项，可以合并所有通道，包括 Alpha 通道，但

合并后的图像是灰色的；选择其他模式选项后，不能够合并Alpha通道。

② 在"合并通道"对话框内的"通道"数值框中输入要合并的通道个数。在选择RGB或Lab模式后，通道的最大个数为3；在选择CMYK模式后，通道的最大个数为4；在选择多通道模式后，通道数为通道个数。通道图像的次序按照分离通道前的通道次序。

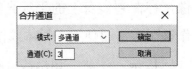

图6-1-17 "合并通道"对话框

③ 选择RGB模式和在"通道"数值框中输入3后，单击"合并通道"对话框内的"确定"按钮，即可调出"合并RGB通道"对话框，如图6-1-18所示。选择Lab模式和在"通道"数值框中输入3后，单击"合并通道"对话框内的"确定"按钮，即可调出"合并Lab通道"对话框。

选择CMYK模式和在"通道"数值框中输入4后，单击"合并通道"对话框内的"确定"按钮，即可调出"合并CMYK通道"对话框。利用这些对话框，可以选择各种通道对应的图像，通常采用默认设置。单击"确定"按钮，即可完成合并通道工作。

④ 如果选择了多通道模式，则单击"合并通道"对话框内的"确定"按钮后，会调出"合并多通道"对话框，如图6-1-19所示。在该对话框的"图像"下拉列表内选择对应通道1的图像文件后，单击"下一步"按钮，又会调出下一个"合并多通道"对话框，继续设置对应通道2的图像文件。如此重复，直到给所有通道均设置了对应的图像文件。

图6-1-18 "合并RGB通道"对话框

图6-1-19 "合并多通道"对话框

【思考练习】

1. 制作一幅"梦幻"图像，如图6-1-20所示。该图像是在如图6-1-21所示的"佳人美景"图像的基础上制作而成的。

图6-1-20 "梦幻"图像

图6-1-21 "佳人美景"图像

2．制作一幅"木刻卡通"图像，如图6-1-22所示。可以看到，木板上刻有两个卡通图像，打在它们身上的平行光线的颜色为黄色，中间点光源的颜色为红色，具有立体感。制作该图像需要使用一幅木纹图像（也可以自己制作）和如图6-1-23所示的"卡通"图像。

提示：①将如图6-1-23所示的"卡通"图像复制到"木纹"图像的"通道"面板内的"Alpha 1"通道中；②复制一份并水平翻转；③使用"光照效果"滤镜进行处理。

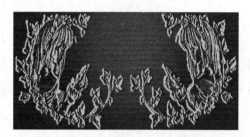

图6-1-22　"木刻卡通"图像

图6-1-23　"卡通"图像

6.2　【案例27】照片着色

"照片着色"图像如图6-2-1所示。它是将如图6-2-2所示的"照片.jpg"黑白图像进行着色处理后获得的。

图6-2-1　"照片着色"图像

图6-2-2　"照片.jpg"黑白图像

【制作方法】

1．创建选区

（1）打开如图6-2-2所示的图像。单击"图像"→"模式"→"RGB"命令，将灰度模式的黑白图像转换为RGB彩色模式的图像，并以名称"照片着色.psd"保存。

（2）单击"魔棒工具"按钮 🪄，在其选项栏内设置容差为2像素，选中"消除锯齿"和"连续"复选框，多次单击人物背景，创建选中人物背景的选区。采用选区加减的方法修改选区。单击"选择"→"反选"命令，创建选中人物的选区，如图6-2-3所示。

（3）在"通道"面板中，单击"将选区存储为通道"按钮 ，将上述选区保存为名为"Alpha 1"的通道，如图6-2-4所示。按Ctrl+D组合键，取消选区。

注意： 因为以后还要多次使用这一选区，所以需要将其保存为一个Alpha通道。

（4）使用"磁性套索工具" ，画出头发的大致选区，如图6-2-5所示。

图6-2-3　选中人物的选区　　　图6-2-4　"通道"面板1　　　图6-2-5　画出头发的大致选区

（5）单击"选择"→"色彩范围"命令，调出"色彩范围"对话框，在"选择"下拉列表中选择"取样颜色"选项；将"颜色容差"设置为80像素；使用"吸管工具" ，单击该对话框预览图中的头发，选中与单击处颜色相近的像素，如图6-2-6所示。单击"确定"按钮，如图6-2-7所示。

图6-2-6　"色彩范围"对话框

图6-2-7　头发轮廓选区

（6）单击"通道"面板中的"将选区存储为通道"按钮 ，将头发轮廓选区保存为名为"Alpha 2"的通道。选中"通道"面板内的"Alpha 2"通道，此时"Alpha 2"通道画面如图6-2-8所示。按Ctrl+D组合键，取消选区。

注意： 创建头发轮廓选区是个难点，使用一般的工具无法准确选择发梢部位。此处先按头发的轮廓建立一个选区，再通过"色彩范围"对话框在选区内选择与头发颜色相近的像素。

（7）单击"魔棒工具"按钮 ✎ ，在其选项栏内设置容差为10像素，多次单击衣服，创建选中衣服的选区。采用选区相加减的方法修改选区，最后效果如图6-2-9所示。

图6-2-8　"Alpha 2通道"画面　　　　　图6-2-9　创建选中衣服的选区

（8）单击"选择"→"载入选区"命令，调出"载入选区"对话框，设置如图6-2-10所示，单击"确定"按钮，效果如图6-2-11所示。

注意：衣服最难选择的部分是被发梢覆盖的位置，很难使用一般的选框、套索工具进行准确的选择，本案例采用的方法是先创建将发梢部分也选中的选区，再减去保存为"Alpha 2"通道的头发选区即可。

（9）单击"通道"面板中的"将选区存储为通道"按钮 ⬛ ，将人物的衣服选区保存为名为"Alpha 3"的通道。按Ctrl+D组合键，取消选区。此时，"通道"面板如图6-2-12所示。

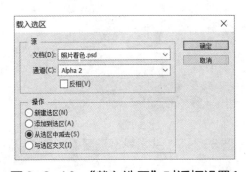

图6-2-10　"载入选区"对话框设置1　　图6-2-11　衣服精确选区　　图6-2-12　"通道"面板2

2．给照片着色

（1）给头发着色：按住Ctrl键，单击"通道"面板中的"Alpha 2"通道来载入头发轮廓选区，单击"图像"→"调整"→"色相/饱和度"命令，调出"色相/饱和度"对话框，选中"着色"复选框，设置色相为"0"，饱和度为"75"，明度为"−35"，如图6-2-13所示。另外，还可以根据调整的颜色，利用"色相/饱和度"对话框进行调整，直到对颜色满意，单击"确定"按钮，完成头发着色处理。

（2）给衣服着色：按住 Ctrl 键，单击"通道"面板中的"Alpha 3"通道来载入衣服选区。调出"色相/饱和度"对话框，选中"着色"复选框，设置色相为"0"，饱和度为"75"，明度为-35，单击"确定"按钮，给衣服着红色。按 Ctrl+D 组合键，取消选区。

（3）创建皮肤选区：按住 Ctrl 键，单击"Alpha 1"通道，载入人物轮廓选区。单击"选择"→"载入选区"命令，调出"载入选区"对话框，设置如图6-2-14所示，单击"确定"按钮，从人物轮廓选区内减去衣服选区。再次调出"载入选区"对话框，在"通道"下拉列表中选中"Alpha 2"通道，选中"从选区中减去"单选按钮，单击"确定"按钮，从选区内减去头发轮廓选区，得到皮肤选区，如图6-2-15所示。

（4）给皮肤着色：调出"色相/饱和度"对话框，选中"着色"复选框，设置色相为"26"，饱和度为"36"，明度为"6"，单击"确定"按钮，给皮肤着浅棕色。按Ctrl+D组合键，取消选区。

（5）给背景着色：按住 Ctrl 键，单击"通道"面板中的"Alpha 1"通道，载入人物轮廓选区。按Ctrl+Shift+I 组合键，将选区反转，选中背景区域，如图6-2-16所示。

图6-2-13 "色相/饱和度"对话框设置

图6-2-14 "载入选区"对话框设置2

图6-2-15 皮肤选区

图6-2-16 背景选区

（6）单击"图像"→"调整"→"变化"命令，调出"变化"对话框，在该对话框中可调整背景的颜色，读者可自行选择喜欢的颜色。最后的着色效果如图6-2-1所示。

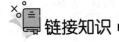 链接知识

1．复制通道

（1）复制通道的一般方法：选中"通道"面板中的一个通道（如"Alpha1"通道），单击"通道"面板菜单中的"复制通道"命令，调出"复制通道"对话框，如图6-2-17所示。利用它进行设置后，单击"确定"按钮，即可将选中的通道复制到指定的或新建的图像文件中。"复制通道"对话框内各选项的作用如下。

- "为"文本框：输入复制的新通道的名称。
- "文档"下拉列表：其内有打开的图形文件名称，用来选择复制的目标图像。
- "名称"文本框：当在"文档"下拉列表中选择"新建"选项时，"名称"文本框会变为有效状态，用来输入新建的图像文件的名称。
- "反相"复选框：复制的新通道与原通道相比是反相的，即原通道中有颜色的区域在新通道中为没有颜色的区域，原通道中没有颜色的区域在新通道中为有颜色的区域。

图6-2-17 "复制通道"对话框

（2）在当前图像中复制通道：在"通道"面板内，拖曳要复制的通道到"创建新通道"按钮 上，松开鼠标，即可复制选中的通道。

（3）将通道复制到其他图像中：只需拖曳通道到其他图像的画布窗口中。

2．通道转选区

（1）按住Ctrl键，单击"通道"面板中相应的Alpha通道的缩览图或缩览图的右边位置。

（2）按住Ctrl+Alt组合键，同时按通道编号数字键。通道编号从上到下（不含第1个）。

（3）选中"通道"面板中的Alpha通道，单击"将通道作为选区载入"按钮 。

（4）将"通道"面板中的Alpha通道拖曳到"将通道作为选区载入"按钮 上。

（5）执行"选择"→"载入选区"命令。

3．存储选区

存储选区就是在"通道"面板中建立相应的Alpha通道。存储选区和载入选区在2.4节已经介绍过了。此处重点介绍存储选区和载入选区中与通道有关的内容。为了了解存储选区，打开一幅"风景"图像。调出"通道"面板，创建一个名称为"Alpha1"的Alpha通道，在其内绘制两个白色矩形图形，如图6-2-18（a）所示。选中所有通道，调出"图层"面板，在图像的画布窗口内创建一个椭圆选区，如图6-2-18（b）所示。

单击"选择"→"存储选区"命令，调出"存储选区"对话框，如图6-2-19（a）所示。如果选择了"通道"下拉列表中的Alpha通道名称选项，则该对话框的"操作"选区内的所有单选按钮均变为有效状态，而"名称"文本框变为无效状态，如图6-2-19（b）所示。进行设置后，单击"确定"按钮，即可将选区存储，建立相应的通道。"存储选区"对话框内各选项的作用如下。

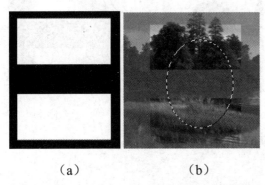
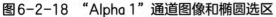

（a）　　　　　　（b）

图6-2-18 "Alpha 1"通道图像和椭圆选区

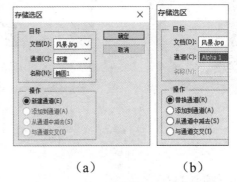

（a）　　　（b）

图6-2-19 "存储选区"对话框

（1）"文档"下拉列表：用来选择选区将存储在哪一幅图像中，其内的选项有当前图像文档（如"风景.jpg"图像文档）、已经打开的与当前图像文档大小一样的图像文件名称和"新建"选项。如果选择"新建"选项，则将创建一个新文档来存储选区。

（2）"通道"下拉列表：用来选择"文档"下拉列表中选定的图像文件中的Alpha通道名称和"新建"选项，用来决定选区存储到哪个Alpha通道中。如果选择"新建"选项，则将创建一个新的通道来存储选区，"名称"文本框变为有效状态。

（3）"名称"文本框：用来输入新Alpha通道的名称，此处输入"椭圆1"。

（4）"新建通道"单选按钮：如果在"通道"下拉列表中选择"新建"选项，则该单选按钮唯一出现，如图6-2-19（a）所示。它用来确定选区存储在新产生的Alpha通道中，如"Alpha2"通道。

（5）"替换通道"单选按钮：如果在"通道"下拉列表中没选择"新建"选项，则"新建通道"单选按钮变为"替换通道"单选按钮，如图6-2-19（b）所示。该单选按钮和以下3个单选按钮均有效。选择该单选按钮和其他3个单选按钮中的任意一个，都可以确定存储选区的通道是"通道"下拉列表中已选择的"Alpha1"选项。

如果在"通道"下拉列表中选择了"Alpha 1"通道，则"Alpha 1"通道内的图像如图6-2-18（a）所示，而选区的形状如图6-2-18（b）所示。选择"替换通道"单选按钮后，原"Alpha 1"通道内的图像会被选区和选区内填充白色的图像替换，如图6-2-20（a）所示。

（6）"添加到通道"单选按钮：在"通道"下拉列表中选择的Alpha通道（"Alpha 1"通道）中的图像上添加了新的选区。此时原Alpha通道的图像如图6-2-20（b）所示。

（7）"从通道中减去"单选按钮：在"通道"下拉列表中选择的Alpha通道的图像是选区减去原Alpha通道内图像后的图像。此时原Alpha通道的图像如图6-2-20（c）所示。

（8）"与通道交叉"单选按钮：在"通道"下拉列表中选择的Alpha通道的图像是选区和原Alpha通道内图像相交部分的图像。此时原Alpha通道的图像如图6-2-20（d）所示。

（a）　　　　　　　（b）　　　　　　　（c）　　　　　　　（d）

图6-2-20　Alpha通道的图像

4．载入选区

载入选区是指将Alpha通道存储的选区加载到图像中。它是存储选区的逆过程。单击"选择"→"载入选区"命令，调出"载入选区"对话框，如图6-2-14所示。如果当前图像中已经创建了选区，则该对话框的"操作"选区内的所有单选按钮均为有效状态，否则只有"新建选区"单选按钮有效。设置后单击"确定"按钮，可以将选定通道内的图像转换为选区，并加载到指定的图像中。"载入选区"对话框内各选项的作用如下。

（1）"文档"和"通道"下拉列表的作用：它们与"存储选区"对话框内相应选项的作用基本一样，只是"存储选区"对话框是用来设置存储选区的图像文档和Alpha通道的，而"载入选区"对话框用来设置要转换为选区的通道图像所在的图像文档和Alpha通道。

因此，"载入选区"对话框内的"文档"和"通道"下拉列表中没有"新建"选项，而且没有"名称"文本框。如果打开的图像中的当前图层不是"背景"图层，则"载入选区"对话框内的"通道"下拉列表中会有表示当前图层的透明选项。如果选择该选项，则将选中图层中的图像或文字非透明部分作为载入选区。

（2）"载入选区"对话框内其他选项的作用如下。

- "反相"复选框：选中它，载入当前图像的选区，否则载入选区以外的部分。
- "新建选区"单选按钮：选中它后，载入到当前图像的选区是指定的Alpha通道中的图像转换来的新选区。它替代了当前图像中原来的选区。
- "添加到选区"单选按钮：选中它后，载入到当前图像的新选区是将通道转换来的选区添加到当前图像原选区后形成的选区。
- "从选区中减去"单选按钮：选中它后，载入到当前图像的新选区是当前图像原选区减去通道转换来的选区后形成的选区。

● "与选区交叉"单选按钮：选中它后，载入到当前图像的新选区是当前图像原选区与通道转换来的选区相交部分形成的选区。

【思考练习】

1. 制作一幅"银色环"图像，如图6-2-21 所示。

提示：①在"背景"图层上创建一个称为"图层1"的图层，绘制一幅填充银色的圆环图形；②将选区存储为"Alpha1"通道，针对该通道进行"高斯模糊"滤镜处理；③进行"光照效果"渲染滤镜处理；④进行两次"曲线"调整操作；⑤添加图层样式。

2. 制作一幅"葵花向阳"图像，如图6-2-22 所示。在"向日葵"图像（见图6-2-23）上，添加"葵花向阳"文字，从左到中间逐渐透明，从中间到右边逐渐不透明。制作该图像的方法提示如下。

图6-2-21 "银色环"图像　　图6-2-22 "葵花向阳"图像　　图6-2-23 "向日葵"图像

（1）打开"向日葵"图像，在"通道"面板内创建一个新"Alpha 1"通道，输入白色文字"葵花向阳"，调整字间距和位置，调出"变形文字"对话框以调整文字。

（2）创建选中文字的选区。将选区存储为通道，产生一个名称为"Alpha1"的通道。

（3）删除"葵花向阳"文字图层。切换到"通道"面板，给文字填充浅灰色到深灰色再到浅灰色的水平线性渐变色，如图6-2-24 所示。

（4）取消选区，将通道转换为选区。单击"通道"面板中的"RGB"通道，切换到"图层"面板。

（5）设置前景色为红色，按Alt+Delete 组合键，给选区填充红色。可以看出，通道中填充的颜色越深，填充的红色越透明。按Ctrl+D 组合键，取消选区，效果如图6-2-22 所示。

图6-2-24　给文字填充水平线性渐变色

6.3 【案例28】思念

"思念"图像如图6-3-1 所示。图像中的留学生身在国外，但常常思念着祖国。该图像是利用如图6-3-2、图6-3-3 和图6-3-4 所示的图像制作而成的。制作该图像的关键是在图像中创建一个选区，将选区转换为快速蒙版，对快速蒙版进行加工处理，几乎所有对图像加工的手段均可以用于对蒙版进行加工处理；将快速蒙版转化为选区，从而获得特殊的选区。

图6-3-1 "思念"图像

（a） （b）

图6-3-2 "建筑1.jpg"和"学生.psd"图像

图6-3-3 "长城.jpg""救灾.jpg""天坛.jpg""颐和园.jpg"图像 图6-3-4 "建筑2.jpg"
图像

【制作方法】

1. 在背景图像上加工学生和长城图像

（1）打开如图6-3-2、图6-3-3和图6-3-4所示的7幅图像。将这7幅图像分别调整为宽300像素，高度按原比例变化。

（2）选中如图6-3-2（a）所示的"建筑1.jpg"图像并以名称"思念.psd"保存。选中"学生.psd"图像，在其内创建选中人物头像的选区。使用"移动工具" ✛，将选区内的图像拖曳到"思念.psd"图像的左下角。同时在"图层"面板内生成名称为"图层1"的图层，并选中该图层。

（3）单击"编辑"→"自由变换"命令，调整该图层内人物头像的大小和位置。单击"编辑"→"变换"→"水平翻转"命令，将人物头像水平翻转。

（4）选中"长城.jpg"图像，在该图像中创建一个椭圆选区。单击工具箱内的"以快速蒙版模式编辑"按钮 ▣，在图像中创建一个快速蒙版，如图6-3-5所示。

（5）单击"滤镜"→"扭曲"→"波纹"命令，调出"波纹"对话框。设置数量为"350"，大小为"大"，单击"确定"按钮，即可使图像的蒙版边缘变形，如图6-3-6所示。

（6）单击工具箱内的"以标准模式编辑"按钮 ◙，将蒙版转换为选区。将选区内的图像拷贝到剪贴板中，并粘贴到"思念.psd"图像中。

图6-3-5　快速蒙版1

图6-3-6　"波纹"滤镜效果

2．在背景图像上加工其他图像

（1）使用工具箱中的"涂抹工具" 和"模糊工具" ，微微涂抹粘贴图像的边缘。并适当调整该图像的大小，最后效果如图6-3-7所示。

（2）选中"救灾.jpg"图像。在该图像中创建一个羽化30像素的椭圆选区。单击"选择"→"在快速蒙版模式下编辑"命令，在图像中创建一个快速蒙版。进行"纹波"滤镜处理，使用"涂抹工具" 修改蒙版，效果如图6-3-8所示。

（3）单击"选择"→"在快速蒙版模式下编辑"命令，取消菜单前的对钩，将蒙版转换为选区，再依次将选区内的图像拷贝粘贴到"思念.psd"图像中。

图6-3-7　粘贴图像

图6-3-8　快速蒙版2

（4）使用"移动工具" ，将选区内的图像拖曳到"思念.psd"图像的中间处，调整图像的大小和位置。使用"涂抹工具" 和"模糊工具" ，微微涂抹粘贴图像的边缘。

（5）参考上述方法，将其他4幅图像进行加工处理，最后效果如图6-3-1所示。

链接知识

1．创建快速蒙版

在快速蒙版模式下，可以将选区转换为蒙版。此时，会创建一个临时蒙版，在"通道"面板中创建一个临时的Alpha通道。以后可以使用几乎所有的工具和滤镜来编辑修改蒙版。

修改好蒙版后，回到标准模式，即可将蒙版转换为选区。

在默认状态下，快速蒙版呈半透明红色，与掏空了选区的红色胶片相似，遮盖在非选区图像的上边，通过蒙版可以观察到其下边的图像。

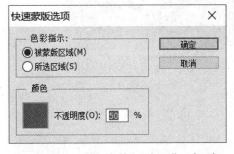

图6-3-9 "快速蒙版选项"对话框

双击工具箱内的"以快速蒙版模式编辑"按钮 ⬛ ，调出"快速蒙版选项"对话框，如图6-3-9所示。"快速蒙版选项"对话框内各选项的作用如下。

（1）"被蒙版区域"单选按钮：选中它后，蒙版区域（非选区）有颜色，非蒙版区域（选区）没有颜色，如图6-3-10（a）所示；"通道"面板如图6-3-10（b）所示。

（2）"所选区域"单选按钮：选中它后，蒙版区域（选区）有颜色，非蒙版区域选区（非选区）没有颜色，如图6-3-11（a）所示；"通道"面板如图6-3-11（b）所示。

（3）"颜色"选区：可在"不透明度"数值框内输入通道的不透明度百分数据。单击色块，可调出"拾色器"对话框，用来设置蒙版颜色，默认值是不透明度为50%的红色。

在建立快速蒙版后，"通道"面板如图6-3-10（b）或图6-3-11（b）所示。可以看出，"通道"面板中增加了一个快速蒙版Alpha通道，其内是与选区相对应的灰度图像。

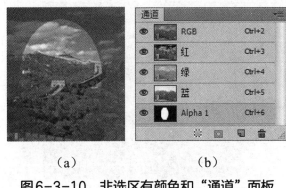

　　　（a）　　　　　　　　（b）

图6-3-10 非选区有颜色和"通道"面板

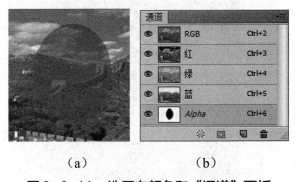

　　　（a）　　　　　　　　（b）

图6-3-11 选区有颜色和"通道"面板

2. 选区与快速蒙版的转换

前面介绍过，在图像中创建一个选区，可以将选区转换为快速蒙版（一个临时的蒙版），可以对快速蒙版进行加工处理，回到标准模式下，可将快速蒙版转换为选区，获得特殊的选区。可见，使用快速蒙版可以创建特殊的选区。

单击工具箱内的"以快速蒙版模式编辑"按钮 ⬛ 或单击"选择"→"在快速蒙版模式下编辑"命令（使命令左边出现对钩），可以建立快速蒙版。

3. 编辑快速蒙版

编辑加工快速蒙版是为了获得特殊效果的选区。将快速蒙版转换为选区后，"通道"面板中的"快速蒙版"通道会自动取消。选中"通道"面板中的"快速蒙版"通道,可以使用各种工具和滤镜对快速蒙版进行编辑修改。改变快速蒙版的大小与形状,也就调整了选区的大小与形状。在使用画笔和橡皮擦等工具修改快速蒙版时,需要遵从以下规则。

(1)针对如图6-3-10(a)所示的状态,有颜色区域越大,蒙版越大,选区越小;针对如图6-3-11(a)所示的状态,有颜色区域越大,蒙版越大,选区越大。

(2)如果前景色为白色,使用"画笔工具"在有颜色区域绘图,则会减小有颜色区域;如果前景色为黑色,使用"画笔工具"在无颜色区域绘图,则会增大有颜色区域。

(3)如果前景色为白色,使用"橡皮擦工具"在无颜色区域擦除,则会增大有颜色区域;如果前景色为黑色,使用"橡皮擦工具"在有颜色区域擦除,则会减小有颜色区域。

(4)如果前景色为灰色,则在绘图时会创建半透明的蒙版和选区;如果背景色为灰色,则在擦图时会创建半透明的蒙版和选区。灰色越淡,透明度越高。

【思考练习】

1. 制作一幅"沙漠绿洲"图像,如图6-3-12所示。可以看到,在沙漠和绿洲中,有一些不同的景象。该图像是在一幅"沙丘"图像的基础上加工而成的。

2. 制作一幅"彩虹"图像,如图6-3-13所示。它是在一幅"风景"图像上加工而成的。制作该图像的提示如下。

(1)在背景图像上创建一幅填充线性七彩渐变色的矩形。

(2)使用"切变"扭曲滤镜使矩形弯曲。

(3)先使用快速蒙版使彩虹两端产生渐变效果,再进行删除加工处理,使彩虹的两端逐渐消失。

(4)使用"高斯模糊"滤镜处理彩虹图形。

(5)在"图层"面板中将"图层1"的图层混合模式设置为"滤色"。

图6-3-12 "沙漠绿洲"图像

图6-3-13 "彩虹"图像

6.4 【案例29】探索宇宙

"探索宇宙"图像如图6-4-1所示。一支火箭从分开的地球图像冲向宇宙。该图像是利用如图6-4-2所示的3幅图像制作而成的。

图6-4-1 "探索宇宙"图像　　　　图6-4-2 "地球.jpg""火箭.jpg""星球.jpg"图像

【制作方法】

1．创建分开的地球图像

（1）打开如图6-4-2所示的3幅图像。设置背景色为黑色，选中"地球.jpg"图像，以名称"探索宇宙.psd"保存。

（2）使用"魔术棒工具" ，在选项栏内设置容差为10像素，单击"地球.jpg"图像中的黑色背景部分，创建选中黑色部分的选区。单击"选择"→"反选"命令，使选区选中地球图像，如图6-4-3所示。单击"图层"→"新建"→"通过剪切的图层"命令，将选中的地球剪切到新的"图层1"内。此时的"图层"面板如图6-4-4所示。

（3）使用"多边形套索工具" ，创建选中约半个地球的选区，如图6-4-5所示。

图6-4-3 创建选中地球图像的选区　　图6-4-4 "图层"面板1　　图6-4-5 创建选区

（4）单击"图层"→"新建"→"通过剪切的图层"命令，将选中的地球剪切到新的图层中。此时的"图层"面板中添加了名称为"图层2"的图层，其内是剪切出来的半个地球图像。

（5）选中"图层"面板中的"图层2"。单击"编辑"→"变换"→"旋转"命令，拖曳中心点标记到如图6-4-6所示的位置，将鼠标指针移到右上角的控制柄处，拖曳旋转半个地球，如图6-4-6所示。按Enter键，完成半个地球的旋转。

（6）选中"图层"面板中的"图层1"。单击"编辑"→"变换"→"旋转"命令，旋转另外半个地球，如图6-4-7所示。此时，"图层"面板如图6-4-8所示

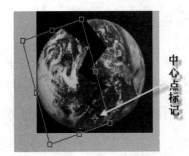

图6-4-6　旋转半个地球　　　图6-4-7　旋转另外半个地球　　　图6-4-8　"图层"面板2

2．添加火箭和卫星

（1）选中"火箭.jpg"图像，单击"选择"→"全选"命令，创建选中全部图像的选区。单击"编辑"→"拷贝"命令，将"火箭"图像拷贝到剪贴板中。

（2）选中"探索宇宙.psd"图像，单击"编辑"→"粘贴"命令，将剪贴板中的"火箭.jpg"图像粘贴到"探索宇宙.psd"图像中。在"图层"面板中，将"图层3"（其内是火箭图像）移到最上边，如图6-4-9所示。"火箭.jpg"图像会将地球遮住，如图6-4-10所示。

（3）选中"图层3"，单击"图层"面板中的"添加图层蒙版"按钮 ，给"图层3"添加一个蒙版。

（4）设置前景色为黑色。选中"图层3"，单击工具箱中的"画笔工具"按钮 ，按下其选项栏中的"启用喷枪模式"按钮 ，设置画笔为柔化的120像素。在画布中对应地球的位置慢慢拖曳，使外围地球图像显示出来。

（5）设置前景色为白色，画笔为柔化60像素。使用"启用喷枪模式"的"画笔工具"在显示的多余图像处拖曳，恢复原始图像。使用橡皮工具擦除没有完全显示的地球图像，使外围地球完全显示。此时，"图层"面板如图6-4-11所示。

（6）选中"卫星"图像，创建选中黑色背景的选区，单击"选择"→"反选"命令，创建选中卫星图像的选区。使用"移动工具"按钮 ，拖曳选区内的卫星图像到"地球.jpg"图像中，调整卫星图像的大小和位置，按Enter键确定，结果如图6-4-1所示。

图6-4-9 "图层"面板3　图6-4-10 "火箭.jpg"图像遮住地球　图6-4-11 "图层"面板4

链接知识

1. 蒙版和创建蒙版

蒙版也叫图层蒙版，作用是保护图像的某一区域，使用户的操作只能对该区域之外的图像进行。从这一点来说，蒙版和选区的作用正好相反。选区的创建是临时的，一旦创建新选区后，原来的选区便会自动消失，而蒙版可以是永久的。

选区、蒙版和通道是密切相关的。在创建选区后，实际上也就创建了一个蒙版。将选区和蒙版存储起来，即生成相应的 Alpha 通道。它们之间相互对应，可以相互转换。

蒙版与快速蒙版有相同之处，也有不同之处。快速蒙版主要是为了建立特殊的选区，因此它是临时的，一旦由快速蒙版模式切换到标准模式，快速蒙版转换为选区，图像中的快速蒙版和"通道"面板中的"快速蒙版"通道就会立即消失。在创建快速蒙版时，对图像的图层没有要求。蒙版一旦创建，便会永久保留，同时会在"图层"面板中建立蒙版图层（进入快速蒙版模式时不会建立蒙版图层），在"通道"面板中建立"蒙版"通道，只要不删除它们，它们便会永久保留。在创建蒙版时，不能创建背景图层、填充图层和调整图层的蒙版。蒙版不用转换成选区，就可以使蒙版遮盖的图像不受操作的影响。

创建蒙版后，可以像加工图像那样加工蒙版。可以对蒙版进行移动、变形变换、复制、绘制、擦除、填充、液化和加滤镜等操作。常用的创建蒙版的方法有以下两种。

（1）方法一：选中要添加蒙版的图层（不可以是背景图层），创建一个选区（如椭圆选区），单击"图层"面板中的"添加图层蒙版"按钮，可在选中的图层中创建一个蒙版，选区外的区域是蒙版（黑色），选区包围的区域是蒙版中掏空的部分（白色）。此时的"图层"面板如图6-4-12所示，"通道"面板如图6-4-13所示。

如果在创建蒙版以前没有创建选区，则创建的蒙版是一个白色的空蒙版。

单击如图6-4-13所示的"通道"面板中的"图层1蒙版"通道左边的图标，使眼睛图标出现，图像中的蒙版也会随之显示出来。

（2）方法二：先选中要添加蒙版的图层；再选中该图层，创建选区；然后单击"图层"→"图层蒙版"命令，调出其子菜单，如图6-4-14所示；最后单击其中一个子命令，即可创建蒙版。各子命令的作用如下。

- 显示全部：创建一个空白的全白蒙版。
- 隐藏全部：创建一个没有掏空的全黑蒙版。
- 显示选区：根据选区创建蒙版。选区外的区域是蒙版，选区包围的区域是蒙版中掏空的部分。只有在添加图层蒙版前创建了选区，此命令才有效。
- 隐藏选区：将选区反选后，根据选区创建蒙版。选区包围的区域是蒙版，选区外的区域是蒙版中掏空的部分。只有在添加图层蒙版前创建了选区，此命令才有效。
- 从透明区域：根据透明区域创建蒙版。只有已经创建了选区，此命令才有效。

图6-4-12 "图层"面板

图6-4-13 "通道"面板

图6-4-14 子菜单

2. 蒙版的基本操作

（1）设置蒙版的颜色和不透明度：双击"通道"面板中的蒙版通道或"图层"面板中的蒙版所在图层的缩览图，即可调出"图层蒙版显示选项"对话框，如图6-4-15所示。利用该对话框，可以设置蒙版的颜色和不透明度。

（2）显示图层蒙版：单击"通道"面板中蒙版通道左边的图标，使眼睛图标出现，显示蒙版。单击"RGB"通道左边的图标，隐藏"通道"面板中的其他通道（使这些通道的眼睛图标消失），只显示"图层1蒙版"通道，如图6-4-16所示。

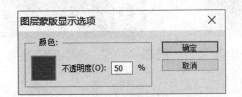
图6-4-15 "图层蒙版显示选项"对话框

图6-4-16 蒙版

（3）使用蒙版：在创建蒙版后，如果要使用蒙版，则应先显示蒙版。单击"RGB"通道，使它和各颜色通道均被选中。选中"通道"面板中的蒙版通道，即可对蒙版进行加工处理，以后的操作都是在蒙版的掏空区域内进行的，对蒙版遮盖的图像没有影响。

（4）删除图层蒙版：删除蒙版，但不删除蒙版所在的图层。选中"图层"面板中的蒙版图层，单击"图层"→"图层蒙版"→"删除"命令，可以删除蒙版，同时取消蒙版效果。单击"图层"→"图层蒙版"→"应用"命令，也可以删除蒙版，但会保留蒙版效果。右击"图层"面板中蒙版图层的缩览图 ，调出它的快捷菜单，单击该菜单中的"删除图层蒙版"命令和"应用图层蒙版"命令，也可以达到相应的效果。

（5）停用图层蒙版：右击"图层"面板中蒙版图层的缩览图 ，调出它的快捷菜单，单击该菜单中的"停用图层蒙版"命令，即可停用图层蒙版，但不会删除蒙版。此时"图层"面板中蒙版图层的缩览图 上会增加一个红叉 。另外，单击"图层"→"图层蒙版"→"停用"命令，也可以停用图层蒙版。

（6）启用图层蒙版：选中"图层"面板中停用的图层蒙版，单击"图层"→"启用图层蒙版"命令，即可恢复使用蒙版。此时"图层"面板中蒙版图层的缩览图 中的红叉会自动取消 。右击"图层"面板中蒙版图层的缩览图 ，调出它的快捷菜单，单击该菜单中的"启用图层蒙版"命令，也可以启用图层蒙版。

3. 根据蒙版创建选区

右击"图层"面板中蒙版图层的缩览图 ，调出一个快捷菜单，如图6-4-17所示，其中许多命令前面已介绍了。为了验证第3栏中的命令，在图像中创建一个选区，如图6-4-18所示。

（1）将蒙版转换为选区：按住Ctrl键，单击"图层"面板中蒙版图层的缩览图 ，此时，图像中原有的所有选区消失，将蒙版转换为选区，如图6-4-19所示。

图6-4-17　快捷菜单　　　图6-4-18　创建一个选区　　　图6-4-19　将蒙版转换为选区

（2）添加蒙版到选区：单击如图6-4-17所示的快捷菜单内的"添加蒙版到选区"命令，将蒙版转换选区与原选区合并后作为新选区，如图6-4-20所示。

（3）从选区中减去蒙版：单击如图6-4-17所示的快捷菜单内的"从选区中减去蒙版"命令，从图像原选区中减去蒙版转换选区作为新选区，如图6-4-21所示。

（4）蒙版与选区交叉：单击如图6-4-17所示的快捷菜单内的"蒙版与选区交叉"命令，将蒙版转换选区和原选区相交叉部分作为新选区，如图6-4-22所示。

图6-4-20 添加蒙版到选区　　图6-4-21 从选区中减去蒙版　　图6-4-22 蒙版与选区交叉

【思考练习】

1. 制作一幅"中国"图像，如图6-4-23 所示。它是由如图6-4-24 所示的两幅图像和"天安门"图像加工而成的。

图6-4-23 "中国"图像

图6-4-24 两幅图像

2. 制作一幅"云中气球"图像，如图6-4-25 所示。它是利用如图6-4-26 所示的两幅图像制作而成的。制作该图像的提示如下。

图6-4-25 "云中气球"图像

图6-4-26 "气球"和"云图"图像

（1）将气球拖曳到"云图"图像中，并完全覆盖"云图"图像。

（2）单击"图层"→"图层蒙版"→"隐藏全部"命令，添加图层蒙版。

（3）选中"图层"面板的蒙版图层中的"图层蒙版"缩览图，设置前景色为白色、背景色为黑色，使用"渐变工具"▦，设置渐变色为白色到黑色的线性渐变色。按住 Shift 键，从上至下拖曳，填充由白色到黑色的线性渐变色。

6.5 【案例30】木刻角楼

"木刻角楼"图像如图6-5-1所示。它是利用如图6-5-2所示的"角楼.jpg"和如图6-5-3所示的"木纹.jpg"图像制作而成的。

图6-5-1　"木刻角楼"图像

图6-5-2　"角楼.jpg"图像

【制作方法】

1. Alpha 通道设计

（1）打开"角楼.jpg"和"木纹.jpg"图像。将它们均调整为高300像素、宽450像素。双击"角楼.jpg"图像的"图层"面板中的"背景"图层，调出"新建图层"对话框，单击"确定"按钮，将该图层转换为名称为"图层0"的常规图层。

（2）选中"角楼.jpg"图像，使用"魔术棒工具"▨，在选项栏内设置容差为20像素，按住 Shift 键，同时不断单击"角楼.jpg"图像的背景，配合使用其他选框工具，创建选中"角楼.jpg"图像所有背景的选区。按 Delete 键，删除背景图像，效果如图6-5-4所示。

（3）双击"木纹.jpg"图像的"图层"面板中的"背景"图层，调出"新建图层"对话框，单击"确定"按钮，将该图层转换为名称为"图层0"的常规图层。在"通道"面板中，单击"创建新通道"按钮▨，新建一个名称为"Alpha 1"的通道，并选中该通道。

（4）选中"角楼.jpg"图像，如果没有选中"角楼.jpg"图像的选区，则按住 Ctrl 键，单击"图层0"左边的缩览图，创建选中其内角楼的选区。使用"移动工具"✥，将如图6-5-4所示的角楼图像拖曳到"Alpha 1"通道的画布中并调整图像的大小和位置。按 Ctrl+D 组合键，取消选区。通道中的图像如图6-5-5所示。

（5）将"Alpha 1"通道拖曳到"新建通道"按钮▨上，创建一个名称为"Alpha 1 拷贝"的通道，并选中该通道。此时，"通道"面板如图6-5-6所示。

图6-5-3 "木纹.jpg"图像

图6-5-4 删除背景图像

图6-5-5 通道中的图像

图6-5-6 "通道"面板

（6）单击"滤镜"→"模糊"→"高斯模糊"命令，调出"高斯模糊"对话框。设置模糊半径为1.0像素，单击"确定"按钮。

（7）单击"滤镜"→"风格化"→"浮雕效果"命令，调出"浮雕效果"对话框。在"浮雕效果"对话框内，设置浮雕角度为135°，高度为3像素，数量为30%，如图6-5-7所示。单击"确定"按钮，图像如图6-5-8所示。

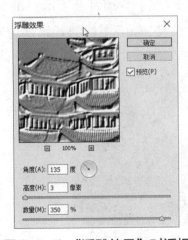

图6-5-7 "浮雕效果"对话框

图6-5-8 模糊和浮雕处理

2."计算"和"应用图像"命令

（1）单击"图像"→"计算"命令，调出"计算"对话框，在"源1"选区的"通道"下拉列表中选择"Alpha 1"选项。在"源2"选区的"通道"下拉列表内选择"Alpha 1 拷贝"

选项，在"混合"下拉列表内选择"差值"选项，如图6-5-9所示。

（2）单击"计算"对话框内的"确定"按钮。此时，"通道"面板内会生成"Alpha 2"通道，该通道内的图像如图6-5-10所示。

（3）单击"通道"面板内的"RGB"通道，选中"图层"面板中的"图层0"。单击"图像"→"应用图像"命令，调出"应用图像"对话框。

（4）在"图层"下拉列表内选择"合并图层"选项，在"通道"下拉列表内选择"Alpha 2"选项，在"混合"下拉列表内选择"叠加"选项，在"不透明度"数值框内输入100，如图6-5-11所示。单击"确定"按钮，效果如图6-5-1所示。

图6-5-9 "计算"对话框

图6-5-10 "Alpha 2"
通道内的图像

图6-5-11 "应用图像"
对话框设置

（5）输入华文琥珀字体、大小为72点的文字"角楼"，并添加"斜面和浮雕"图层样式。

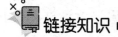 **链接知识**

1."应用图像"命令

"应用图像"命令可以将两个图层和通道以某种方式合并。为了介绍合并方法，准备"风景.jpg"和"角楼.psd"两幅图像，如图6-5-12所示。其中，"角楼.psd"图像的背景是透明的。这两幅图像的尺寸是一样的。

图6-5-12 "风景.jpg"和"角楼.psd"图像

（1）图层合并的操作步骤如下。

- 选中"风景.jpg"图像，使其成为当前图像。单击"图像"→"应用图像"命令，调出"应用图像"对话框，如图6-5-13所示。在此进行相应的设置，并将合并后的图像存放在目标图像（当前"风景.jpg"图像）内，单击"确定"按钮，关闭该对话框，此时的"风景.jpg"图像如图6-5-14所示。

图6-5-13 "应用图像"对话框1

图6-5-14 合并后的图像

- 可以看出，目标图像就是当前图像，而且是不可以改变的。在"源"下拉列表内选择源图像文件，即与目标图像合并的图像文件。此处选择"角楼.psd"图像文件。

- 在"图层"下拉列表内选择源图像的图层。如果源图像有多个图层，则可以选择"合并图层"选项，即选择所有图层，此处选择"合并图层"选项。也可以选择"图层0"选项，即"角楼.psd"图像所在图层，效果是一样的。

- 在"通道"下拉列表内选择相应的通道，此处选择"RGB"选项，即选择合并的复合通道（对于不同模式的图像，复合通道名称是不一样的）。

- 在"混合"下拉列表内选择一种混合模式，即目标图像与源图像合并时采用的混合方式。此处选择"滤色"选项。在"不透明度"数值框内输入不透明度的百分数。该不透明度是指合并后源图像内容的不透明度。此处设置为100%。

- 确定是否选中"反相"复选框。选中该复选框后，可使源图像颜色反相后与目标图像合并。此处不选择该复选框。单击"确定"按钮。

（2）加入蒙版：为了解蒙版的作用，还需要打开"睡莲.jpg"图像，如图6-5-15所示。它的大小与"风景.jpg"和"角楼.psd"图像的大小一样。调出"应用图像"对话框，选中其内的"蒙版"复选框，即可展开"蒙版"复选框下边的选项，如图6-5-16所示。新增各选项的作用如下。

图6-5-15 "睡莲.jpg"图像

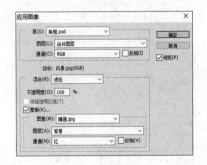

图6-5-16 "应用图像"对话框2

- "图像"下拉列表：用来选择作为蒙版的图像。默认的是目标图像。

● "图层"下拉列表：用来选择作为蒙版的图层。默认的是"背景"选项。

● "通道"下拉列表：用来选择作为蒙版的通道。默认的是"灰色"选项。

● "反相"复选框：选中它，蒙版内容反转，即黑变白、白变黑、浅灰变深灰。

在实操过程中，读者可以对比一下加了蒙版和不加蒙版的区别。

2. "计算"命令

单击"图像"→"计算"命令，可以将两个通道以某种方式合并。打开"风景.jpg""角楼.psd""睡莲.jpg"3幅图像（要求3幅图像的大小一样）。通道合并的操作步骤如下。

（1）选中"风景.jpg"图像，使其成为目标图像。将合并后的图像存放在目标图像内。

（2）单击"图像"→"计算"命令，调出"计算"对话框，如图6-5-17所示。该对话框中有两个源图像，每个源选区的选项都与"应用图像"对话框的源选区内的选项一样。

（3）在"源1"下拉列表中选择"风景.jpg"图像文件，在"源1"下拉列表中选择"睡莲.jpg"图像文件。在两个"图层"下拉列表内分别选择"背景"选项和"合并图层"选项，在"通道"下拉列表内选择"灰色"选项，不选择"反相"复选框，在"混合"下拉列表内选择"正片叠底"选项，"不透明度"数值框内的值为100%，如图6-5-17所示。

（4）"结果"下拉列表用来选择通道合并后生成图像存放的位置。它有3个选项。此处选择"新建文档"选项。3个选项的作用如下。

● "新建通道"：将合并后生成的图像存放在目标图像的新建通道中。

● "新建文档"：将合并后生成的图像存放在新建的图像文档中。

● "选区"：将合并后生成的图像转换为选区，载入目标图像中。

（5）选中"计算"对话框内的"蒙版"复选框，展开"计算"对话框。在"图像"下拉列表中选择"角楼.psd"图像作为蒙版，选中"反相"复选框。

（6）单击"确定"按钮，生成一个有合并图像的"Alpha 1"通道，其内图像如图6-5-18所示。

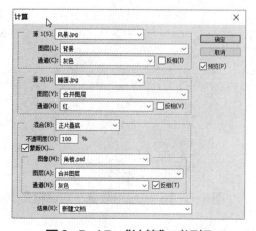

图6-5-17　"计算"对话框

图6-5-18　合并图像

【思考练习】

1．制作一幅"抗战纪念"图像，如图6-5-19所示。

2．制作一幅"历史丰碑"图像，如图6-5-20所示。

图6-5-19　"抗战纪念"图像　　　　　图6-5-20　"历史丰碑"图像

2．制作一幅"木刻熊猫"图像，如图6-5-21所示。它是利用如图6-5-22所示的"熊猫"和"木纹"图像制作而成的。

图6-5-21　"木刻熊猫"图像　　　　　图6-5-22　"熊猫"和"木纹"图像

第7章 路径、动作、切片与Bridgeying应用

本章通过学习5个案例的制作，可以使读者掌握路径与动作的基本概念，以及创建、编辑和应用路径的方法；掌握使用动作和创建自定义动作的方法，使用切片工具制作网页的方法，以及应用Adobe Bridge CC浏览、编辑和处理图像的基本方法。

7.1 【案例31】照片框架

"照片框架"图像如图7-1-1所示。它是给一幅"佳人.psd"图像（见图7-1-2）添加艺术像框后获得的。

图7-1-1 "照片框架"图像

图7-1-2 "佳人.psd"图像

【制作方法】

1. 制作纹理背景

（1）打开一幅名为"佳人.psd"的图像文件，调整该图像的宽为350像素、高为300像素，并以名称"照片框架.psd"保存。

（2）使用"椭圆选框工具" ⬭，创建一个椭圆选区，单击"选择"→"反选"命令，将选区反选，如图7-1-3所示。

（3）单击"滤镜"→"纹理"→"纹理化"命令，调出"纹理化"对话框，按照图7-1-4进行设置。

（4）单击"纹理化"对话框内的"确定"按钮，将选区内的图像进行画布纹理滤镜处理。

单击"选择"→"反选"命令，将选区反选，效果如图7-1-5所示。

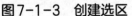

图7-1-3　创建选区

图7-1-4　"纹理化"对话框设置

图7-1-5　画布纹理滤镜
处理效果

（5）在"背景"图层上创建一个名称为"图层1"的图层，单击"图层"面板内"背景"图层左边的 👁 图标，使该图标隐藏，即隐藏"背景"图层。

2．制作立体框架

（1）单击"路径"面板内的"从选区生成工作路径"按钮 ⟳ ，在画布中将椭圆选区转换为椭圆路径。此时，在"路径"面板中会自动生成名称为"工作路径"的路径层，其内是刚创建的椭圆路径。

（2）单击"钢笔工具"按钮 ✒ ，在其选项栏的"选择工具模式"下拉列表中选择"路径"选项，沿着椭圆路径外侧勾画出一个相框形状的路径。

（3）使用钢笔工具组和路径工具组中的工具进行路径形状的调整。最后效果如图7-1-6所示。此时，"工作路径"层中是刚刚创建的相框路径。

（4）双击"路径"面板内的"工作路径"层，调出"存储路径"对话框，单击"确定"按钮，将"工作路径"层转换为"路径1"层。

（5）单击"路径"面板中的"将路径作为选区载入"按钮 ⬡ ，将路径转换为如图7-1-7所示的选区（还没有填充颜色）。

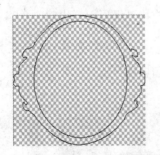

图7-1-6　绘制照片框架路径

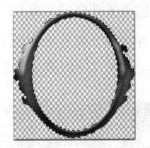

图7-1-7　应用图层样式

（6）选中"图层1"，给选区填充蓝色。调出"样式"面板，单击"样式"面板中的"蓝色玻璃"样式图标 ▪ 。为"图层1"应用样式，效果如图7-1-7所示。按Ctrl+D组合键，取消选区。

（7）双击"图层 1"的图层缩览图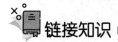，调出"图层样式"对话框，修改该对话框内的参数。

（8）单击"确定"按钮，关闭"图层样式"对话框。显示"背景"图层，最后效果如图 7-1-1 所示。

链接知识

1. 创建、删除和复制路径

（1）创建一个空路径层：单击"路径"面板中的"创建新路径"按钮，即可在当前路径层下边创建一个新的空路径层。以后可以在该路径层内绘制路径。

也可以单击"路径"面板内右上角的"面板菜单"按钮，调出"路径"面板菜单，单击该菜单内的"新建路径"命令，调出"新建路径"对话框，如图 7-1-8 所示。在"名称"文本框内输入路径层的名称，单击"确定"按钮，即可在"路径"面板内新建一个名称为"路径 1"的路径层。选中"路径 1"，创建一个路径，如椭圆路径，此时"路径"面板如图 7-1-9 所示。

（2）复制路径层：选中"路径"面板中要复制的路径层。单击"路径"面板菜单中的"复制路径"命令，调出"复制路径"对话框，如图 7-1-10 所示。在"名称"文本框内输入新路径层的名称，单击"确定"按钮，即可在当前路径层上创建一个复制的路径层。

图 7-1-8 "新建路径"对话框　　图 7-1-9 "路径"面板　　图 7-1-10 "复制路径"对话框

（3）利用文字工具创建路径层：使用"文字工具"，在画布窗口内输入文字，如"ABC"，如图 7-1-11 所示。右击"图层"面板内的"文字"图层，调出图层菜单，单击该菜单内的"创建工作路径"命令，即可将文字的轮廓线转换为路径，此时，"路径"图层内会新增一个存放文字路径的名称为"工作路径"的路径层。使用"路径选择工具"，拖曳一个矩形，选中文字对象，显示出路径锚点，如图 7-1-12 所示。

图 7-1-11 输入文字　　　　　　　图 7-1-12 路径锚点

（4）按键删除锚点和路径：按 Delete 或 BackSpace 键，可以删除选中的锚点，也叫清除选中的锚点。选中的锚点呈实心小正方形。如果锚点都呈空心小正方形，则删除的是最后绘制的一段路径；如果锚点都呈实心小正方形，则删除的是整个路径。

（5）通过"路径"面板删除路径：选中"路径"面板中要删除的路径，将它拖曳到"删除当前路径"按钮 🗑 上，松开鼠标，即可删除选中的路径层和该路径层中的路径。单击"路径"面板菜单中的"删除路径"命令，也可以删除选中的路径层和路径。

（6）复制路径：单击"路径选择工具"按钮 ▶ 或"直接选择工具"按钮 ▷，拖曳围住部分路径或单击路径线（只适用于路径选择工具），将路径中的所有锚点（实心小正方形）显示出来，表示选中整个路径。按住 Alt 键，同时拖曳路径，可复制一个路径。

2．路径与选区的相互转换

（1）将路径转换为选区：选中"路径"面板中要转换为选区的路径，单击"路径"面板中的"将路径作为选区载入"按钮 ⚬ ，即可将选中的路径转换为选区。

单击"路径"面板菜单中的"建立选区"命令，调出"建立选区"对话框，如图7-1-13所示。利用该对话框进行设置后，单击"确定"按钮，也可以将路径转换为选区。

（2）将选区转换为路径：创建选区，单击"路径"面板菜单中的"建立工作路径"命令，调出"建立工作路径"对话框，如图7-1-14所示。利用该对话框进行容差设置，单击"确定"按钮，即可将选区转换为路径。单击"路径"面板中的"从选区生成工作路径"按钮 ⚬ ，可以在不改变容差的情况下将选区转换为路径。

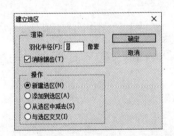

图7-1-13 "建立选区"对话框

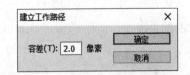

图7-1-14 "建立工作路径"对话框

3．填充路径与路径描边

（1）填充路径：创建一个路径，如图7-1-15所示。填充路径的方法如下。

① 设置前景色。选中"路径"面板中要填充的路径层，并选中"图层"面板中的普通图层，单击"路径"面板中的"用前景色填充路径"按钮 ● ，即可用前景色填充路径。

② 单击"路径"面板菜单中的"填充路径"命令，调出"填充路径"对话框。利用该对话框设置填充方式和其他参数，如图7-1-16所示，单击"确定"按钮，即可完成填充，效果如图7-1-17所示。

（2）路径描边：创建一个如图7-1-15所示的路径。路径描边的方法如下。

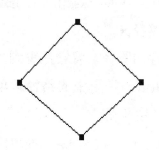

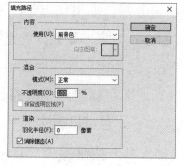

图7-1-15　路径　　　　图7-1-16　"填充路径"对话框　　　图7-1-17　路径填充效果

① 设置前景色。选中"路径"面板中要描边的路径。使用"画笔工具"，或者使用"图案图章工具"等绘图工具，设置相关参数。

② 单击"路径"面板菜单中的"描边路径"命令，调出"描边路径"对话框，如

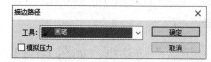

图7-1-18　"描边路径"对话框

图 7-1-18 所示。在"工具"下拉列表内选择一种绘图工具，选中"模拟压力"复选框，单击"确定"按钮，可以设定描边的绘图工具。前景色路径描边效果如图7-1-19所示。

如果使用"图案图章工具"，则可以在选项栏内单击"绘图压力大小"按钮。这样，可以在使用"画笔工具"或"图案图章工具"时，模拟压力笔的效果，单击"确定"按钮，也可以设定描边的绘图工具。

另外，单击"路径"面板中的"用前景色描边路径"按钮，可以用前景色和设定的画笔形状给当前路径描边。

图7-1-19是用"画笔工具"（没有选中"模拟压力"复选框）描边的图像；选中"模拟压力"复选框后，描边的图像效果如图7-1-20所示。用"图案图章工具"描边后的图像如图7-1-21所示。

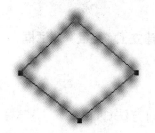

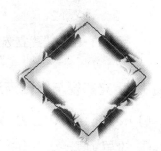

图7-1-19　前景色路径描边效果　　图7-1-20　前景色描边效果　　图7-1-21　"图案图章工具"
　　　　　　　　　　　　　　　　　　　　　　　　　　　　　　　　　　　描边效果

【思考练习】

1．制作一幅"别墅照片框架"图像，如图7-1-22所示。它是给一幅"别墅.jpg"图像（见图7-1-23）添加艺术相框后获得的。

2．采用创建路径后将路径转换为选区的方法，将图 7-1-24 中的飞机选出来。

图 7-1-22 "别墅照片框架"图像　图 7-1-23 "别墅.jpg"图像　　图 7-1-24 "飞机"图像

7.2 【案例32】"手写立体字"和"鹰击长空"图像

"手写立体字"图像如图 7-2-1 所示。"鹰击长空"图像如图 7-2-2 所示，该图像是利用如图 7-2-3 所示的"云.jpg"和"鹰.jpg"图像制作而成的。

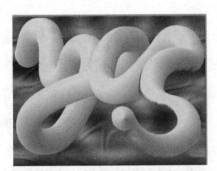 

图 7-2-1 "手写立体字"图像　　　　　　图 7-2-2 "鹰击长空"图像

图 7-2-3 "云.jpg"和"鹰.jpg"图像

【制作方法】

1．"手写立体字"图像

（1）新建宽为 400 像素、高为 300 像素、模式为 RGB 颜色、背景为白色的画布。

（2）在"图层"面板内新建名称为"图层1"的图层，选中"图层1"，使用工具箱中的"自由钢笔工具" ，在画布窗口内书写"yes"路径。

（3）使用工具箱中的"直接选择工具" 或"添加锚点工具" 选中路径，如图 7-2-4

所示。调节路径中的各节点，如图7-2-5所示（还没有绘制圆形图形）。

（4）使用工具箱中的"画笔工具"　，选择一个50像素的圆形、无柔化的画笔，在"yes"路径的起始处单击，绘制一个圆形图形，如图7-2-5所示。

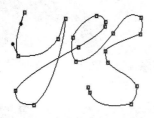

图7-2-4　选中"yes"路径

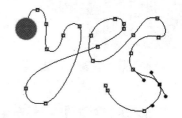

图7-2-5　调节路径中的各节点

（5）使用工具箱中的"魔棒工具"　，单击圆形，创建选中圆形的选区，如图7-2-6（a）所示。

（6）使用工具箱中的"填充工具"　，先单击其选项栏中的"角度渐变"按钮　，再单击"渐变样式"　下拉按钮，调出"渐变编辑器"对话框。在"预设"列表框内选中"橙，黄，橙渐变"图标，单击"确定"按钮，完成"橙，黄，橙渐变"角度渐变色设置。由圆形中心向边缘拖曳，给圆形选区填充渐变色，结果如图7-2-6（b）所示。

（7）按Ctrl+D组合键，取消选区。单击工具箱中的"涂抹工具"按钮　，在其选项栏内选中刚刚使用过的画笔，设置"强度"为100%。单击"路径"面板菜单中的"描边路径"命令，调出"描边路径"对话框，选择"涂抹工具"选项，单击"确定"按钮，即可给路径描边涂抹"橙，黄，橙渐变"渐变色，结果如图7-2-7所示。

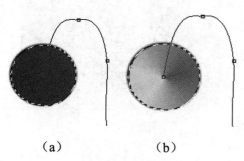

（a）　　　　　　（b）

图7-2-6　圆形选区和填充选区

图7-2-7　路径描边涂抹

注意："yes"路径的起始点必须与正圆的圆心对齐，否则一定要使用工具箱中的"直接选择工具"　进行调整。

（8）单击"路径"面板菜单中的"删除路径"命令，删除路径。

（9）双击"图层"面板中的"背景"图层，调出"新建图层"对话框，单击"确定"按钮，将"背景"图层转换为名称为"图层0"的普通图层。单击"样式"面板内的"扎染丝绸（纹理）"图标　，给"图层0"添加图层样式，效果如图7-2-1所示。

（10）将该图像以名称"手写立体字.psd"保存。

2. "鹰击长空"图像

（1）打开"云.jpg"和"鹰.jpg"图像，如图7-2-3所示。选中"云.jpg"图像并单击"图像"→"图像大小"命令，调出"图像大小"对话框。在该对话框的"宽度"栏右边的下拉列表中选择"像素"选项，在"宽度"数值框中输入400，"高度"数值框中的数值自动调整为300，保持原比例不变，如图7-2-8所示。单击"确定"按钮，将"云.jpg"图像调整为宽400像素、高300像素。

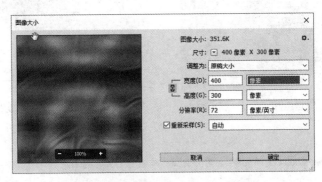

图7-2-8 "图像大小"对话框

（2）选中"鹰.jpg"图像，将调整为宽200像素、高170像素。使用工具箱内的"钢笔工具" ，沿鹰图像四周绘制出其轮廓线路径，并对该路径进行修改，使该路径与鹰图像的轮廓线一致，如图7-2-9所示。

（3）单击"路径"面板中的"将路径作为选区载入"按钮 ，将路径转换为选区，如图7-2-10所示。

图7-2-9 使路径与鹰图像的轮廓线一致

图7-2-10 将路径转换为选区

（4）使用"移动工具" ，将选区中的鹰图像拖曳到"云.jpg"图像中。单击"编辑"→"自由变换"命令，调整鹰图像的大小与位置。最后效果如图7-2-11所示。

（5）在"图层"面板的"图层1"的上边复制一份"图层1"，名称为"图层1副本"。选中"图层1副本"图层。

（6）单击"滤镜"→"模糊"→"动感模糊"命令，调出"动感模糊"对话框，在该对话框的"角度"数值框中输入45，在"距离"数值框内输入80，如图7-2-12所示。单击"确定"按钮，即可将"图层1副本"图层内的鹰图像进行动感模糊处理。

（7）使用工具箱中的"移动工具" ，向右上方拖曳"图层1副本"图层内的鹰图像，最后效果如图7-2-2所示。

图7-2-11　调整鹰图像的大小与位置

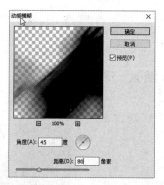

图7-2-12　"动感模糊"对话框

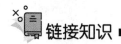 链接知识

1. 钢笔与路径工具组

路径是由含有多个节点的矢量线（也叫贝赛尔曲线）构成的图形，如图7-2-13所示。

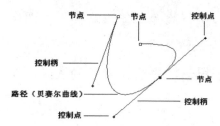

图7-2-13　路径\控制柄和控制点

通过使用钢笔工具或形状工具，可以创建各种形状的路径。使用路径工具可以选择路径、移动路径和改变路径形状。

　　贝赛尔曲线是一种以三角函数为基础的曲线，其两个端点叫作节点，也叫锚点。路径很容易编辑修改，它可以与图像一起输出，也可以单独输出。贝赛尔曲线的每一个节点都有一条直线控制柄，直线的方向与曲线节点处的切线方向一致，直线控制柄两端的端点叫控制点，如图7-2-13所示。拖曳控制点，可以很方便地调整贝赛尔曲线的方向和曲率，从而改变路径的形状。

钢笔工具组如图7-2-14所示，路径工具组如图7-2-15所示。当使用矩形工具等绘图工具时，其选项栏中也有"钢笔工具"和"自由钢笔工具"按钮。

图7-2-14　钢笔工具组

图7-2-15　路径工具组

（1）"钢笔工具" ：工具箱中的"钢笔工具" 用来绘制直线和曲线路径。在单击

"钢笔工具"按钮 后，在选项栏的"选择工具模式"下拉列表中选择"形状"选项，此时的选项栏如图7-2-16所示；在选项栏的"选择工具模式"下拉列表中选择"路径"选项，此时的选项栏如图7-2-17所示。

图7-2-16 "钢笔工具"选项栏（选择"形状"选项）

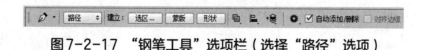

图7-2-17 "钢笔工具"选项栏（选择"路径"选项）

"钢笔工具"选项栏与形状工具组内矩形工具等绘图工具的选项栏基本一样，只是增加了"自动添加/删除"复选框，共同选项的作用可参看5.4节中的有关内容，其他选项的作用简介如下。

- "自动添加/删除"复选框：如果选中该复选框，则"钢笔工具"不仅可以绘制路径，还可以在原路径上删除或增加锚点。当将鼠标指针移到路径线上时，鼠标指针会在原指针 的右下方增加一个"+"号 ，单击路径线，即可在单击处增加一个锚点；当将鼠标指针移到路径的锚点上时，鼠标指针会增加一个"−"号 ，单击锚点后，即可删除该锚点。

- "几何选项"按钮：单击它，可以调出一个"钢笔选项"面板，如图7-2-18所示，选中"橡皮带"复选框，在用"钢笔工具"创建一个锚点后，会随着鼠标指针的移动，在上一个锚点与鼠标指针之间产生一条直线，就像拉长了一个橡皮筋。

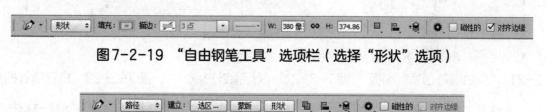

图7-2-18 "钢笔选项"面板

（2）"自由钢笔工具" ：用于绘制任意形状的曲线路径。在按下"自由钢笔工具"按钮 后，在选项栏的"选择工具模式"下拉列表中选择"形状"选项，此时的选项栏如图7-2-19所示；在选项栏的"选择工具模式"下拉列表中选择"路径"选项，此时的选项栏如图7-2-20所示。这两个选项栏内各自增加的选项的作用和"自由钢笔工具"的使用方法如下。

图7-2-19 "自由钢笔工具"选项栏（选择"形状"选项）

图7-2-20 "自由钢笔工具"选项栏（选择"路径"选项）

- "磁性的"复选框：如果选中该复选框，则"自由钢笔工具" 变为"磁性钢笔工具",鼠标指针会变为 形状。它的磁性特点与"磁性套索工具"的磁性特点基本一样,在使用"磁性钢笔工具"绘图时,系统会自动将鼠标指针移动的路径定位在图像的边缘。

- "几何选项"按钮:单击它,可以调出一个"自由钢笔选项"面板,如图7-2-21所示。该面板内各选项的作用如下。

"曲线拟合"数值框:用于输入控制自由钢笔创建路径的锚点的个数。该数值越大,锚点的个数就越少,曲线就越简单,其取值是0.5～10。

"磁性的"复选框:只有选中该复选框后,下边的3个数值框才有效,其作用与选项栏中的"磁性的"复选框的作用一样。"宽度""对比""频率"数值框分别用来调整"磁性钢笔工具"的相关参数。"宽度"数值框用来设置系统的检测范围;"对比"数值框用来设置系统检测图像边缘的灵敏度,该数值越大,图像边缘与背景的反差越大;"频率"数值框用来设置锚点的速率,该数值越大,锚点越多。

"钢笔压力"复选框:在安装钢笔后,该复选框有效,选中后,可以使用钢笔压力。

(3)"添加锚点工具" : 单击"添加锚点工具"按钮 ,当鼠标指针移到路径线上时,指针会增加一个"+"号,单击路径线,即可在单击处增加一个锚点。

(4)"删除锚点工具" : 使用"删除锚点工具" ,当鼠标指针移到路径线上的锚点或控制点处时,会在原指针 的右下方增加一个"-"号,单击锚点即可将该锚点删除。

(5)"转换点工具" : 当鼠标指针移到路径线上的锚点处时,鼠标指针会由原鼠标指针形状 变为 形状,如图7-2-22所示。拖曳曲线即可使这段曲线变得平滑,鼠标指针变为褐色三角箭头状,如图7-2-23所示。使用"转换点工具" ,在拖曳直线锚点时,可以显示出该锚点的切线,拖曳切线两端的控制点,可改变路径的形状,如图7-2-23所示。单击锚点,可将曲线锚点转换为直线锚点或将直线锚点转换为曲线锚点。

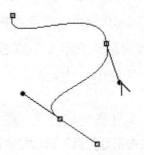

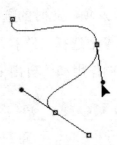

图7-2-21 "自由钢笔选项"面板　图7-2-22 鼠标指针形状　图7-2-23 鼠标指针的变化

(6)"路径选择工具" :单击按下"路径选择工具"按钮 ,将鼠标指针移到画布窗口内,此时鼠标指针呈 状。单击路径线或画布,或者拖曳围住一部分路径,可将路径中的所有锚点(实心黑色正方形)显示出来,如图7-2-24所示,同时选中整个路径。此时拖曳路径，可整体移动路径。单击路径线外部画布窗口内的任一点，即可隐藏路径上的锚点。

（7）"直接选择工具" ：单击按下"直接选择工具"按钮 ，将鼠标指针移到画布窗口内，鼠标指针会呈 状。拖曳围住部分路径，可将围住的路径中的所有锚点显示出来（实心黑色正方形），没有围住的路径中的所有锚点为空心小正方形，如图 7-2-25 所示。

拖曳锚点，即可改变锚点在路径上的位置和形状。拖曳曲线锚点或曲线锚点的切线两端的控制点，可以改变路径的形状，如图 7-2-26 所示，与图 7-2-23 基本一样。按住 Shift 键，同时拖曳，可以在 45° 的整数倍方向上移动控制点或锚点。单击路径线外的画布，可隐藏锚点。

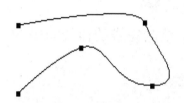

图 7-2-24　实心锚点

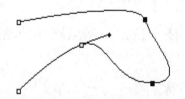

图 7-2-25　实心和空心锚点

图 7-2-26　改变路径形状

2. 创建直线、折线与多边形路径

若要绘制直线、折线或多边形，则应先单击"钢笔工具"按钮 ；再将鼠标指针移到画布窗口内，此时鼠标指针在原指针 的右下方增加一个"*"号 ，表示单击后产生的是起始锚点。单击创建起始锚点后，在原指针 的右下方增加一个"/"号，表示再次单击会产生一条直线路径。在绘制路径时，如果按住 Shift 键，同时在画布窗口内拖曳，则可以保证曲线路径的控制柄的方向是 45° 的整数倍方向。

（1）绘制直线路径：单击直线路径的起点，松开鼠标后单击直线路径的终点，即可绘制一条直线路径，如图 7-2-27 所示。

（2）绘制折线路径：先单击折线路径的起点；再单击折线路径的下一个转折点，不断依次单击各转折点；最后双击折线路径的终点，即可绘制一条折线路径，如图 7-2-28 所示。

（3）绘制多边形路径：先单击折线路径的起点；再单击折线路径的下一个转折点，不断依次单击各转折点；最后将鼠标指针移到折线路径的起点处，此时鼠标指针将在原指针 的右下方增加一个"。"，单击该起点即可绘制一条多边形路径，如图 7-2-29 所示。

图 7-2-27　直线路径

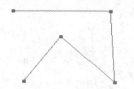

图 7-2-28　折线路径

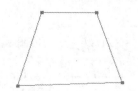

图 7-2-29　多边形路径

在绘制完路径后，单击工具箱内的任何一个按钮，即可结束路径的绘制。

3. 创建曲线路径的两种方法

（1）先绘直线再定切线。具体的操作方法如下。

① 单击工具箱内的"钢笔工具"按钮 ✐ 。

② 先单击曲线路径起点，松开鼠标；再单击下一个锚点，即在两个锚点之间产生一条线段。在不松开鼠标的情况下拖曳，会出现两个控制点和两个控制点间的控制柄，如图 7-2-30 所示。控制柄线条是曲线路径线的切线。拖曳它可改变控制柄的位置和方向，从而调整曲线路径的形状。

③ 如果曲线有多个锚点，则应依次单击下一个锚点，并在不松开鼠标的情况下拖曳，以产生两个锚点之间的曲线路径，如图 7-2-31 所示。

④ 曲线绘制完毕后，单击任一按钮，结束路径的绘制。绘制完毕的曲线如图 7-2-32 所示。

（2）先定切线再绘曲线。具体的操作方法如下。

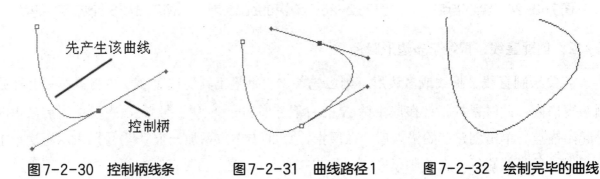

图 7-2-30　控制柄线条　　　图 7-2-31　曲线路径1　　　图 7-2-32　绘制完毕的曲线

① 单击工具箱内的"钢笔工具"按钮 ✐ 。

② 首先单击曲线路径起点，不松开鼠标，拖曳以形成方向合适的控制柄；其次松开鼠标，此时会产生一条控制柄；然后单击下一个锚点，此时该锚点与起始锚点之间会产生一条曲线路径，如图 7-2-33 所示；最后单击下一个锚点，即可产生第二条曲线路径，按住鼠标，拖曳即可产生第三个锚点的控制柄。拖曳它可调整曲线路径的形状，如图 7-2-34 所示。松开鼠标，即可绘制一条曲线，如图 7-2-35 所示。

③ 如果曲线路径有多个锚点，则应依次单击下一个锚点，并在不松开鼠标的情况下拖曳，以调整两个锚点之间的曲线路径的形状。

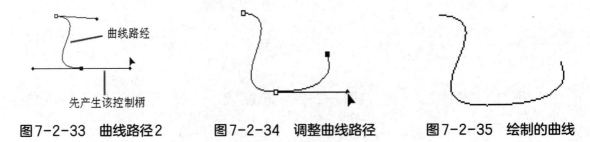

图 7-2-33　曲线路径2　　　图 7-2-34　调整曲线路径　　　图 7-2-35　绘制的曲线

【思考练习】

1．制作一幅"手写字"图像，如图 7-2-36 所示。

2．制作一幅"电磁效应"毛刺文字图像，如图 7-2-37 所示。制作此图像的提示如下。

（1）创建"电磁效应"文字选区，将选区转换为路径，删除文字图层，并创建名称为"图层1"的图层。

（2）使用画笔工具，导入新画笔，选中"星形放射小"画笔，在"画笔"面板内选中"动态颜色"选项并进行其他设置，创建新画笔。

（3）设置前景色为红色、背景色为黄色；使用创建的画笔进行路径描边，并删除路径。

图7-2-36 "手写字"图像　　　　　　　图7-2-37 "电磁效应"毛刺文字图像

7.3 【案例33】彩珠图案

"彩珠图案"图像是一幅由一些大小不同的立体彩珠组成的美丽图案，具有很强的对称性，如图 7-3-1 所示。

【制作方法】

1．制作基本图像

（1）单击"文件"→"新建"命令，调出"新建"对话框，在"背景内容"下拉列表中选择"白色"选项，将宽度和高度均设置为1000 像素，在"颜色模式"下拉列表中选择"RGB 颜色"选项，在"分辨率"数值框中输入72。单击"确定"按钮，新建一个画布窗口。

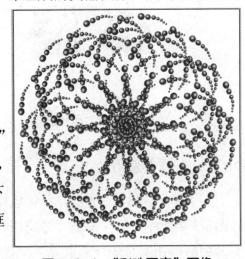

图7-3-1 "彩珠图案"图像

（2）单击"文件"→"存储为"命令，调出"另存为"对话框，利用该对话框将新文档以名称"彩珠图案.psd"保存。

（3）在"图层"面板内，单击"创建新图层"按钮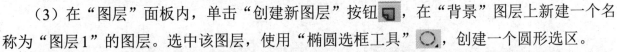，在"背景"图层上新建一个名称为"图层1"的图层。选中该图层，使用"椭圆选框工具" ，创建一个圆形选区。

（4）单击工具箱内的"设置前景色"图标，调出"拾色器"对话框，设置前景色为白色；单击工具箱内的"设置背景色"图标，调出"拾色器"对话框，设置背景色为蓝色。

先单击"渐变工具"按钮 ，再单击选项栏内的"径向渐变"按钮 。单击"渐变样式"下拉按钮 ，调出"渐变编辑器"对话框，单击其"预设"列表框中第1个"前景色到背景色渐变"图标 ，单击"确定"按钮。

（5）在圆形选区内，从左上角向右下方拖曳，给选区内填充白色到蓝色的径向渐变色。按Ctrl+D组合键，取消选区，绘制一个蓝色彩球，如图7-3-2（a）所示，调整该图形的位置。

（6）6次将"图层1"拖曳到"图层"面板的"创建新图层"按钮 上，复制6个"图层1"。使用"移动工具" ，在其选项栏内选中"自动选择"复选框。水平移动各复制图层内的蓝色彩球图形，使7个蓝色彩球图形以一字线排开。

（7）选中左起第2个蓝色彩球，按Ctrl+T组合键，进入自由变换状态并选中第2个蓝色彩球，如图7-3-2（b）所示。在它的选项栏的"W"和"H"数值框内输入85%，将图像等比例调小，按Enter键确定。

按照上述方法，依次调整其他蓝色彩球图形的大小和位置，效果如图7-3-3所示。

（8）在"图层"面板内，选中最上边的图层，按住Shift键，单击"图层1"，选中所有绘制了图形的7个图层，右击选中的图层，调出其快捷菜单，单击其中的"合并图层"命令，将选中的图层合并为一个图层，并将该图层的名称改为"图层1"，该图层内的图形如图7-3-3所示。

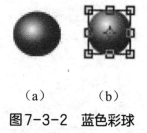

（a）　　　　　　（b）

图7-3-2　蓝色彩球

图7-3-3　变换效果

2．制作并使用动作

（1）调出"动作"面板，单击该面板内的"创建新组"按钮 ，调出"新建组"对话框，如图7-3-4所示。在"名称"文本框内输入"彩珠串"，单击"确定"按钮，在"动作"面板内创建一个名称为"彩珠串"的新组。

（2）单击"创建新动作"按钮 ，调出"新建动作"对话框，在"名称"文本框内输入"动作1"，如图7-3-5所示。单击"确定"按钮，创建一个动作，进入动作录制状态。

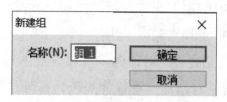

图7-3-4　"新建组"对话框

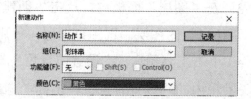

图7-3-5　"新建动作"对话框

（3）按Ctrl+Alt+T 组合键，进入自由变换并复制状态，按住 Alt+Shift 键，将控制框的中心点移到如图7-3-6 所示的位置。

在其选项栏的"△"数值框中输入45，设置顺时针旋转45°，按Ctrl+Enter 组合键确定。单击"动作"面板中的"停止播放/记录"按钮■。"动作"面板1 如图7-3-7 所示。

（4）连续单击"播放选定动作"按钮▶，直至得到如图7-3-8 所示的效果。

（5）将"图层1"和所有它的副本图层合并，将合并后的图层命名为"图层1"。选中"背景"图层，按Ctrl+R 组合键，显示标尺，分别在水平和垂直方向上添加如图7-3-9 所示的辅助线。使用"移动工具"✛，将彩珠串图像移到如图7-3-10 所示的位置。

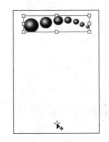

图7-3-6　设置中心点1

图7-3-7　"动作"面板1

图7-3-8　连续应用动作后的效果

（6）在"动作"面板中新建一个名称为"动作2"的动作，下面开始录制动作。

按Ctrl+Alt+T 组合键，进入自由变换并复制状态，按住 Alt+Shift 组合键，将控制框的中心点移到如图7-3-11 所示的位置。在其选项栏的"△"数值框中输入30，设置逆时针旋转30°，按Ctrl+Enter 组合键确定。

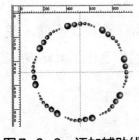

图7-3-9　添加辅助线

图7-3-10　调整图像位置

图7-3-11　设置中心点2

（7）单击"动作"面板中的"停止播放/记录"按钮■，此时的"动作"面板如图7-3-12 所示。连续单击"播放选定动作"按钮▶，直至得到如图7-3-13 所示的效果。

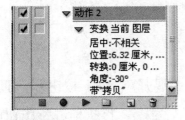

图7-3-12　"动作"面板2

图7-3-13　动作效果

（8）复制"图层1"，将复制的图层命名为"图层2"，将"图层2"及其所有副本图层合并，将合并后的图层命名为"图层2"，并将其隐藏。使用"移动工具"⊕，将"图层1"中的图像置于画布右上角处，如图7-3-14所示。

（9）单击"动作"面板中的"播放选定动作"按钮▶，得到如图7-3-15所示的效果。将"图层1"和它的副本图层合并到"图层1"中。

图7-3-14　图像位置

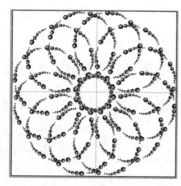

图7-3-15　变换复制图像

（10）将"图层2"显示出来，同时选中"图层1"和"图层2"两个图层。按Ctrl+T组合键，进入自由变换状态，在其选项栏的"W"和"H"数值框内输入90%，将图像等比例调小，按Ctrl+Enter组合键确定。

（11）分别调整"图层1"和"图层2"两个图层内图形的位置，效果如图7-3-1所示。

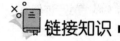

链接知识

1."动作"面板

动作是一系列操作（命令）的集合。动作的记录、播放、编辑、删除、存储、载入等操作都可以通过"动作"面板和"动作"面板菜单实现。"动作"面板如图7-3-16所示。下面先对"动作"面板进行初步介绍。

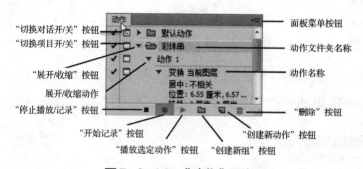

图7-3-16　"动作"面板1

（1）"展开/收缩"按钮▶：单击动作文件夹左边的"展开/收缩"按钮▶，可以将该动作文件夹中所有的动作展开，此时，"展开/收缩"按钮变为▼。再次单击▼按钮，又可以将展开的动作收缩。单击动作名称左边的"展开/收缩"按钮▶，可以展开组成该动作的所有操作名称，此时"展开/收缩"按钮会变为▼。再次单击▼按钮，可以收缩动作的所有操作名称。同样，每项操作的下边还有操作和选项设置，也可以通过单击▶按钮展开，单击▼按钮收缩。

（2）"切换项目开/关"按钮□：如果该按钮前面没有显示对钩，则表示该动作文件夹内的所有动作都不能执行或该动作/操作不能执行；如果显示黑色对钩✔，则表示该动作文件夹内的所有动作和所有操作都可以执行；如果显示红色对钩✔，则表示该动作文件夹内的部分动作或该动作下的部分操作可以执行。

（3）"切换对话开/关"按钮：当它显示黑色□时，表示在执行动作的过程中会调出对话框并暂停，只有在用户单击"确定"按钮后，才可以继续执行；当该按钮没有显示□时，表示在执行动作的过程中不调出对话框就暂停；当该按钮显示红色□时，表示动作文件夹中只有部分动作会在执行过程中调出对话框并暂停。

（4）"停止播放/记录"按钮■：单击它可以使当前正在录制动作的工作暂停。

（5）"开始记录"按钮●：单击它可以开始录制一个新的动作。

（6）"播放选定动作"按钮▶：单击它可以执行当前的动作或操作。

（7）"创建新组"图标▢：存储动作的文件夹，单击该按钮，可创建一个新的组，其右边给出动作文件夹名称。

（8）"创建新动作"按钮▢：单击它可新建一个动作，且将被存放在当前动作文件夹内。

（9）"删除"按钮▢：单击它可以删除当前的动作文件夹、动作或操作等。

2．使用动作

（1）关于动作的注意事项：不是所有操作都可以进行录制的，如使用绘画工具、色彩调整和工具选项设置等都不能进行录制，但可以在执行动作的过程中进行这些操作。另外，高版本 Photoshop 可以使用低版本 Photoshop 创建的动作，低版本 Photoshop 不可以使用高版本 Photoshop 创建的动作。

（2）选中多个动作的方法：按住 Ctrl 键，同时单击动作或动作文件夹，可以选中多个动作或动作文件夹；按住 Shift 键，同时单击起始和终止动作或动作文件夹，可以选中多个连续的动作或动作文件夹。选中动作文件夹，也就选中了动作文件夹中的所有动作。

（3）使用动作：选中一个或多个动作，单击"动作"面板中的"播放选定动作"按钮▶，或者单击"动作"面板菜单中的"播放"命令，即可依次执行选中的动作。

（4）设置动作的执行方式：单击"动作"面板菜单中的"回放选项"命令，可调出"回放选项"对话框，如图 7-3-17 所示。该对话框中各选项的作用如下。

●"加速"单选按钮：选中该单选按钮后，动作执行的速度最快。

●"逐步"单选按钮：选中该单选按钮后，以蓝色显示每一步当前执行的操作命令。

●"暂停"单选按钮：选中该单选按钮后，每执行一个操作就暂停设定的时间。暂停时

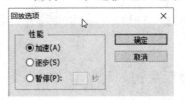

间由其右边数值框内输入的数值决定，其值为$1 \sim 60$，单位为秒。

单击"回放选项"对话框中的"确定"按钮，即可完成动作执行方式的设置。

图7-3-17　"回放选项"对话框

3．动作的基本操作

完成载入、替换、复位和存储动作的操作都需要执行"动作"面板菜单中的命令。为了介绍方便，下面先给出进行这些操作前的"动作"面板的状态，如图7-3-16所示。

（1）载入动作：单击"动作"面板菜单中的"载入动作"命令，调出"载入"对话框。选中该对话框中的文件名称（文件的扩展名是".ATN"），单击"载入"按钮。

也可以直接单击"动作"面板菜单中第6栏的动作名称，直接载入选中的动作。例如，单击"动作"面板菜单中的"画框"命令，此时"动作"面板如图7-3-18所示。

（2）替换动作：单击"动作"面板菜单中的"替换动作"命令，调出"载入"对话框。选中该对话框中的文件名称，单击"载入"按钮，即可将选中的动作载入"动作"面板中，并取代原来的所有动作。

（3）复位动作：单击"动作"面板菜单中的"复位动作"命令，调出提示框。单击其中的"追加"按钮，将"默认动作"追加到"动作"面板中原有动作的后面，如图 7-3-19 所示。单击提示框中的"确定"按钮，即可用"默认动作"替换原来的所有动作。

图7-3-18　"动作"面板2

图7-3-19　"动作"面板3

（4）存储动作：先单击"动作"面板中动作的文件夹序列名称，再单击"动作"面板菜单中的"存储动作"命令，调出"存储"对话框，输入文件的名字，单击"存储"按钮。

（5）复制动作：在"动作"面板中，将要复制的动作拖曳到"创建新动作"按钮上，或者选中要复制的动作，单击"动作"面板菜单中的"复制"命令。

（6）移动动作：在"动作"面板中，将要移动的动作拖曳到目标位置。

（7）删除动作：在"动作"面板中，将要删除的动作拖曳到"删除"按钮上。

（8）更改动作名称：双击"动作"面板中的动作名称，即进入动作名称修改状态。

（9）更改动作文件夹名称（组名称）：双击"动作"面板中要更改的组名称，进入组名称修改状态，修改动作文件夹名称。

4．插入菜单项目、暂停和路径

（1）插入菜单项目：在动作的操作中插入命令。选中"动作"面板中的动作名称或操作名称，单击"动作"面板菜单中的"插入菜单项目"命令，调出"插入菜单项目"对话框，如图7-3-20所示。例如，单击"编辑"→"拷贝"命令，此时，"插入菜单项目"对话框如图7-3-21所示。单击该对话框中的"确定"按钮，即可将操作的命令加入当前操作的下边。

图7-3-20 "插入菜单项目"对话框1   图7-3-21 "插入菜单项目"对话框2

注意： 如果选中的是"动作"面板中的动作名称，则增加的命令会自动增加在当前动作的最后面；如果选中的是"动作"面板中的操作名称，则增加的命令会自动增加在当前操作的后面。

（2）插入暂停：在动作的操作中插入暂停和提示框，可以在动作暂停时，进行不能录制的手动操作。暂停时的提示框还能以文字的形式提示用户进行何种操作。单击"动作"面板菜单中的"插入停止"命令，调出"记录停止"对话框，如图7-3-22所示。

如果选中该对话框内的"允许继续"复选框，则以后在执行该动作时，当执行到"停止"操作时，会调出一个"信息"提示框，如图7-3-23所示。单击"停止"按钮后，在"动作"面板内选中下一个动作，单击"播放选定动作"按钮 ▶，可继续执行"停止"操作下面的其他操作。

（3）插入路径：选中动作名称或操作名称，单击"动作"面板菜单中的"插入路径"命令，即可在当前操作的下面插入"设置工作路径"操作。

注意： 如果选中的是"动作"面板中的动作名称，则增加的"设置工作路径"操作会自动增加在当前动作的最后面。

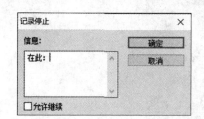
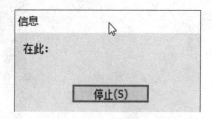

图7-3-22 "记录停止"对话框   图7-3-23 "信息"提示框

【思考练习】

1. 制作"网页导航栏按钮"图像，如图7-3-24所示。这是给网页导航栏制作的一组具有相同特点、不同文字的立体文字按钮。

图7-3-24 "网页导航栏按钮"图像

2. 制作一幅"童星"图像，如图7-3-25所示。制作该图像需要使用如图7-3-26所示的"夜景"和"儿童"图像

图7-3-25 "童星"图像 图7-3-26 "夜景"和"儿童"图像

7.4 【案例34】"世界名胜"网页

"世界名胜"网页的主页画面如图7-4-1所示。单击其中一幅世界名胜的小图像，即可调出相应的高清晰度世界名胜大图像网页，如图7-4-2所示。

图7-4-1 "世界名胜"网页的主页画面

图7-4-2 高清晰度世界名胜大图像网页

【制作方法】

1．制作网页的主页画面

（1）将8幅小图像（大小基本一样，高100像素、宽150像素；名称为"凡尔赛宫1"～"埃及金字塔1"）和8幅内容一样的大图像"凡尔赛宫2"～"埃及金字塔2"保存在"【案例34】世界名胜"文件夹中。

（2）新建宽为900像素、高为160像素、模式为RGB颜色、背景为浅蓝色的画布，以名称"世界名胜.psd"保存在"【案例34】世界名胜"文件夹中。

（3）打开8幅小图像文件。使用工具箱中的"移动工具" ，分别将这8幅小图像拖曳到"世界名胜.psd"图像中。调整这些图像的位置和大小，如图7-4-1所示。

（4）使用"横排文字工具" T，在其选项栏内设置文字的字体为隶书，大小为80点。单击画布上半部分，输入"世界名胜"文字。

（5）给"世界名胜"文字添加"斜面和浮雕""投影"图层样式，使文字呈立体状，效果如图7-4-1所示。将除"背景"图层外的所有图层合并，并将该图层命名为"图层1"。

2．制作网页和建立网页链接

（1）打开"【案例34】世界名胜"文件夹内的8幅大图像。选中"故宫2"图像，单击"导出"→"存储为Web所用格式"命令，调出"存储为Web所用格式"对话框，如图7-4-3所示，利用它将图像优化，减少文件字节数。

图7-4-3 "存储为Web所用格式"对话框

（2）单击"存储"按钮，调出"将优化结果存储为"对话框。选择"【案例34】世界名胜"文件夹，在"格式"下拉列表中选择"HTML 和图像"选项，在"文件名"文本框中输入文件的名字"故宫"。单击"保存"按钮，保存为网页文件（图像以GIF 格式保存在"【案例34】世界名胜"文件夹的"images"文件夹中）。

（3）按照上述方法，将其他7幅图像也保存为网页文件和GIF 图像文件，文件名分别为"凯旋门.html""凡尔赛宫.html""俄罗斯克里姆林宫.html""秦始皇兵马俑.html""长城.html"等。最后关闭这8幅图像。

（4）选中"世界名胜.psd"图像，在"图层"面板内选中"图层1"，单击工具箱内的"切片工具"按钮 ，在其选项栏的"样式"下拉列表中选择"正常"选项，在画布内拖曳选中左边第1幅图像，即可创建一个切片。按照相同的方法，使用"切片工具" ，为其他7幅图像创建独立的切片，最后效果如图7-4-4 所示。

图7-4-4　为8幅图像创建切片

（5）右击第1幅图像，调出一个快捷菜单，单击其中的"编辑切片选项"命令，调出"切片选项"对话框。在该对话框的"名称"文本框中输入"凡尔赛宫"；在"URL"文本框中输入要链接的网页名称，此处输入"凡尔赛宫.html"，如图7-4-5 所示。单击"确定"按钮，即可建立该切片与当前目录下"凡尔赛宫.html"网页文件的链接。

（6）按照上述方法，建立另外7幅图像切片与其他7个网页文件的链接。

（7）将加工的图像进行保存。单击"文件"→"存储为Web 所用格式"命令，调出"存储为Web 所用格式"对话框。按照上述方法，将它以名字"世界名胜.html"保存为网页文件。

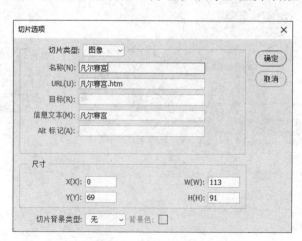

图7-4-5　"切片选项"对话框

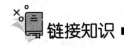链接知识

1．切片工具

"切片工具"  的作用是将画布切分出几个矩形热区切片，其选项栏如图7-4-6所示。在"样式"下拉列表中选择"正常"选项时，后面两个数值框会变为无效状态。

图7-4-6 "切片工具"选项栏

（1）"切片工具"选项栏中各选项的作用如下。

- "样式"下拉列表：用来设置选取切片长宽限制的类型。它有3个选项："正常""固定长宽比""固定大小"（固定切片的长宽数值）。
- "宽度"和"高度"数值框：在"样式"下拉列表中选择了"固定长宽比"或"固定大小"选项后，用来输入宽度和高度的比值或大小。

（2）用户切片和自动切片：单击工具箱内的"切片工具"按钮 ，在画布内拖曳（在"样式"下拉列表中选择"正常"或"固定长宽比"选项）或单击（在"样式"下拉列表中选择"固定大小"选项），即可创建切片，如图7-4-7所示。

切片分为用户切片和自动切片，用户切片是用户自己创建的，自动切片是系统自动创建的。用户切片的外框线的颜色与自动切片的外框线的颜色不一样，用户切片以高亮蓝色显示，如图7-4-7所示。将鼠标指针移到自动切片内，单击鼠标右键，调出一个快捷菜单，单击菜单中的"提升到用户切片"命令，即可将自动切片转换为用户切片。

（3）切片的超级链接：右击切片内部，调出一个快捷菜单，单击菜单中的"编辑切片选项"命令，调出"切片选项"对话框，如图7-4-5所示。在该对话框的"URL"文本框中输入网页的URL，即可建立切片与网页的超级链接。

如果在"切片类型"下拉列表内选择"无图像"选项，则"切片选项"对话框如图7-4-8所示。此时可以在"显示在单元格中的文本"文本框内直接输入HTML标识符。

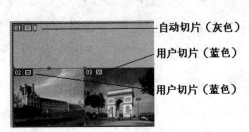

图7-4-7 用户切片和自动切片

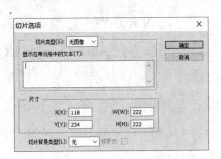

图7-4-8 "切片选项"对话框

2．切片选择工具

"切片选择工具"  主要用来选取切片，其选项栏如图 7-4-9 所示。

图 7-4-9 "切片选择工具"选项栏

（1）"切片选择工具"选项栏中各选项的作用如下。

- 按钮组：用来移动多层切片的位置。用来将切片移到最上边，用来将切片向上移一层，用来将切片向下移一层，用来将切片移到最下边。

- 提升 按钮：将选中的自动切片转换为用户切片。单击切片即可选中切片。

- 划分... 按钮：单击它可调出"划分切片"对话框，如图 7-4-10 所示。

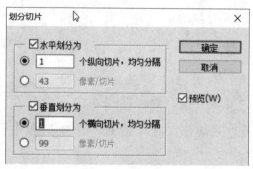

- 隐藏自动切片 按钮：单击它可隐藏自动切片，同时该按钮变为 显示自动切片 。单击"显示自动切片"按钮，可显示隐藏的自动切片，同时该按钮变为 隐藏自动切片 。

图 7-4-10 "划分切片"对话框

（2）调整切片的大小与位置：在单击"切片选择工具"按钮 后，选中要调整的用户切片。拖曳用户切片，可移动用户切片；拖曳用户切片边框上的灰色方形控制柄，可调整用户切片的大小。

【思考练习】

1．参考本案例网页的制作方法，制作一个"舌尖上的中国"网页。

2．参考本案例网页的制作方法，制作一个"我的校园生活"网页。

7.5　【案例35】图像批量处理

完成"图像批量处理"案例需要使用 Adobe Bridge 软件。Adobe Bridge 是一款专业的文件浏览软件，也是一款数字资产管理软件。它从 Adobe CC 套装包开始加入 Adobe 的桌面端设计产品的大家族中，现在已经成为 Adobe 设计软件中不可缺少的一部分。

目前，较高版本是 Adobe Bridge CC 2019。用户可以利用它很轻松地查看、搜索、排序和管理图像文件，也可以使用它创建新文件夹、进行移动和删除操作、编辑元数据、旋转图像，以及运行批处理命令，如对图像文件进行批量重命名等。另外，它还可以查看从数码相机中导入的有关文件和数据的信息，从而让用户更好地管理图像。Adobe Bridge 还能够集中访问多种格式的文件。制作本案例使用的是 Adobe Bridge CC 2017 软件。使用其他版本的 Adobe Bridge 软件的操作方法基本一样。

"图像批量处理"案例分 3 部分完成：首先将"鲜花 1"文件夹内的"鲜花 1.bmp"、"鲜花 2.bmp"和"鲜花 3.jpg"～"鲜花 10.jpg"10 幅图像（见图 7-5-1）的名称改为序列名称"鲜花 01.bmp"、"鲜花 02.bmp"和"鲜花 03.jpg"～"鲜花 10.jpg"，存放在"鲜花 2\JPEG"文件夹中，如图 7-5-2 所示；然后将该文件夹内的图像统一改为宽度接近 200 像素、高度为 300 像素的图像；最后为"鲜花 2\JPEG"文件夹内的 10 幅图像各添加一个木制图像框架，保存在"鲜花 3"文件夹内。例如，要加工的一幅图像（"鲜花 02.jpg"）如图 7-5-3 所示，添加框架后的图像如图 7-5-4 所示。

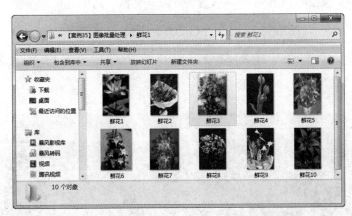

图 7-5-1　"鲜花 1"文件夹内的图像文件

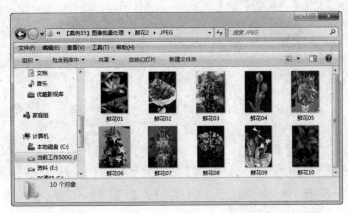

图 7-5-2　"鲜花 2\JPEG"文件夹内的图像文件

图 7-5-3　要加工的"鲜花 02.jpg"图像　　图 7-5-4　添加框架后的图像

【制作方法】

1．调出 Adobe Bridge CC 软件

调出 Adobe Bridge CC 软件的方法有以下两种。

（1）不用启动中文版 Photoshop CC 2017 软件。单击"开始"按钮，调出"开始"菜单，单击该菜单中的"Adobe Bridge CC 2017"命令，会调出 Adobe Bridge CC 2017 工作界面，如图 7-5-5 所示。

（2）如果启动中文 Adobe Photoshop CC 2017 软件，则单击"文件"→"在 Bridge 中浏览"命令，可以调出安装的 Adobe Bridge CC 2017 工作界面。

利用菜单栏的"工具"菜单中的命令，可以给图像成批重命名、对图像进行批处理、建立 PDF 演示文稿、建立 Web 照片画廊等。

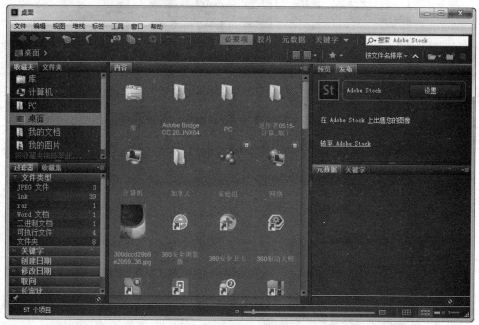

图 7-5-5　Adobe Bridge CC 2017 工作界面（底色为黑色）

2．调整工作界面的亮度与颜色

单击 Adobe Bridge CC 2017 工作界面菜单栏的"编辑"→"首选项"命令，调出"首选项"对话框，选中左边栏内的"界面"选项卡，切换到"界面"选项卡，单击"颜色方案"栏内最右边的白色色块，调整下边两栏内的滑块，改变用户界面的亮度和图像背景颜色，如图 7-5-6 所示。

在调整中可以随时看到调整的效果。将工作界面的背景改为灰色、文字颜色改为黑色，如图 7-5-7 所示。调整好后，单击"确定"按钮，关闭该对话框，完成工作界面亮度与颜色的调整。

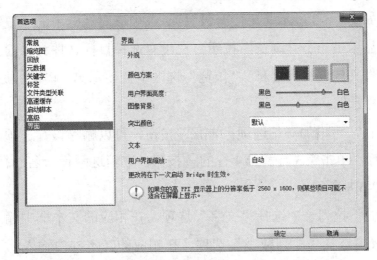

图7-5-6 "首选项"对话框的"界面"选项卡

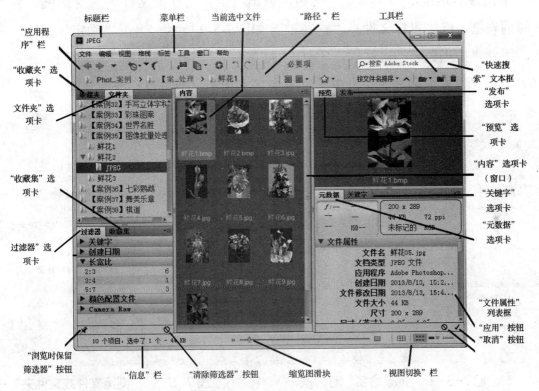

图7-5-7 Adobe Bridge CC 2017 工作界面（背景为灰色）

3. 批量更改图像名称

（1）调出 Adobe Bridge CC 2017 工作界面，选择"鲜花1"文件夹，如图7-5-7所示。单击 Adobe Bridge CC 2017 工作界面菜单栏中的"编辑"→"全选"命令，在"内容"选项卡内选中"鲜花1"文件夹内的10幅图像。也可以先在"内容"选项卡内选中第1幅图像，如图7-5-7所示，再按住 Shit 键并单击最后一幅图像，选中全部图像。

（2）单击 Adobe Bridge CC 2017 工作界面内的"工具"→"批重命名"命令，调出"批重命名"对话框,如图7-5-8所示(还没有设置)。选中该对话框中的"复制到其他文件夹"单选按钮,此时会显示出一个"浏览"按钮,在没有选择目标文件夹以前,"浏览"按钮行还没有显示目标文件夹的路径和名称。"预览"选区中会显示第1幅图像原来的名称,以及更名后该图像的名称示例。

(3)单击➕按钮,可增加一行选项;单击➖按钮,可以删除该行选项。在"新文件名"选区内,原来有4行,单击第3行和第4行的➖按钮,取消这两行命名选择,此处整理为只有2行选项,如图7-5-8所示。

(4)在第1行的下拉列表中选择"文字"选项,在相应的文本框中输入"鲜花";在第2行第1个下拉列表中选择"序列数字"选项,在相应的文本框内输入1,在第2个下拉列表内选择"2位数"选项,如图7-5-8所示。

(5)单击该对话框内的"浏览"按钮,调出"浏览文件或文件夹"对话框,利用该对话框内的列表框,选中目标文件夹"鲜花2",如图7-5-9所示。单击"确定"按钮,关闭该对话框,回到"批重命名"对话框。此时,"批重命名"对话框如图7-5-8所示,

(6)单击"批重命名"对话框中的"重命名"按钮,即可自动完成重命名工作。

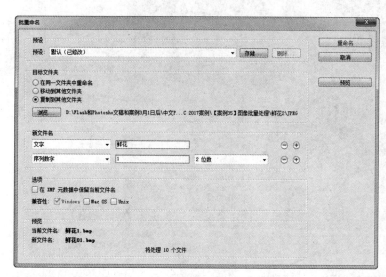 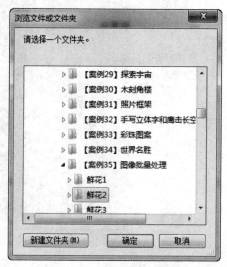

图7-5-8 "批重命名"对话框　　　图7-5-9 "浏览文件或文件夹"对话框

4.批量改变图像的大小和格式

(1)选中"鲜花2"文件夹内的所有图像,单击"工具"→"Photoshop"→"图像处理器"命令,调出"图像处理器"对话框,如图7-5-10所示(还没有设置)。

(2)如果选中"在相同位置存储"单选按钮,则加工后的图像会被存放在原始图像所在的文件夹内。此处选中"选择文件夹"按钮左边的单选按钮,单击"选择"文件夹按钮,调出"选择文件夹"对话框,利用该对话框选择加工后存放图像的选区,这里选择的是"鲜花2"文件夹内的"JPEG"文件夹。

（3）选中"图像处理器"对话框的"文件类型"选区内的"存储为JPEG"和"调整大小以适合"复选框，保持"品质"数值框内的数值为5。

（4）在"W"数值框内输入加工后图像的宽度（200 像素），在"H"数值框内输入加工后图像的高度（300 像素）。在处理图像时，Photoshop 会根据原始图像的宽高比，保证图像在宽高比不变、高度为300 像素的情况下，自动调整到与设定值接近。

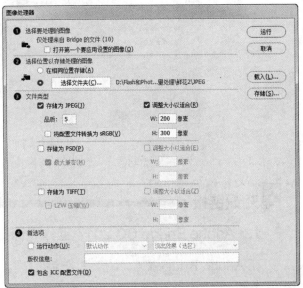

图7-5-10 "图像处理器"对话框

（5）单击"图像处理器"对话框内的"运行"按钮，即可将选中的图像大小均调整得符合要求，格式统一为JPEG 格式，并保存在"鲜花2"文件夹的"JPEG"文件夹中。

5．批量给图像加框架

（1）为了在"批处理"对话框的"动作"下拉列表内添加"画框"动作，单击"动作"面板内右上角的 ▤ 按钮，调出该面板的面板菜单，单击该菜单中的"画框"命令，将外部的"画框.atn"动作追加到"动作"面板中。

（2）调出 Adobe Bridge CC 2017 工作界面。选中"鲜花2\JPEG"文件夹中的10 幅图像。

（3）单击菜单栏中的"工具"→"Photoshop"→"批处理"命令，调出"批处理"对话框，如图7-5-11 所示（还没有设置）。

在"组"下拉列表中选择"画框"选项，在"动作"下拉列表中选择"画框通道-50 像素"选项，在"源"下拉列表内选择"Bridge"选项，在"目标"下拉列表中选择"文件夹"选项，此时"文件命名"选区内各项均变为有效状态。

（4）单击"选择"按钮，调出"浏览文件夹"对话框，利用该对话框选择加工后的图像所保存的"鲜花3"目标文件夹。如果不在"目标"下拉列表中选择"文件夹"选项，则默认的目标文件夹为原始图像所在的文件夹。

单击"浏览文件夹"对话框内的"确定"按钮，回到"批处理"对话框，此时"选择"按钮的下边会显示出目标文件夹的路径，如图7-5-11 所示。

（5）如果要更改文件的名称，则可以在"文件命名"选区内进行设置，在第1 个文本框中输入"框架"，在第1 个下拉列表中选择"框架"选项，在第2 个下拉列表中选择"扩展名（小写）"选项。加工后的新图像的扩展名为.psd。

（6）单击"批处理"对话框内的"确定"按钮，开始加工图像。如果出现一些提示框或对话框，则可按Enter 键，或者根据内容单击"继续""保存""确定"按钮。

图7-5-11 "批处理"对话框

 知识链接

1．Adobe Bridge CC 2017工作界面简介

在 Adobe Bridge CC 2017 工作界面内，有5个窗口，9个选项卡。其中，"文件夹"选项卡内显示计算机的目录树形结构，可以帮助用户快速找到需要的文件夹；"收藏夹"选项卡内显示一些收藏夹，可以放置各种磁盘和文件夹，只需将"内容"选项卡中的磁盘和文件夹拖曳到"收藏夹"选项卡内即可；"内容"选项卡用来显示由"路径"栏、"收藏夹"选项卡或"文件夹"选项卡指定的各种格式的文件名称和图标，如果是图像文件，则可以显示选中的文件夹内图像的缩览图；"预览"选项卡用来显示在"内容"选项卡中选中一幅或多幅图像的缩览图；"元数据"选项卡内提供各种数据，其中"文件属性"列表框中显示选中图像的相关属性；"过滤器"选项卡内显示将选中文件夹内的文件统计过滤出的一些数据；"发布"选项卡这里不做介绍。

2．利用 Adobe Bridge CC 2017工作界面打开图像

（1）先在"文件夹"或"收藏夹"选项卡中选中放置图像文件的文件夹，再选中"内容"窗口内的一幅图像，可在"预览"选项卡内看到选中的一幅或多幅图像的预览图像。

（2）单击 Adobe Bridge CC 2017 工作界面的菜单栏中的"编辑"→"全选"命令，即可将"内容"窗口（"内容"选项卡）内的所有图像都选中。按住Shift键，先单击起始图像，再单击终止图像，可以选中连续的图像。按住Ctrl键，单击"内容"窗口内的图像，可以同时选中多幅图像。

（3）如果要加工某一幅图像，则可以先在 Adobe Bridge CC 2017 工作界面内找到该图像，然后双击该图像或将该图像拖曳到 Photoshop CC 选项栏下边的空白区中。

3．Adobe Bridge CC 2017缩览图视图显示方式

（1）调整窗口大小：拖曳各窗口之间的分隔边框，可以调整各窗口的大小。

（2）改变"内容"窗口内图像的大小：拖曳"视图切换"栏内的缩览图滑块，可以调整"内容"窗口内图像的大小；单击"视图切换"栏内的"较小的缩览图大小"按钮▫，可以使"内容"窗口中的图像最小；单击"视图切换"栏内的"较大的缩览图大小"按钮▫，可以使"内容"窗口中的图像最大。

（3）改变"内容"窗口中图像的显示方式："单击锁定缩览图网格"按钮▦，可以切换是否在"内容"窗口中显示分隔图像的网格，如图7-5-12（a）所示；单击"以缩览图形式查看内容"按钮▦，可以在"内容"窗口内以缩览图方式显示图像，如图7-5-7所示；单击"以详细信息形式查看内容"按钮▬，可以在"内容"窗口中以详细信息方式显示图像，如图7-5-12（b）所示；单击"以列表形式查看内容"按钮▬，可以在"内容"窗口中以列表方式显示图像，如图7-5-12（c）所示。

（4）将 Adobe Bridge CC 2017 工作界面调宽，此时，"应用程序"栏等展开后的效果如图7-5-13所示。单击"必要项""胶片""元数据"等按钮，可以切换 Adobe Bridge CC 2017 工作界面的显示方式。

（a）　　　　　　　　（b）　　　　　　　　（c）

图 7-5-12　"内容"窗口视图信息显示方式

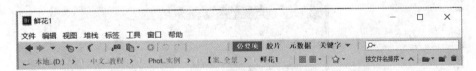

图 7-5-13　"应用程序"栏等展开后的效果

4. 文件夹和图像文件的基本操作

将鼠标指针移到工具栏或"应用程序"栏的选项上，会显示该选项的名称及作用信息，可以帮助读者应用并了解各选项。

（1）添加文件夹：单击工具栏内的"创建新文件夹"按钮▨，即可添加新的文件夹。

（2）向收藏夹中添加文件夹：单击"文件"→"添加到收藏夹"命令，即可将当前文件夹添加到收藏夹中。在"收藏夹"选项卡内可以看到添加的文件夹。

（3）显示最近使用的文件和转到最近访问的文件夹：单击"应用程序"栏内的 按钮，调出它的下拉菜单，单击该菜单内的"显示最近使用的所有文件"命令，可以显示最近使用的所有文件。

（4）筛选图像文件：可以根据"过滤器"选项卡内设置的条件，在"内容"窗口中显示符合条件的图像文件。单击"过滤器"选项卡内的 按钮，可以展开参数选项，进行选择。

（5）利用"路径"栏选择文件夹："路径"栏中会显示正在查看的文件夹的路径，允许导航到该目录。单击"路径"栏内各级路径的 按钮，可以调出该级下的文件夹名称，单击文件夹名称，即可切换到相应的文件夹。

（6）将"资源管理器"或"我的计算机"中的文件夹或文件拖曳到"预览"选项卡内，可以导航到 Adobe Bridge CC 2017 工作界面中的该文件夹或文件，使"内容"窗口显示该文件夹下的内容。

（7）删除图像文件：在"内容"选项卡中右击文件（不是只读文件），调出它的快捷菜单，如图7-5-14所示。单击其中的命令，可以完成相应的操作。例如，单击该菜单内的"删除"命令，可以删除右击的文件。

5. 查找图像文件

（1）按照条件查找图像文件：单击"编辑"→"查找"命令，调出"查找"对话框，如图7-5-15所示。利用该对话框选择要查找的文件夹，设置查找的条件，单击"查找"按钮，即可找出符合条件的图像文件。单击 按钮，可以添加条件。

图7-5-14　快捷菜单

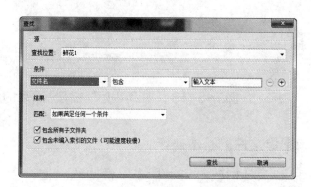

图7-5-15　"查找"对话框

（2）为项目（图像文件或文件夹）添加等级和标签：目的是给项目分类，便于分类浏览。

在添加标签和等级前，应先在"内容"窗口内选中要加工的项目。具体方法如下。

① 为项目添加等级：选中要添加等级的项目（图像文件或文件夹），单击"标签"命令，调出"标签"菜单，如图7-5-16所示。

单击"*"（或其他多个"*"）命令，即可给选定的项目添加"*"标记，即确定选定项目的等级，如图7-5-17所示。

② 为项目添加标签：选中要添加标签的项目，单击"标签"→"选择"（或"第二""已批准"等）命令，为项目添加不同颜色的标签，如图7-5-17所示。

③ 为项目添加拒绝标记：选中要添加拒绝标记的项目，单击"标签"→"拒绝"命令，即可添加拒绝标记，如图7-5-19所示。

图7-5-16 "标签"菜单　图7-5-17 等级标记　图7-5-18 颜色标签　图7-5-19 拒绝标记

（3）筛选项目：单击工具箱内的"按评级筛选项目"按钮☆▾，调出"按评级筛选项目"下拉菜单，如图7-5-20所示。单击其内的命令，可以在"内容"选项卡中显示相关项目。例如，单击"显示1星（含）以上的项"命令，可显示1星及以上等级的项目。

（4）项目排序显示：单击工具箱内的"排序"按钮，调出"排序"菜单，如图7-5-21所示。单击该菜单内的命令，即可按相应的要求在"内容"选项卡中排序显示项目。单击"升序"按钮▲，即可在"内容"选项卡中按照文件名升序排序，同时该按钮变为"降序"按钮▾；单击"降序"按钮▲，即可在"内容"选项卡中按照文件名降序排序，同时该按钮变为"升序"按钮▲。

图7-5-20 "按评级筛选项目"下拉菜单　　　图7-5-21 "排序"菜单

6. 图像的旋转

旋转图像只是指在 Adobe Bridge CC 2017 工作界面内看到的图像是经过旋转处理的，实际并没有旋转。

（1）逆时针旋转 90°：单击工具栏内的"逆时针旋转 90 度"按钮，也可以单击"编辑"→"逆时针旋转 90 度"命令。

（2）顺时针旋转 90°：单击工具栏内的"顺时针旋转 90 度"按钮，也可以单击"编辑"→"顺时针旋转 90 度"命令。

（3）旋转 180°：单击"编辑"→"旋转 180 度"命令。

【思考练习】

1．将"图像1"文件夹内所有的12幅图像自动更名为"图01.jpg"～"图12.jpg"，保存在"图像2"文件夹内。将所有图像的宽改为200像素、高接近于120像素。

2．将"PIC"文件夹内的6幅图像的名称改为"PIC01.jpg"～"PIC06.jpg"，并为它们添加拉丝铝画框。

3．将如图 7-5-22 所示的 3 幅照片加工合并成一幅全景照片，效果如图 7-5-23 所示。

图 7-5-22　3 幅照片

图 7-5-23　全景照片

第8章　综合案例

8.1　【案例36】七彩鹦鹉

"七彩鹦鹉"图像如图8-1-1所示，其中有一只嘴叼镜框的七彩鹦鹉。镜框内的鹦鹉图像如图8-1-2所示（没有其内的矩形选区）。

图8-1-1　"七彩鹦鹉"图像

图8-1-2　"鹦鹉2.jpg"图像

【制作方法】

1. 制作"鹦鹉照片"图像

（1）打开"鹦鹉2.jpg"图像，如图8-1-2所示（没有其内的矩形选区）。单击"选择"→"全选"命令，创建选中全部图像的矩形选区。使用工具箱中的"矩形选框工具"，按住Alt键，同时在图像中拖曳出一个矩形，进行矩形选区的相减操作，形成框架选区，如图8-1-2所示。

（2）新建一个图层，命名为"框架"。将前景色设置为金黄色，单击"编辑"→"填充"命令，调出"填充"对话框，在"内容"下拉列表中选择"前景色"选项，其他按照图8-1-3进行设置，单击"确定"按钮，给选区填充金黄色。按Ctrl+D组合键，取消选区，效果如图8-1-4所示。

（3）单击"滤镜"→"滤镜库"命令，选中"纹理"文件夹下的"颗粒"图案，按照图8-1-5进行设置，单击"确定"按钮。

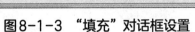

图8-1-3 "填充"对话框设置　　　图8-1-4 效果图1　　　图8-1-5 "颗粒"滤镜设置

（4）双击"框架"图层，调出"图层样式"对话框，选中"外发光"复选框，其中的设置使用 Photoshop CC 2017 的默认设置。选中"斜面和浮雕"复选框，按照图8-1-6 进行设置，单击"确定"按钮退出，效果如图8-1-7 所示。

（5）单击"滤镜"→"滤镜库"命令，选中"纹理"文件夹下的"龟裂缝"图案，按照图8-1-8 进行设置，单击"确定"按钮退出，效果如图8-1-9 所示。

图8-1-6 "图层样式"　　图8-1-7 效果图2　　　图8-1-8 "龟裂缝"　　图8-1-9 效果图3
　对话框设置　　　　　　　　　　　　　　　　滤镜设置

（6）单击"图层"面板内左上角的 ▇ 按钮，调出"图层"面板菜单，单击该菜单中的"拼合图像"命令，将所有图层合并到"背景"图层中，并以名称"鹦鹉照片 .psd"保存。

2．制作"七彩鹦鹉"图像

（1）选中"鹦鹉照片 .psd"图像，单击"选择"→"全选"命令或按 Ctrl+A 组合键，将选区内的图像拷贝到剪贴板中。

（2）打开"鹦鹉1.jpg"图像。单击"编辑"→"粘贴"命令，将剪贴板中的鹦鹉和框架图像粘贴到"鹦鹉1.jpg"图像中，并以名称"七彩鹦鹉 .psd"保存。

（3）单击"编辑"→"自由变换"命令，对图像的大小、位置和角度进行调整，调整到最佳效果，如图8-1-10 所示。

（4）选中"背景"图层，使用工具箱中的"磁性套索工具" ▨ 选中鹦鹉的嘴，单击"图层"→"新建"→"通过拷贝的图层"命令，新建一个名称为"图层2"的图层，其内是选区中的鹦鹉的嘴。按 Ctrl+D 组合键，取消选区。

（5）将"图层2"放置在"图层1"的上方，效果如图8-1-11 所示。

（6）打开"蝴蝶1.jpg"和"蝴蝶2.jpg"图像。选中"蝴蝶1.jpg"图像，使用"魔棒工具" ▨ ，选中蝴蝶图像的白色背景，单击"选择"→"反选"命令，创建选中蝴蝶的选区。

图8-1-10 调整图像1

图8-1-11 调整图像2

（7）使用"移动工具" 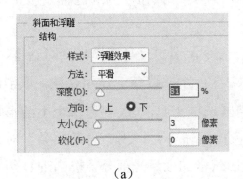，将选区内的蝴蝶图像拖曳到"七彩鹦鹉.psd"图像中。单击"编辑"→"自由变换"命令，对蝴蝶图像的大小、位置和角度进行调整。

（8）将复制的蝴蝶图像再复制一份，调整它的大小、位置和角度。按照上述方法，将"蝴蝶2.jpg"图像复制到"七彩鹦鹉.psd"图像中，进行大小、位置和角度的调整，复制一份后进行调整。最后效果如图8-1-1所示。

3．制作文字

（1）使用工具箱中的"直排文字工具" IT，在图像中输入红色、字体为华文行楷、大小为72点大小的竖排文字"七彩鹦鹉"。

（2）选中文字图层，单击"文字工具"选项栏中的"创建文字变形"按钮，调出"变形文字"对话框，在"样式"下拉列表中选择"鱼形"选项，按照图8-1-12进行设置，单击"确定"按钮退出。

（3）双击该文字图层，调出"图层样式"对话框，选中"外发光"复选框，其中的设置使用默认设置。选中"斜面和浮雕"复选框，具体设置如图8-1-13（a）所示。选中"渐变叠加"复选框，具体设置如图8-1-13（b）所示，单击"确定"按钮退出，效果如图8-1-1所示。

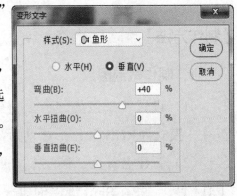

图8-1-12 "变形文字"对话框设置

（a）

（b）

图8-1-13 "图层样式"对话框设置

8.2　【案例37】舞美乐章

　　"舞美乐章"音乐海报图像如图8-2-1所示。它以玫瑰花为背景，其中的五线谱和小提琴代表音乐的声音，气泡象征着音乐的纯净，还有跳舞人影。

图8-2-1　"舞美乐章"音乐海报图像

【制作方法】

1．制作气泡图像

　　（1）设置背景色为红色，新建一个宽为200像素、高为200像素、分辨率为72像素/英寸、模式为RGB颜色、背景为背景色的画布窗口，并以名称"气泡.psd"保存文件。

　　（2）新建名称为"图层1"的图层，设置前景色为白色，使用工具箱中的"椭圆选框工具" ，按住Shift键，创建一个圆形选区。单击"编辑"→"描边"命令，调出"描边"对话框，设置描边宽度为6像素，位置居内，单击"确定"按钮，为选区描一个6像素的白色边，如图8-2-2所示。

　　（3）单击"滤镜"→"模糊"→"高斯模糊"命令，调出"高斯模糊"对话框，设置模糊半径为7像素，单击"确定"按钮，效果如图8-2-3所示。按Ctrl+D组合键，取消选区。

　　（4）新建名称为"图层2"的图层，使用"椭圆选框工具" 创建一个小圆形选区，填充为白色，单击"滤镜"→"模糊"→"高斯模糊"命令，调出"高斯模糊"对话框，设置模糊半径为6像素。单击"确定"按钮，制作出气泡的上反光部分。按Ctrl+D组合键，取消选区，效果如图8-2-4所示。使用"移动工具" ，将制作的上反光部分的图像移至气泡的左上方，效果如图8-2-5所示。

图8-2-2　描边效果

图8-2-3　高斯模糊效果

图8-2-4　绘制上反光图像

（5）新建名称为"图层3"的图层，使用"钢笔工具" ✒，在它的选项栏的"工具模式"下拉列表中选择"路径"选项，绘制一个月牙路径。

（6）设置前景色为白色，在"路径"面板中单击"用前景色填充路径"按钮 ●，为月牙路径填充白色，单击"路径"面板的空白处，隐藏该路径。

（7）单击"滤镜"→"模糊"→"高斯模糊"命令，调出"高斯模糊"对话框，设置模糊半径为6像素。单击"确定"按钮，制作出气泡的下反光部分，如图8-2-6所示。使用"移动工具" ✛，将制作的下反光部分的图像移至气泡的右下方，效果如图8-2-7所示。

图8-2-5　移动上反光图像

图8-2-6　绘制下反光图像

图8-2-7　移动下反光图像

（8）合并除"背景"图层以外的图层，并命名为"气泡"。

2．制作五线谱和音符

（1）新建一个宽为600像素、高为800像素、分辨率为72像素/英寸、模式为RGB颜色的画布窗口，并以名称"舞美乐章.psd"保存。

（2）打开"玫瑰背景.jpg"图像文件，调整它的宽为600像素、高为800像素，使用工具箱中的"移动工具" ✛，将它拖曳至"舞美乐章.psd"图像的画布中，如图8-2-8所示。将自动生成的图层名称更名为"玫瑰背景"。

（3）新建一个名称为"五线谱"的图层，使用工具栏中的"钢笔工具" ✒，在它的选项栏的"选择工具模式"下拉列表中选择"路径"选项，在画布中绘制出一条五线谱的路径。

（4）设置前景色为白色，使用工具箱中的"画笔工具" ✎，在它的选项栏内选择"尖角3像素"画笔，单击"路径"面板中的"用画笔描边路径"按钮○，即可为路径描3像素的白色边。单击"路径"面板的空白处，隐藏该路径。

（5）复制4个"五线谱"图层，使用工具箱中的"移动工具" ✛，分别移动复制的五线谱图像，如图8-2-9所示。

图8-2-8　背景图像

图8-2-9　复制五线谱图形

（6）使用"自定形状工具" ，单击选项栏内的"形状"按钮，调出"自定形状"面板，如图8-2-10所示。单击该面板内的 按钮，调出它的下拉菜单，单击该菜单内的"音乐"命令，调出一个提示框，单击"追加"按钮，将"音乐"形状载入"自定形状"面板中。

（7）新建一个名称为"音符1"的图层，设置前景色为桃红色，在选项栏的"工具模式"下拉列表中选择"像素"选项，并选择"自定形状"面板中的"高音谱号"形状图案，在画布中拖曳以绘制"高音谱号"图案。

（8）选中"音符1"图层，单击"图层"面板中的"添加图层样式"按钮 fx，调出它的下拉菜单，单击该菜单内的"斜面和浮雕"命令，调出"图层样式"对话框，各参数均为默认设置，单击"确定"按钮，效果如图8-2-11所示。

（9）利用同样的方法制作出其他两个音符，效果如图8-2-11所示。

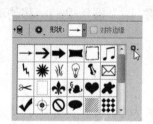

图8-2-10　"自定形状"面板

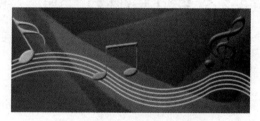

图8-2-11　制作音符图案

3．绘制文字

（1）使用工具箱中的"横排文字工具" T，在它的选项栏的"设置字体系列"下拉列表中选择"华文彩云"选项，设置字体为"华文彩云"；在"设置字体大小"数值框中，调整文字大小为100点。单击"设置文本颜色"按钮 ，调出"拾色器"对话框，利用该对话框设置文字颜色为蓝色。在画布中输入文字"舞美乐章"。

（2）拖曳选中文字"美 乐 章"，在"横排文字工具" T选项栏的"设置字体大小"数值框中，调整文字大小为72点。

（3）单击"图层"面板中的"添加图层样式"按钮 fx，调出它的下拉菜单，单击该菜单中的"斜面和浮雕"命令，调出"图层样式"对话框，采用默认设置；选择"描边"选项，设置描边颜色为黄色，单击"确定"按钮，效果如图8-2-1所示。

（4）使用工具箱中的"横排文字工具" **T**，在它的选项栏内设置字体为黑体、字号为 36 点、颜色为黄色，在画布中输入"×× 乐团在 ×× 首演"。

（5）使用工具箱中的"横排文字工具" **T**，在它的选项栏内设置字体为黑体、字号为 24 点、颜色为黄色，在画布中输入如图 8-2-1 所示的文字。

4．导入图像和整理"图层"面板

（1）5 次将"气泡"图像中的图像拖曳至"舞美乐章.psd"图像的画布中，复制 5 幅"气泡"图像，调整它们的大小，并放在画布中的不同位置。

（2）打开一幅"小提琴.psd"图像，将其拖曳至"舞美乐章.psd"图像的画布中，将自动生成的图层命名为"小提琴"图层。

（3）打开一幅"跳舞剪影"图像，创建选中其中人物的选区，填充白色，使用工具箱中的"移动工具" ✛，将选区内的图像拖曳到"舞美乐章.psd"图像的画布中，将自动生成的图层命名为"跳舞剪影"图层。最后效果如图 8-2-1 所示。

（4）调出"图层"面板，将"跳舞剪影"图层拖曳到"背景"图层的上边。4 次单击"图层"面板内的"创建新组"按钮 ▣，在"跳舞剪影"图层上创建 4 个图层组（简称组）。从下到上依次将新创建的图层组名称改为"气泡组""五线谱组""音符组""文字组"。

（5）按住 Ctrl 键，选中所有有关气泡图形的图层，将选中的这些图层拖曳到"气泡组"内，使它们成为"气泡组"的图层。

（6）按照相同的方法，将所有与五线谱有关的图层放入"五线谱组"中，将所有与音符有关的图层放入"音符组"中，将所有与文字有关的图层放入"文字组"。

（7）单击各图层组左边的 ⌄ 按钮，收缩该组内的图层。此时的"图层"面板如图 8-2-12 所示。单击图层组左边的 ﹥ 按钮，可以将该组内的图层展开。例如，单击"气泡组"左边的 ﹥ 按钮，可以将"气泡组"内的图层展开，如图 8-2-13 所示。

图 8-2-12 "图层"面板

图 8-2-13 展开"气泡组"

8.3　【案例38】棋道

"棋道"图像如图8-3-1所示，这是一幅表现围棋思想的作品。画面背景是广袤的宇宙，两组相互垂直交错的经纬线一直延伸到无限远方，构成了五彩的棋盘；黑白棋子散布在棋盘上；画面中心是一团雾状的云彩；右侧是一段阐述其思想的话，说明了这幅作品的主题。该图像的制作方法如下。

图8-3-1　"棋道"图像

【制作方法】

1．绘制围棋棋盘线

（1）设置背景色为黑色、前景色为白色。单击"文件"→"新建文档"命令，调出"新建文档"对话框，按照图8-3-2进行设置。单击"创建"按钮，新建一个宽为800像素、高为600像素、分辨率为100像素/厘米、背景为黑色、RGB颜色格式的文档，并以名称"棋道.psd"保存。

图8-3-2　"新建文档"对话框

（2）新建一个"棋盘"图层，选中该图层。单击"视图"→"标尺"命令，在画布窗口内显示水平和垂直标尺。右击标尺，调出"标尺单位"快捷菜单，选择该菜单中的"像素"选项，设置标尺刻度的单位为像素。单击状态栏左边的数值框内部，输入300，表示设置图像的显示比例数为300%。

（3）使用工具箱内的"矩形选框工具"，在画布的左上角处创建一个边长为20像素的正方形选区，如图8-3-3所示。使用工具箱内的"铅笔工具"，右击画布，调出"画笔预设"面板，利用该面板设置笔触大小为1像素，如图8-3-4所示。按住Shift键，沿着选区的右边和底边绘制两条直线。

（4）单击"编辑"→"定义图案"命令，调出"图案名称"对话框，如图8-3-5所示，单击"确定"按钮，将选区内的图像定义为图案。按Ctrl+D组合键，取消选区。填充新定义的图案，使画布上的"棋盘"图层内布满白色的方格，如图8-3-6所示。

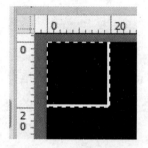

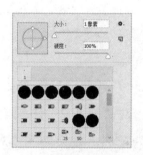

图8-3-3　正方形选区　　　　图8-3-4　"画笔预设"面板　　　图8-3-5　"图案名称"对话框

（5）使用"魔棒工具"，单击画布上的白色方格线，将所有方格的线定义为选区。反选选区，选中所有黑色背景图像，按Delete键，将选区内的黑色图像删除。

（6）单击"编辑"→"自由变换"命令。按住Ctrl+Alt+Shift组合键，同时水平向右拖曳右下角的控制柄，将当前"棋盘"图层中的图像变形成如图8-3-7所示的形状。

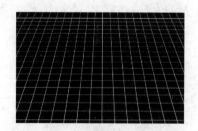

图8-3-6　白色的方格　　　　　　　图8-3-7　"棋盘"图层的图像

（7）单击"图层"面板底部的"添加蒙版"按钮，使用白色到黑色的线性渐变色，从下往上拖曳，如图8-3-8所示，制作出渐隐效果，如图8-3-9所示。将"棋盘"图层内的图像调整成如图8-3-10所示的角度和位置。

（8）在"棋盘"图层下面复制"棋盘"图层，将复制的图层内的图像顺时针旋转90°，并调整成如图8-3-11所示的角度和位置。合并"棋盘"及其复制图层，将这个新图层命名为"棋盘"。

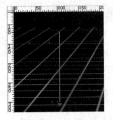

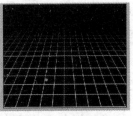

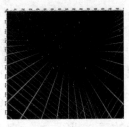

图 8-3-8　从下往上　　　图 8-3-9　渐隐效果　　　图 8-3-10　调整图像　　　图 8-3-11　复制图层
　　　　　　拖曳　　　　　　　　　　　　　　　　　　　　　　　　　　　　　　　　　　　并调整

（9）再次复制"棋盘"图层，将复制的图层名称改为"棋盘2"，按住 Ctrl 键，单击"棋盘2"图层，将"棋盘2"图层作为选区载入。

（10）单击"编辑"→"描边"命令，调出"描边"对话框，设置描边宽度为1像素，颜色为白色，单击"确定"按钮，用宽度为1像素的白色在选区外面描边。按 Ctrl+D 组合键，取消选区。

2．绘制背景

（1）单击"滤镜"→"模糊"→"高斯模糊"命令，调出"高斯模糊"对话框，设置半径为9像素，单击"确定"按钮，对"棋盘2"图层内的图像进行半径为9像素的高斯模糊处理。将当前图层的不透明度改为65%，效果如图8-3-12所示。

（2）在"棋盘"和"棋盘2"图层之间新建一个名称为"五彩"的图层。使用工具箱内的"渐变工具"　　，单击其选项栏内的"渐变样式"　　　　下拉按钮，调出"渐变编辑器"对话框，使用名称为"色谱"　　的预设渐变，从画布的左上角拖曳到右下角，将"五彩"图层的混合模式改为"正片叠底"。

（3）新建一个"星辰"通道。单击"滤镜"→"杂色"→"添加杂色"命令，调出"添加杂色"对话框。在该对话框中进行相应的设置，如图8-3-13所示。

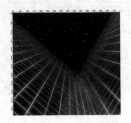

图 8-3-12　不透明度效果　　　　　　图 8-3-13　"添加杂色"对话框设置

（4）单击"图像"→"调整"→"色阶"命令，调出"色阶"对话框，将该对话框设置成如图8-3-14所示的样子。将当前通道作为选区载入，在"图层"面板最上方新建一个"星辰"图层。给选区内填充白色，效果如图8-3-15所示。按 Ctrl+D 组合键，取消选区。

（5）新建一个"雾"通道。单击"滤镜"→"渲染"→"云彩"命令，执行几次"分层云彩"命令，直到图像大致如图8-3-16所示。将前景色设置为黑色，单击"选择"→"色彩范围"

命令，调出"色彩范围"对话框，按图8-3-17进行设置。

（6）新建一个"雾"图层，选中该图层，给选区内填充白色，如图8-3-18所示。

图8-3-14 "色阶"对话框设置1　　　　图8-3-15 给选区内填充白色1

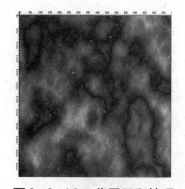

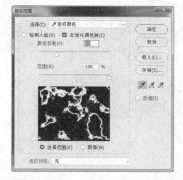

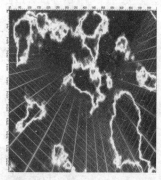

图8-3-16 分层云彩处理　　图8-3-17 "色彩范围"对话框　图8-3-18 给选区内填充白色2

（7）单击"滤镜"→"模糊"→"径向模糊"命令，调出"径向模糊"对话框。在该对话框内，选中"旋转"和"最好"单选按钮，调整数量为20，单击"确定"按钮。

（8）再次调出"径向模糊"对话框。在该对话框内，选中"缩放"和"最好"单选按钮，调整数量为25，单击"确定"按钮。此时的图像如图8-3-19所示。设置"雾"图层的不透明度为70%。在画布上创建羽化半径为30像素的椭圆选区，如图8-3-20所示。

（9）单击"图层"→"新建调整图层"→"色阶"命令，调出"新建图层"对话框，在该对话框的"模式"下拉列表中选择"正片叠底"选项，单击"确定"按钮，又调出了"色阶"对话框，按图8-3-21进行设置。

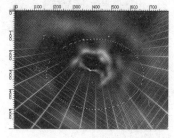

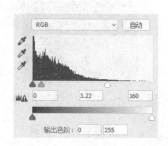

图8-3-19 径向模糊效果　　图8-3-20 羽化椭圆选区　图8-3-21 "色阶"对话框设置2

（10）在"图层"面板内新建"背景"图层组，将所有图层置于该图层组内。

3．绘制棋子

（1）将前景色设置为浅灰色（R=205、G=205、B=205）。激活"动作"面板，单击"动作"面板底部的"创建新组"按钮 🗀，调出"新建组"对话框，单击"确定"按钮。

（2）单击"动作"面板底部的"创建新动作"按钮 🔂，调出"新建动作"对话框，在"名称"文本框中输入"棋子"，单击"开始记录"按钮 ●。以下对图像的所有处理都会被记录下来，以便以后使用。

（3）新建一个图层，绘制出如图8-3-22所示的椭圆选区，用前景色填充选区。对选区执行半径为2像素的羽化操作，并将选区向下移动3像素、向右移动1像素。

（4）单击"图像"→"调整"→"亮度 / 对比度"命令，将调出"亮度 / 对比度"对话框，设置亮度为"+100"，对比度为"+10"，单击"确定"按钮。

（5）将当前图层作为选区载入，对选区执行半径为6像素的羽化操作，并将选区向上移动8像素、向左移动4像素。再次调出"亮度 / 对比度"对话框，设置亮度为"-100"，对比度为"+60"，单击"确定"按钮。取消选区，图像效果如图8-3-23所示。单击"动作"面板底部的"停止播放 / 记录"按钮 ■，动作录制完成。

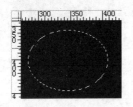
图8-3-22　椭圆选区

图8-3-23　白棋子图像

（6）将前景色设为深灰色（R=75、G=75、B=75），选中"动作"面板中的"棋子"动作，单击底部的"播放选定的动作"按钮 ▶，一个黑色的棋子就做好了，如图8-3-24所示。通过自由变换，将黑棋子变形，如图8-3-25所示，变形的时候要注意符合透视规律。

（7）将前景色设成不同的颜色，播放录制好的动作，制作出不同的棋子并分别用自由变换调整这些棋子。棋子排列成如图8-3-26所示，最后合并所有有棋子的图层。

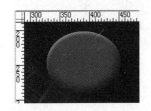
图8-3-24　黑棋子图像

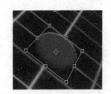
图8-3-25　黑棋子变形

图8-3-26　棋子排列

（8）新建一个"阴阳"图层，绘制出一个直径为200像素的圆形选区。使用"油漆桶工具" 🪣，用浅灰色填充选区。在"模式"下拉列表中选择"正常"选项。

（9）从标尺中拖曳出6条参考线，其位置如图8-3-27所示。绘制一个直径为100像素的圆形选区，移动到如图8-3-28所示的位置。按住Shift键，沿着参考线拖曳出一个矩形选区，选区变成了如图8-3-29所示的样子。

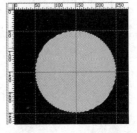 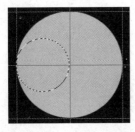 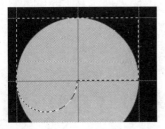

图8-3-27　6条参考线　　　图8-3-28　圆形选区1　　　图8-3-29　添加矩形选区

（10）设置前景色为深灰色，给选区填充浅灰色。创建一个直径为100像素的圆形选区，移动到如图8-3-30所示的位置。将选区填充浅灰色，取消选区，阴阳鱼图案就做好了，如图8-3-31所示。

（11）将此图案向右旋转22.5°。将当前图层作为选区载入，选中"动作"面板内刚才录制好的"棋子"动作中的第一个"羽化"步骤。单击"播放选定的动作"按钮 ▶，阴阳鱼图案也就变成立体的了。

（12）单击"图像"→"调整"→"色阶"命令，调出"色阶"对话框，参照图8-3-32进行设置，效果如图8-3-33所示。

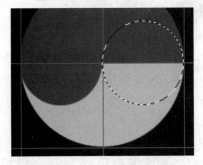  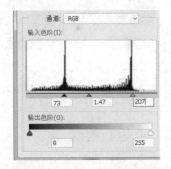

图8-3-30　圆形选区2　　　图8-3-31　阴阳鱼图案　　　图8-3-32　"色阶"对话框设置3

（13）使用工具箱中的"横排文字蒙版工具"，在选项栏中设置字体为隶书，大小为48点，输入一个"奕"字，将选区移到阴阳鱼的正中心，如图8-3-34所示。单击"图像"→"调整"→"反相"命令，取消选区后，图像效果如图8-3-35所示。

图8-3-33　色阶调整效果　　　图8-3-34　文字选区　　　图8-3-35　文字选区内的颜色反相

（14）调出"图层样式"对话框，利用该对话框为当前图层加上"外发光"图层样式，其中"杂色"滑块下面的颜色为白色，对其他数据进行适当调整。把这个图形移动到画布的右上角，效果如图8-3-1所示。

（15）在阴阳鱼的下面输入竖排文字，字体为隶书，并为其加上"外发光""斜面和浮雕"图层样式。在"外发光"图层样式中，"杂色"的颜色为金黄色（R=254、G=202、B=63）。

8.4 【案例39】禁止吸烟

"禁止吸烟"图像如图8-4-1所示。它是一幅公益宣传画，画面中心有一只点燃的香烟被加上了禁止的图样；背景是一个小男孩，如图8-4-2所示；画面上方是黄色英文"I DON'T WANNA……"；底部标示出了"让烟草远离儿童"这个主题。

图8-4-1 "禁止吸烟"图像　　　　　　图8-4-2 "儿童"图像

【制作方法】

1．绘制香烟

（1）创建一个宽为15像素、高为15像素、RGB颜色模式、背景为白色的画布。将显示比例调整到1600%。在画布上方创建高约1像素的矩形选区，如图8-4-3（a）所示。

（2）用淡蓝紫色（R=136、G=130、B=191）填充选区，并将画布窗口全选，如图8-4-3（b）所示。单击"编辑"→"定义图案"命令，弹出"图案名称"对话框，在该对话框的文本框中输入图案名称"线"，单击"确定"按钮。将这个文件关闭（不用保存）。

（3）新建一个宽为700像素、高为525像素、分辨率为100像素/厘米、RGB颜色模式、背景色为白色的画布窗口，并将其保存为"禁止吸烟.psd"图像文件。

（4）在"图层"面板内，新建一个名称为"香烟"的图层组，并在这个图层组中新建一个"香烟"图层。在画布的中间位置创建一个宽约70像素、高约400像素的矩形选区，用白色填充。

（5）选中"禁止吸烟.psd"图像，在该图像的"香烟"图层组上新建一个图层，并用刚定义的图案填充矩形选区。将当前图层的不透明度调整到25%，将该图层合并到"香烟"图层中，图像效果如图8-4-4所示。

（6）使用工具箱内的"矩形选框工具" ，按住 Alt 键，拖曳绘制一个矩形选区，如图8-4-5所示。使用工具箱内的"椭圆选框工具" ，按住 Shift 键，在该选区的下边拖曳，添加一个椭圆选区。

图8-4-3　矩形选区

（a）　　　　　　　　　　　　　　（b）

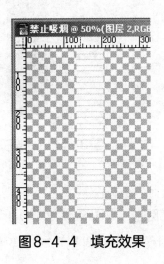

图8-4-4　填充效果

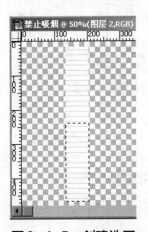

图8-4-5　创建选区

（7）将前景色设为橘黄色（R=249、G=148、B=37），用前景色填充选区。单击"滤镜"→"杂色"→"添加杂色"命令，弹出"添加杂色"对话框，按照图8-4-6进行设置。单击"确定"按钮，添加杂色。

（8）对选区内的图像进行半径为0.9像素的高斯模糊滤镜处理，效果如图8-4-7所示。单击"图像"→"调整"→"色相/饱和度"命令，弹出"色相/饱和度"对话框，按照图8-4-8进行设置。单击"确定"按钮。

（9）单击"图像"→"调整"→"色阶"命令，弹出"色阶"对话框，按照图8-4-9进行设置。单击"确定"按钮。使选区内的图形颜色加深一些。

（10）采用与第（6）步相同的方法，创建如图8-4-10所示的选区。先单击工具箱中的"渐变工具"按钮 ▉，再单击其选项栏内左起第2个"线性渐变"按钮，最后单击 ▉ ⋅ 按钮，调出"渐变编辑器"对话框，设置"铜色渐变"，在"名称"文本框内输入"铜色渐变"，单击"确定"按钮。在选区内从左到右拖曳以进行"铜色渐变"渐变色的填充。按Ctrl+D组合键，取消选区，效果如图8-4-11所示。

图8-4-6 "添加杂色"对话框

图8-4-7 高斯模糊处理效果

图8-4-8 "色相/饱和度"对话框

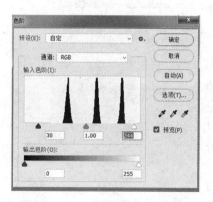
图8-4-9 "色阶"对话框

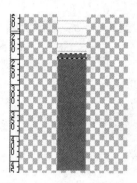
图8-4-10 选择选区

图8-4-11 渐变色填充

2．绘制香烟燃烧

（1）使用工具箱内的"套索工具" ⟲ ，在香烟的顶部拖出如图8-4-12（a）所示的选区。按Delete键，将选区内的图像删除，取消选区。单击"图像"→"调整"→"亮度/对比度"命令，在弹出的"亮度/对比度"对话框中，将亮度调整为-10%。

（2）单击"加深工具"按钮 ⟋ ，在其选项栏的"范围"下拉列表中选择"高光"选项，在"曝光度"数值框内输入90%，将画笔高度设置为13像素。在香烟顶部拖曳进行加深处理，效果如图8-4-12（b）所示。

（3）按住Ctrl键，单击"图层"面板中的"香烟"图层，将其形状作为选区载入。新建一个"圆柱"图层，在该图层中创建矩形和椭圆相加的选区，在该选区内从左至右水平拖曳，给选区填充白色到黑色的线性渐变色，如图8-4-13（a）所示。将这个图层的不透明度改为80%，并将图层混合模式改为"正片叠底"，效果如图8-4-13（b）所示。

（4）在"香烟"图层下面新建一个"烟头"图层，单击工具箱中的"默认前景和背景色"按钮■。先单击"滤镜"→"渲染"→"云彩"命令，再单击"图像"→"调整"→"色阶"命令，调出"色阶"对话框，如图8-4-9所示，单击其内的"自动"按钮，并单击"确定"按钮。使用工具箱内的"磁性套索工具"，创建如图8-4-14所示的选区。

（5）反选选区，按Delete键，将选区内的图像删除。单击"选择"→"变换选区"命令，将剩下的选区内的图形调整为如图8-4-15所示的大小。

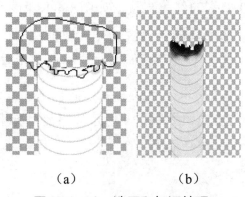

（a）　　　　　（b）

图8-4-12　选区和加深处理

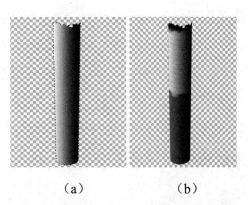

（a）　　　　　（b）

图8-4-13　加工效果

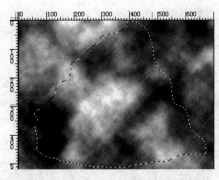

图8-4-14　云彩效果和选区

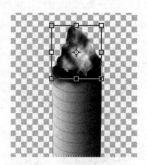

图8-4-15　调整大小

（6）单击"图像"→"调整"→"变化"命令，调出"变化"对话框。在"变化"对话框内，将"变化阶度"滑块调整到最粗糙，向加深红色和加深黄色各增加一级，并向较暗的方向增加一级，单击"确定"按钮。

3. 制作其他部分

（1）打开如图8-4-2所示的"儿童"图像，将图像复制到当前画布窗口内，调整该图像和画布窗口一样大。将"图层"面板内形成的图层和最下面的"背景"图层合并为"背景"图层。在当前图层上新建一个"框"图层，并在画布上创建宽约650像素、高约420像素的矩形选区，先用中灰色（R=155、G=155、B=155）填充选区，再取消选区。

（2）单击"图层"面板中的"添加图层样式"按钮，调出它的下拉菜单，单击其内的"斜面和浮雕"命令，调出"图层样式"对话框，按照图8-4-16进行具体的设置。

（3）将"框"图层的不透明度调整为50%。将当前图层作为选区载入，回到"背景"图层，单击"滤镜"→"模糊"→"高斯模糊"命令，将模糊半径设置为2.5像素，单击"确定"按钮，进行"高斯模糊"处理。

（4）在"图层"面板最上方新建一个"圈"图层，创建一个直径约为350像素的圆形选区，设置前景色红色，用线笔触为20像素的前景色描边，如图8-4-17所示。

（5）从画布顶部的标尺内拖曳出一条参考线到正好穿过圆环圆心的位置，并沿着这条参考线从圆环的左边到右边绘制出一条线宽约为20像素的红色直线，如图8-4-18所示。

（6）单击"编辑"→"自由变换"命令，在其选项栏的"设置旋转"数值框中，修改数字为45。取消"香烟"图层组的隐藏状态，并新建一个"烟雾"图层。先单击工具箱中的"默认前景和背景色"按钮，再单击"滤镜"→"渲染"→"云彩"命令。

（7）使用工具箱中的"钢笔工具"，在画布上绘制如图8-4-19所示的路径，单击"路径"面板底部的"将路径作为选区载入"按钮，将路径转换为选区。

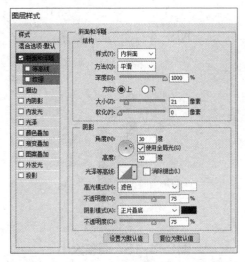

图8-4-16 设置"斜面和浮雕"图层样式

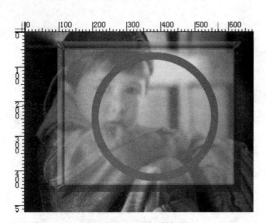

图8-4-17 描边

（8）单击"选择"→"羽化"命令，将羽化半径设为4像素。单击"图层"面板中的"添加蒙版"按钮，将当前图层的混合模式改为"正常"，此时的图像如图8-4-20所示。

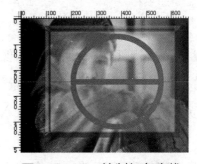

图8-4-18 绘制红色直线

图8-4-19 绘制路径

图8-4-20 羽化效果

（9）参照图8-4-1为图像添加文字，这由读者自己完成。

8.5 【案例40】梦幻

"梦幻"图像如图8-5-1所示。该图像是在如图8-5-2所示的"背景.jpg"图像的基础上制作而成的。

图8-5-1 "梦幻"图像

图8-5-2 "背景.jpg"图像

【制作方法】

1. 制作双翼

（1）打开"背景.jpg"图像，如图8-5-2所示，将该图像以名称"梦幻.psd"保存。打开"1"图像，如图8-5-3所示。将该图像拖曳到"梦幻.psd"图像中，调整它的位置和大小。选中"图层"面板内新增的名称为"图层1"的图层。

（2）调出"样式"面板菜单，单击该面板菜单内的"载入样式"命令，调出"载入"对话框，选中"【案例40】梦幻"文件夹内的"样式.asl"文件，单击"载入"按钮，载入新样式，包括"1""2""3"等图层样式。单击"样式"面板中的"1"图层样式图标，给"图层1"添加该图层样式，如图8-5-4所示。

图8-5-3 "1"图像

图8-5-4 添加图层样式

（3）打开如图8-5-5所示的"珠子.psd"图像，拖曳"珠子.psd"图像到"梦幻.psd"图像内，调整它的大小，同时得到名称为"图层2"的图层。将"珠子.psd"图像置于如图8-5-6所示的位置。

图8-5-5 "珠子.psd"图像

图8-5-6 图像位置

（4）复制4个珠子，并分别移到相应的位置。创建选中下方4个珠子的选区，适当缩小它们，如图8-5-7所示。将5个珠子所在图层合并到"图层2"中。

（5）调出"图层样式"对话框，给"图层2"添加渐变色外发光效果。外发光颜色值为R=67、G=207、B=154。

（6）按住Ctrl键，单击"图层2"缩览图，载入选区。选中"图层1"，按住Alt键，单击"添加图层蒙版"按钮▣，为"图层1"添加图层蒙版，使"图层1"的选区中的图形轮廓按珠子的外形变化，得到如图8-5-8所示的效果。

（7）在"图层"面板中新建"组1"图层组，将"图层1"和"图层2"两个图层按顺序拖曳到"组1"图层组中。将"组1"图层组拖曳到"创建新图层"按钮▣上，复制一份"组1"图层组。将新的"组1 副本"图层组的名称改为"组2"，将其内各图层中的所有图像水平翻转并调整它们的位置，效果如图8-5-9所示。

图8-5-7 复制和缩小珠子

图8-5-8 图层蒙版效果

图8-5-9 调整图层组效果

2. 制作中心球体

（1）在"图层"面板内创建一个名称为"图层3"的图层，在中间位置创建一个圆形选区，并填充黑色，如图8-5-10所示。单击"选择"→"变换选区"命令，按住Alt+Shift组合键，向内拖曳控制柄，缩小选区，按Enter键，完成自由变换选区。按Delete键，删除选区内的图形。按Ctrl+D组合键，取消选区，形成一幅黑色圆环图形，如图8-5-11所示。

（2）单击"样式"面板中的"2"图层样式，得到如图8-5-12所示的效果。

（3）在"图层"面板内创建名称为"图层4"的图层，按Ctrl+Shift+D组合键，重新载入选区。设置前景色的值为R=242、G=253、B=252，按Alt+Delete组合键，给选区填充前景色。按Ctrl+D组合键，取消选区。在"图层"面板中，设置当前图层的"填充"数值框内的数值为80%，得到如图8-5-13所示的效果。

单击"样式"面板中的"3"图层样式，得到如图8-5-14所示的效果。

（4）打开如图8-5-15所示的"星空.psd"图像，将其拖曳到"梦幻.psd"图像中并置于圆形的正中间，同时得到名称为"图层5"的图层。

图8-5-10　填充黑色

图8-5-11　圆环图形

图8-5-12　图层样式效果1

图8-5-13　填充效果

图8-5-14　图层样式效果2

图8-5-15　"星空.psd"图像

单击"图层"→"创建剪贴蒙版"命令或按Ctrl+Alt+G组合键，执行创建剪贴蒙版操作。选中"图层5"，在"图层"面板的"设置图层的混合模式"下拉列表中选择"正片叠底"选项，得到如图8-5-16所示的效果。

（5）打开"爆炸"图像，如图8-5-17所示，按Ctrl+A键，创建选中全部图像的选区。将选区内的图像拖曳到"梦幻.psd"图像中并置于圆形的正中间，同时得到名称为"图层6"的图层。

单击"图层"→"创建剪贴蒙版"命令或按Ctrl+Alt+G组合键，执行创建剪贴蒙版操作。在"图层"面板的"设置图层的混合模式"下拉列表中选择"变亮"选项，设置此图层的混合模式为"变亮"，得到如图8-5-18所示的效果。

图8-5-16　调整混合模式效果

图8-5-17　"爆炸"图像

图8-5-18　混合模式效果

（6）打开如图8-5-19所示的"素材.psd"图像，将其拖曳复制到"梦幻.psd"图像中，并将其调整到如图8-5-20所示的位置，得到名称为"图层7"的图层。

（7）右击"图层1"，调出它的快捷菜单，单击该菜单内的"拷贝图层样式"命令；右击"图层7"，调出它的菜单，单击该菜单内的"粘贴图层样式"命令，得到如图8-5-21所示效果。

（8）复制一个"图层2"，将"图层2副本2"图层拖曳到所有图层的最上方，删除"图层2副本2"图层内的2颗珠子，调整剩余3颗珠子的位置，如图8-5-22所示。

图8-5-19　"素材.psd"
图像

图8-5-20　添加
图像效果

图8-5-21　粘贴图层样式
效果

图8-5-22　删除并
移动珠子

3. 绘制小精灵和添加人物与光晕

（1）使用"画笔工具" ，单击其选项栏内左起第2个按钮，调出"画笔预设"面板，单击该面板内右上角的 按钮，调出面板菜单，单击该菜单内的"载入画笔"命令，调出"载入"对话框，选择"画笔.abr"文件，单击"载入"按钮，即可给"画笔预设"和"画笔"面板载入"小精灵画笔"类型的画笔。

（2）在"背景"图层上新建名称为"图层8"的图层，在"画笔预设"面板中，分别选择GB290、GB349、GB190、GB 200、GB 280 5种小精灵画笔，设置画笔的大小和角度，单击图像周围。

（3）在所有图层上新建一个名称为"图层9"的图层，在"画笔"面板中分别选择190、200、280、290、349 5种小精灵画笔，设置画笔的大小和角度，单击图像周围。

（4）打开如图8-5-23所示的"女孩.psd"图像，将该图像拖曳到"梦幻.psd"图像中。系统在所有图层之上会自动创建一个名称为"图层10"的图层。调整"女孩.psd"图像的大小和位置。

（5）在"图层10"上创建"图层11"，选中该图层，填充黑色。单击"滤镜"→"渲染"→"镜头光晕"命令，调出"镜头光晕"对话框，按照图8-5-24进行设置，单击"确定"按钮，关闭该对话框，在"图层11"内的黑色背景上创建一个镜头光晕，如图8-5-25所示。

（6）选中"图层11"，在"图层"面板的"设置图层的混合模式"下拉列表中选择"滤色"选项，可以看到镜头光晕的黑色背景消失了，如图8-5-26所示。

（7）双击"图层4"，调出"图层样式"对话框，按照图8-5-27进行设置。单击"确定"按钮，"梦幻.psd"图像如图8-5-1所示。

（8）"梦幻.psd"图像的"图层"面板如图8-5-28所示（还没有创建图层组）。按照图8-5-28创建几个图层组。

图8-5-23 "女孩.psd" 图像

图8-5-24 "镜头光晕" 对话框

图8-5-25 镜头光晕

图8-5-26 镜头光晕的黑色背景消失

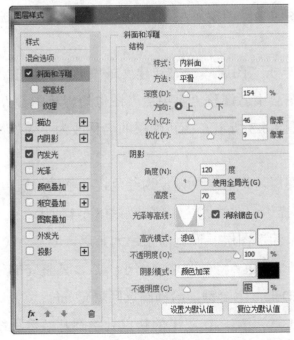

图8-5-27 "图层样式" 对话框

图8-5-28 "图层" 面板

8.6 【案例41】苹果醋

"苹果醋"图像如图8-6-1所示。它是一幅精美的苹果醋广告图像,广告中介绍了一种新时代饮品,它就是将甘甜的苹果汁和醋融合到一起的"苹果醋",图像中还有浅蓝色立体文字"喝即开即饮的苹果醋"。

图8-6-1 "苹果醋"图像

【制作方法】

1. 制作苹果

(1)新建一个宽为500像素、高为400像素、背景为白色的画布,以名称"苹果醋.psd"保存。打开如图8-6-2所示的"苹果.jpg"图像,创建选中苹果图像的选区,将选区中的苹果图像复制到"苹果醋.psd"图像中。调整苹果图像的大小和位置。将新增图层的名称改为"苹果"。

(2)创建选取苹果上半部分的选区,单击"图层"→"新建"→"通过剪切的图层"命令,将苹果的上半部分剪切并置于新的图层中。调整"苹果盖"图像的旋转中心点,使之位于右下角,旋转苹果盖图像,效果如图8-6-3所示。将新图层的名称改为"盖",移到"图层"面板最上边,并将该图层隐藏。

(3)在"苹果"图层上添加"椭圆"图层。将前景色设定为红色,在苹果的缺口处创建一个椭圆选区,并进行4像素的选区内部描边。取消选区,效果如图8-6-4所示。

(4)在"椭圆"图层下新增一个"苹果汁"图层。设置前景色为黄色,创建一个椭圆选区,按Alt+Delete组合键,给椭圆选区填充黄色;将椭圆选区缩小一点,调整它的位置,羽化3像素,并设置前景色为黄色,按Alt+Delete组合键,给椭圆选区填充黄色。

(5)设置前景色为橙色,使用"画笔工具" ,在苹果的缺口处绘制几条橙色线条。单击"滤镜"→"液化"命令,调出"液化"对话框,进行液化加工。单击"确定"按钮,关闭"液化"对话框。按Ctrl+D组合键,取消选区,效果如图8-6-5所示。

图8-6-2 "苹果.jpg"
图像

图8-6-3 苹果盖
图像的位置和大小

图8-6-4 绘制椭圆

图8-6-5 液体效果

2. 制作标签和其他

（1）在"图层"面板内新建一个图层，命名为"标签"，并选中该图层。创建一个矩形选区，设置前景色为绿色，按Alt+Delete组合键，给矩形选区填充绿色。

（2）在绿色矩形中创建一个圆形选区，单击"图层"→"新建"→"通过拷贝的图层"命令，将圆形选区内的图像拷贝到新图层的画布内，该图层的名称改为"图层2"。

（3）选中"图层"面板中的"图层2"，单击"图层"→"图层样式"→"斜面和浮雕"命令，调出"图层样式"对话框，按图8-6-6进行设置，单击"确定"按钮。

（4）将"标签"和"图层2"两个图层合并，并将合并后的图层名称改为"标签"。选中该图层，单击"图层"→"图层样式"→"阴影"命令，调出"图层样式"对话框，按照图8-6-7进行设置，单击"确定"按钮。

（5）在"标签"图像中间输入文字"醋"。选中"图层"面板中的"醋"图层，单击"图层"→"栅格化"→"文字"命令，将文字图层转换成普通图层。

图8-6-6 "图层样式"对话框设置1

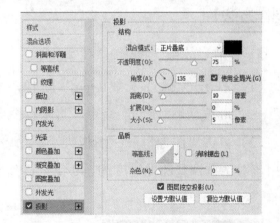

图8-6-7 "图层样式"对话框设置2

（6）单击"图层"→"图层样式"→"斜面和浮雕"命令，调出"图层样式"对话框，进行设置；选中"内阴影"复选框，进行设置；使文字立体化和带阴影，单击"确定"按钮，效果如图8-6-1所示。"图层样式"对话框的设置由读者自行完成。

（7）在"标签"图层的下边创建一个"小绳"图层。使用"画笔工具" ，在"标签"图层的图像内与苹果上面的缺口处绘制一条直线。选中"小绳"图层，调出"图层样式"

对话框，利用该对话框添加投影样式（读者自行设置）。单击"确定"按钮。

（8）打开"瓶子.bmp"图像，2 次将它复制在"苹果醋.psd"图像中，移到苹果图像的右下方，适当调整图像的大小。在苹果的左边输入浅蓝色文字"喝即开即饮的苹果醋"。选中该文字图层，单击"图层"→"栅格化"→"文字"命令，将文字图层转换成普通图层。给该图层添加"斜面和浮雕"与"阴影"图层样式效果，阴影颜色为淡绿色。

（9）给"背景"图层填充金黄色到浅黄色再到金黄色的线性渐变色。

8.7 【案例42】中华双凤电脑

"中华双凤电脑"图像如图 8-7-1 所示，这是一幅精美的电脑广告图像，背景的"木纹"图像如图 8-7-2 所示。

图 8-7-1 "中华双凤电脑"图像   图 8-7-2 "木纹"图像

【制作方法】

1. 制作"木纹"图像

（1）打开一幅"木纹 0.jpg"图像，如图 8-7-3 所示。单击"图像"→"图像旋转"→"90 度（顺时针）"命令，将木纹图像顺时针旋转 90°。

（2）单击"图像"→"图像大小"命令，调出"图像大小"对话框，如图 8-7-4 所示。利用该对话框调整图像宽度为 640 像素、高度为 480 像素。

图 8-7-3 "木纹 0.jpg"图像   图 8-7-4 "图像大小"对话框

（3）单击"图像"→"调整"→"曲线"命令，调出"曲线"对话框，向右下方拖曳调整曲线，使图像颜色深一些，如图8-7-2所示，并以名称"木纹1.psd"保存。

（4）新建一个宽度为640像素、高度为480像素、颜色模式为RGB颜色的画布。设置前景色为深橙色，按Ctrl+Delete组合键，给"背景"图层填充深橙色，如图8-7-5所示。

（5）选中"背景"图层。单击"滤镜"→"滤镜库"命令，调出"滤镜库"对话框，展开"纹理"文件夹，单击其内的"颗粒"图标，按照图8-7-6进行设置。

图8-7-5 给"背景"图层填充深橙色 　　　　　图8-7-6 颗粒参数设置

（6）单击"确定"按钮，给图像添加竖条颗粒纹理，如图8-7-7所示。按照步骤（2），调出"曲线"对话框，调整曲线，如图8-7-8所示，并以名称"木纹2.psd"保存。以"中华双凤电脑.psd"保存在"【案例42】中华双凤电脑"文件夹内。

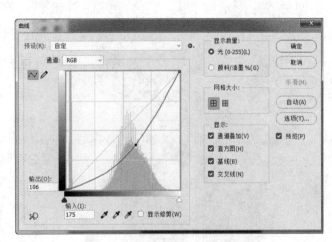

图8-7-7 添加竖条颗粒纹理的图像 　　　　　图8-7-8 "曲线"对话框

注意：上面的第（4）～（6）步为另一种制作"木纹"图像的方法。

2．制作背景

（1）单击"动作"面板菜单中的"纹理"命令，在"动作"面板中添加一个"纹理"文件夹，如图8-7-9所示。单击该文件夹左边的▶按钮，展开文件夹内的动作命令，选中其内的"木质-松木"动作命令选项，单击"播放选定的动作"按钮▶，在"图层"面板内新建名称为"图层2"和"图层1"的两个图层，这两个图层内有木质纹理图像，如图8-7-10所示。

图8-7-9 "动作"面板

图8-7-10 木质纹理图像

（2）选中"图层"面板中的"图层2"，单击"图层"→"向下合并"命令，将"图层2"和"图层1"合并为一个图层，合并后名称为"木纹背景"。单击"图像"→"调整"→"曲线"命令，调出"曲线"对话框，调整曲线，使图像颜色深一些。

（3）单击"编辑"→"定义图案"命令，调出"图案名称"对话框，将"名称"设定为"图案1"，单击"确定"按钮退出。

（4）使用"椭圆选框工具" ，创建一个椭圆选区，将其拖曳到画布窗口的右边，使这个椭圆选区的一半在画布窗口外面，一半在画布窗口里面，如图8-7-11（a）所示。

使用"矩形选框工具" ，按住Shift键，在画布窗口的椭圆选区下边画一个矩形选区，如图8-7-11（b）所示。按Delete键，删除选区内的图像。

采用同样的方法创建一个选区，并删除选区内的图像，如图8-7-12所示。

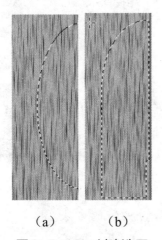

（a） （b）

图8-7-11 创建选区

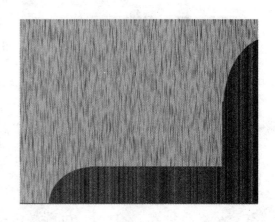

图8-7-12 删除选区内的图像1

（5）创建一个圆形选区，将选区拖曳到画布内的右下方。单击"编辑"→"填充"命令，调出"填充"对话框，如图8-7-13所示。在"内容"下拉列表中选择"图案"选项，在"自定图案"下拉列表中选择"图案1"，单击"确定"按钮，填充效果如图8-7-14所示。

图8-7-13 "填充"对话框

图8-7-14 填充效果

（6）创建一个小一点的圆形选区，将它移到刚才那个圆的中心处，按Delete键，删除选区内的图像，如图8-7-15所示。

（7）输入文字"G3"，颜色为金色、大小为72点。"图层"面板内会自动生成"G3"文字图层。单击"图层"→"栅格化"→"文字"命令，将文字图层转换成普通图层。按住Ctrl键，单击"G3"图层，创建选中文字的选区。

（8）选中"木纹背景"图层，单击"编辑"→"填充"命令，调出"填充"对话框，在对话框中的"内容"下拉列表中选择"图案"选项，在"自定图案"下拉列表中选择"图案1"，单击"确定"按钮。

（9）选中"木纹背景"图层，单击"添加图层样式"按钮 _fx_，调出"图层样式"对话框，给"木纹背景"图层添加"斜面和浮雕""投影"图层样式，效果如图8-7-16所示。此时的"图层"面板如图8-7-17所示。

图8-7-15 删除选区内的图像2　图8-7-16 添加图层样式效果　图8-7-17 "图层"面板

（10）将"木纹背景"图层和"背景"图层合并，合并后的图层名称为"木纹背景"。读者可以修改"木纹背景"图层的图层样式，获得其他不同的效果。

3．制作前景

（1）使用"圆角矩形工具" ，在其选项栏的"选择工具模式"下拉列表中选择"路径"选项，拖曳绘制一个圆角矩形路径，如图8-7-18所示。单击"路径"面板内的"将路径作为选区载入"按钮 ※，将该路径转换成选区。

（2）单击"图像"→"调整"→"曲线"命令，调出"曲线"对话框，向右下方拖曳调整曲线，使图像颜色深一些。

（3）单击"图层"→"新建"→"通过剪切的图层"命令，在"图层"面板中生成名称为"图层1"的图层，其内是剪切的矩形木纹图像。调出"图层样式"对话框，进行"斜面和浮雕"设置，单击"确定"按钮，效果如图8-7-19所示。将"图层1"更名为"标牌"。

（4）在"图层"面板内新建一个"螺钉1"图层。按住 Shift 键，在标牌图像内的左上角创建一个圆形选区，填充一种"木质"纹理。

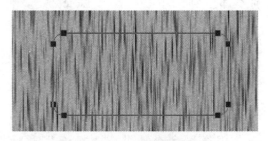

图8-7-18　圆角矩形路径

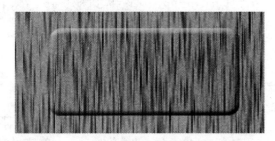

图8-7-19　"斜面和浮雕"效果

（5）在"图层"面板内新建一个图层，使用"画笔工具" ，绘制螺钉上的十字沟痕，如图8-7-20所示。将该图层与"螺钉1"图层合并到"螺钉1"图层中，按住 Alt 键，使用"移动工具" ，分别将它们复制到"图层2"图像的4个角上，同时产生3个新图层。将这3个图层的名称分别改为"螺钉2""螺钉3""螺钉4"。

（6）输入文字"中华双凤"，将颜色设定为绿色，字体为华文行楷，大小为50点。这时，系统会在"图层"面板内自动生成"中华双凤"文字图层。

（7）单击"图层"→"图层样式"→"斜面和浮雕"命令，调出"图层样式"对话框，进行设置（读者自行完成）后单击"确定"按钮，效果如图8-7-21所示。

图8-7-20　螺钉

图8-7-21　"中华双凤"文字

（8）打开一幅"双凤"图像，创建选中双凤的选区，将选区内的图像复制到"中华双凤电脑.psd"文档中，如图8-7-22所示。将新增的图层命名为"双凤"。

（9）在"图层"面板中，选中"双凤"图层，在"图层模式"下拉列表中选择"正片叠底"选项，效果如图8-7-23所示。给"双凤"图层添加"斜面和浮雕"图层样式。

（10）输入文字"SHUANGFENG"，其颜色为褐色、字体为ArnoPro、字大小为30点。

单击"图层"→"图层样式"→"斜面和浮雕"命令，调出"图层样式"对话框，进行设置（读者自行完成）后单击"确定"按钮，效果如图8-7-1所示。

图8-7-22　粘贴的双凤图像

图8-7-23　正片叠底后的双凤图像

8.8　【案例43】读者书刊

"读者书刊.psd"图像如图8-8-1所示，其中的"巨浪中勇生"图像表现了人类在大自然面前的临危不惧，暗示了人们要勇敢奋进。"巨浪中勇生"图像是通过合成如图8-8-2所示的"海潮.psd"图像和如图8-8-3所示的"海浪.psd"图像后加工获得的。在"巨浪中勇生"图像的基础上将其制作成一幅书刊封面，即"读者书刊.psd"图像。

图8-8-1　"读者书刊.psd"图像

图8-8-2　"海潮.psd"图像

图8-8-3　"海浪.psd"图像

【制作方法】

1. 制作冲浪

（1）打开"海潮.psd"和"海浪.psd"图像，将"海浪"图像复制到"海潮.psd"图像内，"海潮.psd"图像的"图层"面板如图8-8-4所示，画面如图8-8-5所示。

（2）选中"图层"面板中的"图层1"，按Ctrl+T组合键，进入自由变换状态。调小并移动粘贴的图像，按Enter键确认，效果如图8-8-6所示。以名称"巨浪中勇生.psd"保存。

图8-8-4 "图层"面板1　　图8-8-5 粘贴海浪图像　　图8-8-6 调整后的效果1

（3）单击"图层"面板中的"添加图层蒙版"按钮，为"图层1"添加蒙版，如图8-8-7所示。使用工具箱中的"渐变工具"，单击选项栏内的"线性渐变"按钮，单击选项栏内左起第1个按钮，调出"渐变编辑器"对话框，在该对话框内设置渐变色为"黑色、灰色到白色"，不透明度都为100%，如图8-8-8所示。

（4）选中"图层1"的蒙版，在蒙版中从上到下绘制从黑色、灰色到白色的线性渐变效果，如图8-8-9所示。此时图层蒙版状态如图8-8-10所示。设置前景色为黑色，使用工具箱中的"画笔工具"，按F5键，调出"画笔"面板，按图8-8-11进行设置。

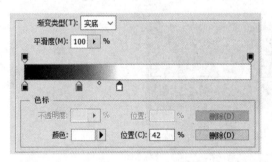

图8-8-7 "图层"面板2　　　　图8-8-8 "渐变编辑器"对话框渐变色设置

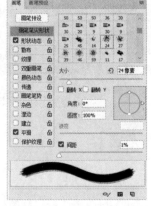

图8-8-9 绘制渐变效果　　图8-8-10 图层蒙版状态1　　图8-8-11 "画笔"面板设置1

在海潮与海浪图像相交处涂抹，得到如图8-8-12所示的效果。此时图层蒙版状态如图8-8-13所示。

注意：涂抹的动作以单击为主，尽量不要拖曳画笔，以免出现不自然的混合效果。

（5）新建一个名称为“图层2”的图层，设置前景色为浅蓝色（十六进制数为5f7ea2）。按F5键，调出“画笔”面板。选择大小为27像素的画笔，进行涂抹，效果如图8-8-14所示。

（6）设置“图层2”的不透明度为30%，混合模式为“深色”，获得如图8-8-15所示的效果。

图8-8-12　涂抹后的效果1

图8-8-13　图层蒙版状态2

图8-8-14　涂抹后的效果2

（7）打开一幅“冲浪者.psd”图像，如图8-8-16所示。使用“移动工具”，将其拖曳到“巨浪中勇生.psd”图像中，调整图像大小和位置，效果如图8-8-17所示。此时，“图层”面板内增加了名称为“图层3”的图层，其内是“冲浪者”图像。

图8-8-15　设置不透明度和混合模式的效果

图8-8-16　“冲浪者.psd”图像

图8-8-17　调整后的效果2

（8）选中“图层3”，单击“添加图层蒙版”按钮，为“图层3”添加蒙版。选择“画笔工具”，按F5键，调出“画笔”面板，按照图8-8-18进行设置。

（9）设置前景色为黑色、背景色为白色，选中“图层”面板内的“图层3”的蒙版缩览图，分别以黑色或白色进行涂抹，直至得到如图8-8-19所示的效果。

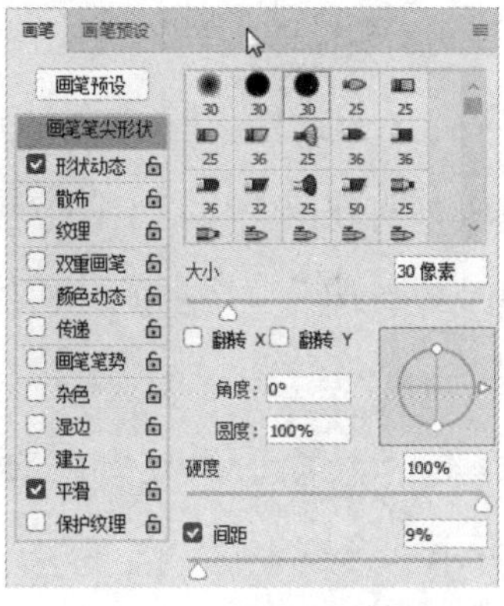

图8-8-18　“画笔”面板设置2

图8-8-19　添加图层蒙版的效果

2．制作书刊

（1）新建一个宽为560像素、高为750像素、模式为RGB颜色、背景为白色的画布。将前景色设置为深紫色，按Alt+Delete组合键，给"背景"图层填充前景色（深紫色），以名称"读者书刊.psd"保存。

（2）单击"巨浪中勇生.psd"图像的画布窗口，单击"选择"→"全部"命令或按Ctrl+A组合键，将图像全部选中。单击"编辑"→"合并拷贝"命令，将它拷贝到剪贴板中。单击"读者书刊.psd"图像的画布窗口，单击"编辑"→"粘贴"命令，将剪贴板中的图像粘贴到"读者书刊.psd"图像中。将新增图层的名称改为"巨浪中勇生"。

（3）按Ctrl+T组合键，进入"自由变换"状态，调整图像的大小和位置，调整到最佳效果，按Enter键确认，效果如图8-8-20所示。

（4）使用工具箱中的"椭圆选框工具" ◯，在画布内拖曳出一个椭圆选区，如图8-8-21所示。单击"选择"→"反选"命令，将所选的区域反选。单击"选择"→"羽化"命令，调出"羽化"对话框，设置羽化半径为10像素，单击"确定"按钮。

图8-8-20　调整图像大小和位置　　　　　图8-8-21　创建椭圆选区

（5）单击"图像"→"调整"→"亮度/对比度"命令，调出"亮度/对比度"对话框，在该对话框内，将亮度设置为-60，单击"确定"按钮。按Ctrl+D组合键，取消选区。

（6）按住Ctrl键，单击"巨浪中勇生"图层的缩览图，创建选中"巨浪中勇生"图层中图像轮廓的选区。单击"编辑"→"描边"命令，调出"描边"对话框，利用该对话框给图像选区描边4像素，颜色为白色，效果如图8-8-22所示。

（7）新建一个名称为"图层2"的图层，创建一个矩形选区，描边4像素，颜色为黄色。将"图层2"拖曳到"图层1"的下面，效果如图8-8-23所示。

图8-8-22　描边绘制线框

图8-8-23　绘制黄色矩形框

（8）加上文字和图片，书刊的封面效果如图8-8-1所示。这些由读者自行完成。

8.9 【案例44】风景折扇

"风景折扇"图像如图8-9-1所示。该图像的制作方法如下。

【制作方法】

图8-9-1　"风景折扇"图像

1．制作扇柄

（1）创建一个宽为500像素、高为400像素、模式为RGB颜色、名称为"风景折扇"、背景为白色的画布文件。创建一条水平参考线和一条垂直参考线，并以名称"风景折扇.psd"保存。

（2）在"图层"面板中新建一个名为"折扇"的图层组。在"折扇"图层组中新建一个"扇柄右"图层。

（3）选中"扇柄右"图层，使用"钢笔工具"　，以参考线为基准，绘制一个扇柄形状的路径，如图8-9-2所示。设置前景色为红棕色（C=64，M=99，Y=90，K=60），单击"路径"面板中的"用前景色填充路径"按钮　，为扇柄形状的路径填充颜色，如图8-9-3所示。单击"路径"面板空白处，隐藏该路径。

（4）选中"扇柄右"图层，单击"图层"面板内的"添加图层样式"按钮　，调出它的下拉菜单，单击该菜单中的"斜面和浮雕"命令，调出"图层样式"对话框，按图8-9-4进行设置。单击"确定"按钮，给扇柄添加立体效果，如图8-9-5所示。

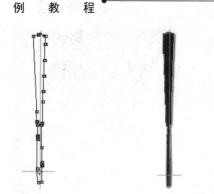  

图8-9-2 路径　图8-9-3 填充路径　图8-9-4 "图层样式"对话框　图8-9-5 立体效果

（5）单击"编辑"→"变换"→"旋转"命令，进入扇柄的旋转变换调整状态，按住Alt键，将变换的轴心点移动到两条参考线的交点处。在选项栏内设置旋转的角度为70°，按Enter键确认，效果如图8-9-6所示。

（6）将"扇柄右"图层拖曳到"创建新图层"按钮　上，复制一个图层，将该图层的名称改为"扇柄左"。将"扇柄左"图层拖曳到"扇柄右"图层的下面，选中"扇柄左"图层。单击"编辑"→"变换"→"旋转"命令，将变换的轴心点移到两条参考线的交点处。在选项栏内设置旋转的角度为-70°，按Enter键确认，效果如图8-9-7所示。

图8-9-6 将扇柄旋转70°　　　　　图8-9-7 将复制的扇柄旋转-70°

2．制作扇面

（1）在"扇柄左"图层上创建一个常规图层，将其命名为"扇面"，选中该图层。使用工具箱中的"钢笔工具"　，以参考线为基准，画出两个对称的扇面折页路径，如图8-9-8所示。设置前景色为浅灰色（C=18，M=14，Y=21，K=0），单击"路径"面板中的"用前景色填充路径"按钮　，为扇面折页路径填充浅灰色，如图8-9-9所示。

（2）设置前景色为浅灰色（C=28，M=19，Y=23，K=0）。使用"路径选择工具"　，单击右半边的扇面折页路径，单击"路径"面板中的"用前景色填充路径"按钮　，为右侧的扇面折页路径填充浅灰色。采用同样的方法给左侧扇面折页路径填充浅一些的灰色。为左右两侧的路径填充深浅不同的颜色，可以更好地表现折扇的折页效果。

单击"路径"面板的空白处，隐藏该路径。如果不隐藏路径，则在菜单命令中只有"编辑"→"变换路径"→"××××"命令，没有"编辑"→"变换"→"××××"命令。

（3）使用"移动工具"　，在"图层"面板中选中"扇面"图层。单击"编辑"→"变换"→"旋转"命令，将变换的轴心点移动到两条参考线的交点处，在它的选项栏内设置旋转的角度为-70°，按Enter键确认，将扇面向左旋转70°。

（4）单击"动作"面板菜单中的"新建动作"命令，调出"新建动作"对话框。在"名称"文本框中输入"扇子"，设置新动作的名称为"扇子"，在"组"下拉列表中选择"默认动作"选项，其他设置如图8-9-10所示。

图8-9-8　扇面折页路径　　　　图8-9-9　填充颜色　　　图8-9-10　"新建动作"对话框

（5）单击"记录"按钮，开始记录，此时的"动作"面板如图8-9-11所示。拖曳"扇面"图层到"创建新图层"按钮 上，复制一个新的"扇面副本"图层。此时，在"动作"面板中，会自动记录刚才的操作。

（6）单击"编辑"→"变换路径"→"旋转"命令，将变换的轴心点移动到两条参考线的交点处；在它的选项栏内设置旋角度为5°，按Enter键确认。此时，"动作"面板如图8-9-12所示。

图8-9-11　"动作"面板1　　　　　　　图8-9-12　"动作"面板2

（7）单击"动作"面板中的"停止播放/记录"按钮 ，停止记录。选中"扇子"动作选项，单击26次"动作"面板中的"播放选定的动作"按钮 ，执行刚录制的动作，此时的图像如图8-9-13所示。

（8）分别单击"背景"图层、"扇柄"图层和"扇柄左"图层内的 图标，使它们隐藏。选中"扇面"图层，单击"图层"→"合并可见图层"命令，将所有的扇面图层合并为名为"扇面"的图层。

（9）将"扇面"图层拖曳到"创建新图层"按钮 上，复制一个名称为"扇面副本"的图层，选中它。单击"编辑"→"自由变换"命令，将变换的轴心点移动到两条参考线的交点处，将扇面略微缩小，按Enter键确认，效果如图8-9-14所示。

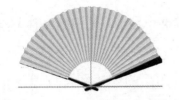

图8-9-13　执行动作后的图像效果　　　图8-9-14　将图像缩小并调亮效果的

（10）单击"图像"→"调整"→"亮度/对比度"命令，调出"亮度/对比度"对话框。设置亮度为15、对比度为5。单击"确定"按钮，将"扇面副本"图层中的图像调亮，制作出扇子的边缘效果，如图8-9-14所示。按Ctrl+E组合键，将"扇面副本"图层和"扇面"图层合并为一个图层。至此，扇面制作完成。

3．制作扇骨

（1）设置前景色为深棕色（C=56，M=78，Y=100，K=34）。在"扇柄左"图层上创建一个新的常规图层，将其命名为"扇骨"，选中该图层。使用"圆角矩形工具" ，在它的选项栏内左起第1个下拉列表中选择"像素"选项，在"半径"数值框中输入2，其他设置如图8-9-15所示。在画布窗口中拖曳，创建一个圆角矩形。

图8-9-15 "圆角矩形工具"选项栏

（2）单击"编辑"→"自由变换"命令，将圆角矩形的顶部略微缩小，按Enter键确认。选中"扇骨"图层，单击"图层"面板内的"添加图层样式"按钮 *fx*，调出它的下拉菜单，单击该菜单中的"斜面和浮雕"命令，调出"图层样式"对话框。参照图8-9-4设置斜面和浮雕效果。单击"确定"按钮，给扇骨添加立体效果，如图8-9-16所示。

（3）使用与创建扇面相同的方法创建一个新动作，其旋转角度为10°，其他和扇面的制作方法完全相同，由读者自己完成，效果如图8-9-17所示。

（4）将所有与扇骨有关的图层合并在"扇骨"图层中。

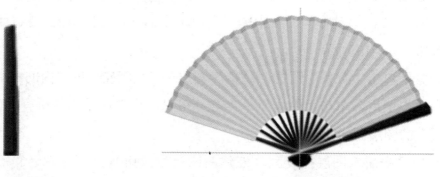

图8-9-16 创建扇骨图像　　　　**图8-9-17 制作出的扇骨效果**

4．制作扇面图案

（1）打开"风景1.jpg"图像，用作扇面贴图，如图8-9-18所示。按Ctrl+A组合键，全选该图像；按Ctrl+C组合键，将整个"风景1.jpg"图像复制到剪贴板中。

（2）按住Ctrl键，单击"图层"面板内的"扇面"图层的缩览图，创建一个选中扇面图像的选区。单击"编辑"→"贴入"命令，将剪贴板中的"风景1.jpg"图像粘贴到选区内。

此时，在"图层"面板中自动生成一个名称为"图层1"的图层，其内是粘贴的风景图像和选区蒙版，将该图层的名称改为"图像"。

（3）在"图层"面板中，将"图像"图层移到"扇面"图层上面。单击"编辑"→"自由变换"命令，调整粘贴图像的大小与位置。

（4）单击"图像"→"调整"→"曲线"命令，调出"曲线"对话框。调整曲线，使图像变亮一些，单击"确定"按钮。最终效果如图8-9-19所示。

（5）选中"图像"图层，设置其混合模式为"正片叠底"模式，使"图像"和"扇面"图层的图像效果融合，产生真实的扇面效果，如图8-9-20所示。

（6）在"图像"图层上创建一个"扇轴"图层，选中该图层。使用"椭圆选框工具" ◯ ，在扇柄的交叉处创建一个椭圆选区，并为其填充浅棕色。按Ctrl+D组合键，取消选区。

（7）单击"图层"面板内的"添加图层样式"按钮 _fx_ ，调出"图层样式"菜单。单击该菜单中的"斜面和浮雕"命令，调出"图层样式"对话框。设置大小为5像素、软化为1像素，其他保持默认设置。单击"确定"按钮，为"扇轴"添加立体效果。

图8-9-18 "风景1.jpg"图像　　图8-9-19 最终效果　　图8-9-20 产生真实的扇面效果

5. 制作扇坠和背景

（1）打开"扇坠.jpg"图像，作为扇子的装饰，如图8-9-21所示。

（2）使用"移动工具" ✛ ，将"扇坠.jpg"图像拖曳到"折扇.psd"图像中，调整它的位置如图8-9-1所示。在"图层"面板内，将新增图层的名称改为"扇坠"，移到"扇柄左"图层的下边。

（3）打开"风景2.jpg"图像，作为扇子的背景，如图8-9-22所示。将"风景2.jpg"图像拖曳到"风景折扇.psd"图像中，调整它，使之刚好将整个舞台工作区覆盖。在"图层"面板内，将新增图层的名称改为"背景"，移到最下边。

（4）选中"背景"图层，单击"图像"→"调整"→"曲线"命令，调出"曲线"对话框。调整曲线，使图像变亮一些，单击"确定"按钮。

（5）单击"滤镜"→"模糊"→"高斯模糊"命令，调出"高斯模糊"对话框。设置半径为3像素，单击"确定"按钮，将"背景"图层内的图像进行高斯模糊处理。

此时，"风景折扇.psd"图像的"图层"面板如图8-9-23所示。

图8-9-21 "扇坠.jpg"图像　　图8-9-22 "风景2.jpg"图像　　图8-9-23 "图层"面板

8.10 【案例45】"渴望和平"宣传画

"渴望和平"宣传画图像如图8-10-1所示。可以看到，图像上一架飞机撞在窗户上，还有还有窗户外的建筑区群、火烧云和惊恐的小女孩头像。

【制作方法】

图8-10-1 "渴望和平"宣传画图像

1. 制作撞击效果

（1）打开如图8-10-2所示的"飞机.jpg"图像和如图8-10-3所示的"碎玻璃.jpg"图像。将"碎玻璃.jpg"图像复制到"飞机.jpg"图像画布窗口内。此时，"飞机.jpg"图像的"图层"面板中会自动生成名称为"图层1"的图层，其内是"碎玻璃.jpg"图像。

（2）将"碎玻璃.jpg"图像复制到"通道"面板内新增的"Alpha1"通道中。按Ctrl+D组合键，取消选区。单击"图像"→"调整"→"色阶"命令，调出"色阶"对话框，进行调整后单击"确定"按钮，效果如图8-10-4所示。

图8-10-2 "飞机.jpg"图像　　图8-10-3 "碎玻璃.jpg"图像　　图8-10-4 色阶处理效果1

（3）复制一个"Alpha 1"通道，得到"Alpha 1副本"通道。设置前景色为黑色，使用"画笔工具" ，设置画笔大小，在左上角的白色块上涂抹，得到如图8-10-5所示的效果。选中"Alpha 1"通道，按 Ctrl+I 组合键，将颜色反相，效果如图 8-10-6 所示。

图 8-10-5　涂抹效果 1

图 8-10-6　反相处理效果

（4）单击"图像"→"调整"→"色阶"命令，调出"色阶"对话框，进行相应的设置，如图 8-10-7 所示，单击"确定"按钮，效果如图 8-10-8 所示。

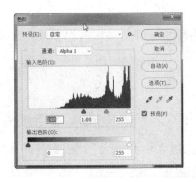

图 8-10-7　"色阶"对话框设置

图 8-10-8　色阶处理效果 2

（5）使用工具箱中的"画笔工具"，设置适当的画笔大小，在该画布中黑色以外的区域涂抹，得到如图 8-10-9 所示的效果。按住 Shift+Ctrl 组合键，单击"Alpha 1"通道和"Alpha 1 副本"通道的缩览图，载入其相加后的选区，如图 8-10-10 所示。

（6）返回"图层"面板，选中"图层 1"，在未取消选区的情况下按 Shift+Ctrl+I 组合键，将选区反选，得到如图 8-10-11 所示的选区。

图 8-10-9　涂抹效果 2

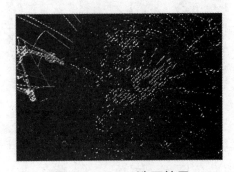

图 8-10-10　选区效果

（7）按 Delete 键，删除选区内的图像。按 Ctrl+D 组合键，取消选区，效果如图 8-10-12 所示。

（8）在"图层"面板中，拖曳"图层 1"到"创建新图层"按钮上，复制"图层 1"，得到"图层1副本"图层，将"图层1副本"图层的混合模式设置为"滤色"，将不透明度设置为45%，图像效果如图8-10-13所示。

　　将加工后的"飞机.jpg"图像以"撞击.psd"保存。

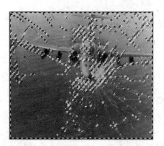

图8-10-11　反选效果　　　　图8-10-12　删除选区内的图像　　　图8-10-13　混合模式效果

2．合成效果

　　（1）单击如图8-10-13所示的"撞击.psd"图像的画布窗口，单击"选择"→"全部"命令或按Ctrl+A组合键，将图像全部选中。单击"编辑"→"合并拷贝"命令，将它拷贝到剪贴板中。

　　（2）打开"窗户.jpg"图像，如图8-10-14所示。单击"窗户.jpg"图像的画布窗口，单击"编辑"→"粘贴"命令，将剪贴板中的图像粘贴到"窗户.jpg"图像中。新增图层的名称为"图层1"。

　　（3）选中"图层1"，单击"编辑"→"自由变换"命令或按Ctrl+T组合键，进入图像的自由变换状态，调整好"图层1"内"撞击.psd"图像的大小和位置，如图8-10-15所示。将"图层1"隐藏。

图8-10-14　"窗户.jpg"图像　　　　图8-10-15　调整"撞击.psd"图像的大小和位置

　　（4）在"图层"面板内选中"背景"图层，使用工具箱中的"魔棒工具" ，先单击画布内白色区域，再单击"选择"→"相似选区"命令，将白色的区域全部选中，使用工具箱中的"矩形选框工具" ，按住Alt键，拖曳四周边缘，减去多余的选区，最后效果如图8-10-16所示。

　　（5）选中"图层1"，单击"图层"面板下方的"添加图层蒙版"按钮 ，为其添加图层蒙版,此时的"图层"面板如图8-10-17所示。

(6)图像加工后的效果如图8-10-18所示。将该图像以"撞击窗户.psd"保存。

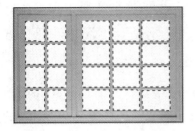

图8-10-16　创建选区

图8-10-17　"图层"面板

图8-10-18　"撞击"图像

3. 制作背景

(1)新建一个文件,名称为"渴望和平",宽为800像素、高为600像素、模式为RGB颜色、背景为白色,并以"渴望和平.psd"保存。

(2)单击"撞击窗户.psd"图像的画布窗口,单击"选择"→"全部"命令或按Ctrl+A组合键,将图像全部选中。单击"编辑"→"合并拷贝"命令,将选区内的所有图像拷贝到剪贴板中。

(3)先单击"渴望和平.psd"图像,再单击"编辑"→"粘贴"命令,将剪贴板中的图像粘贴到"渴望和平.psd"图像中。新增图层的名称为"图层1"。

(4)打开"建筑.jpg"图像,如图8-10-19所示。单击"选择"→"全部"命令,将图像全部选中。单击"编辑"→"拷贝"命令,将选区内的所有图像拷贝到剪贴板中。

(5)单击"渴望和平.psd"图像画布,单击"编辑"→"粘贴"命令,将剪贴板中的图像粘贴到"渴望和平.psd"图像画布中。将粘贴的两幅图像进行"缩放""斜切""旋转"调整,调整好它们的位置、大小和角度,最后效果如图8-10-20所示。

图8-10-19　"建筑.jpg"图像

图8-10-20　调整好的图像

(6)选中"图层"面板内的"背景"图层,使用工具箱中的"渐变工具" ▉,设置黑色到白色的线性渐变色,对该图层进行黑色到白色的线性渐变填充。

(7)打开如图8-10-21所示的"人物"图像。双击"图层"面板内的"背景"图层,调出"新建图层"对话框，单击"确定"按钮，将"背景"图层变为名称是"图层0"的普通图层。

（8）使用工具箱中的"移动工具" ✛，将"人物"图像中的人物拖曳到"渴望和平.psd"图像画布中，单击"编辑"→"粘贴"命令，将剪贴板中的图像粘贴到"渴望和平.psd"图像的画布中，调整该图像的位置和大小。

（9）在"图层"面板中，将"人物"图像所在的图层拖曳到所有图层的上面。添加文字，并给文字添加"斜面和浮雕"等图层样式，最终效果如图8-10-1所示。"渴望和平.psd"图像的"图层"面板如图8-10-22所示。

图8-10-21 "人物"图像

图8-10-22 "渴望和平.psd"图像的"图层"面板

8.11 【案例46】海神

"海神"图像如图8-11-1所示。可以看到，一个女人坐在波涛汹涌的海浪之上，海中有一位冲浪人。制作该图像需要使用如图8-11-2所示的"背景"图像，还需要使用"色阶""匹配颜色""亮度/对比度"命令，以及"画笔""添加蒙版"工具。

图8-11-1 "海神"图像

图8-11-2 "背景"图像

【制作方法】

1. 图像合并

（1）打开"背景"图像，如图8-11-2所示，以名称"海神.psd"保存。单击"图层"面板中的"创建新的填充或调整图层"按钮 ◢ ，调出它的菜单，单击该菜单内的"曲线"命令，调出"曲线"对话框，其设置如图8-11-3所示，单击"确定"按钮，得到如图8-11-4所示的效果。

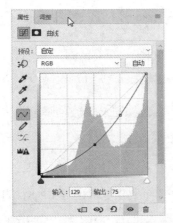

图8-11-3 "曲线"对话框设置

图8-11-4 调整后的图像

（2）打开"佳丽"图像，如图8-11-5所示。调出"通道"面板，复制通道"红"得到通道"红 副本"。按Ctrl+L 组合键，调出"色阶"对话框，其设置如图8-11-6所示，单击"确定"按钮。

图8-11-5 "佳丽"图像

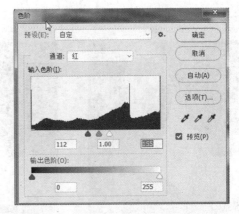

图8-11-6 "色阶"对话框设置

（3）按Ctrl+I 组合键，执行反相操作，得到如图8-11-7所示的效果。选中"图层"面板内的"背景"图层，使用工具箱中的"钢笔工具" ✎ ，在它的选项栏的"选择工具模式"下拉列表中选择"路径"选项，沿人物的身体边缘绘制如图8-11-8所示的路径。

图8-11-7 执行反相操作后的效果

图8-11-8 绘制路径

（4）切换至"通道"面板并单击"红 副本"图层缩览图，按Ctrl+Enter组合键，将当前路径转换为选区，按Ctrl+Shift+I组合键，使选区反选，选中人物以外的部分。

（5）设置前景色为黑色，使用"画笔工具" ，在其选项栏内设置画笔的大小，将选区以外的白色杂点涂抹为黑色，得到如图8-11-9所示的效果。

按Shift+Ctrl+I组合键，使选区反选，选中人物部分。设置前景色为白色，按Alt+Delete组合键，填充选区。按Ctrl+D组合键，取消选区，得到如图8-11-10所示的效果。

（6）按Ctrl键，单击"红 副本"图层的缩览图，载入其选区，单击"通道"面板内的"RGB"通道缩览图。切换至"图层"面板，按Ctrl+C组合键，将选区内的人物图像拷贝到剪贴板内，并关闭"佳丽"图像。

（7）选中"图层"面板内的"背景"图像，按Ctrl+V组合键，将剪贴板内的人物图像粘贴到"背景"图像内，在"图层"面板内新增名称为"图层1"的图层，使用"移动工具" ，将粘贴的人物图像置于如图8-11-11所示的位置。

图8-11-9 涂抹后的效果1

图8-11-10 填充选区后的效果

图8-11-11 调整后的效果1

2．修饰海浪和添加冲浪者

（1）选择工具箱内的"画笔工具" ，按F5键，调出"画笔"面板，按照图8-11-12进行设置。

（2）单击"图层"面板下方的"添加图层蒙版"按钮 ，为"图层2"添加蒙版。设置前景色为黑色，使用工具箱内的"画笔工具" 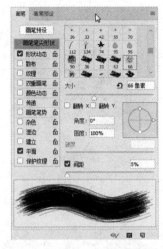，按照图8-11-12设置画笔。在人物的裙尾及手掌处不断地单击，将这部分图像隐藏，最后效果如图8-11-13所示，此时，图层蒙版中的图像如图8-11-14所示。

图8-11-12 "画笔"面板　　　　图8-11-13 最后效果　　　　图8-11-14 图层蒙版中的图像

注意：操作时应该一下一下地单击图像，而不能进行拖曳或涂抹，否则无法得到不规则的散点边缘。

（3）单击"图层1"的缩览图，载入选区，单击"图像"→"调整"→"匹配颜色"命令，调出"匹配颜色"对话框，其设置如图8-11-15所示，效果如图8-11-16所示。

图8-11-15 "匹配颜色"对话框设置　　　　图8-11-16 执行"匹配颜色"命令的效果

（4）单击"图像"→"调整"→"亮度/对比度"命令，调出"亮度/对比度"对话框，其设置如图8-11-17所示，得到如图8-11-18所示的效果。

（5）在"图层1"上方新建一个名称为"图层2"的图层，按Ctrl+Alt+G组合键，执行创建剪贴蒙版操作。设置前景色为黑色，使用工具箱中的"画笔工具" ，并设置适当的画笔大小，在人物的头发边缘处涂抹，直至得到如图8-11-19所示的效果。

（6）按Ctrl键，单击"图层1"的缩览图以载入其选区，再按Ctrl+Alt+Shift组合键，单击该图层的蒙版缩览图，得到二者相交后的选区，在"图层2"上方新建一个名称为"图层3"的图层，使用的颜色值为R=102、G=137、B=157，按Alt+Delete组合键，填充选区。

图8-11-17 "亮度/对比度"
对话框设置

图8-11-18 亮度/对比度效果

图8-11-19 涂抹效果1

（7）按Ctrl+D组合键，取消选区。单击"图层"→"创建剪贴蒙版"命令或按Ctrl+Alt+G键，创建一个剪贴蒙版，得到如图8-11-20所示的效果。设置"图层3"的混合模式为"线性光"，不透明度为60%，得到如图8-11-21所示的效果。

（8）单击"图层"面板的"添加图层蒙版"按钮 ▣ ，为"图层3"添加蒙版。使用工具箱中的"渐变工具" ■ ，单击选项栏内的"线性渐变"按钮 ■ ，在"渐变编辑器"对话框内，设置渐变色为"黑色到白色"，从蒙版的上方至下方拖曳填充线性渐变色。

（9）选择"图层3"的蒙版缩览图，设置前景色为黑色，使用"画笔工具" ✎ ，并设置适当的画笔大小，在人物手臂的对应位置进行涂抹，以隐藏该部分图像对手臂的着色，得到如图8-11-22所示的效果，此时的图层蒙版状态如图8-11-23所示。

图8-11-20 创建剪贴蒙版

图8-11-21 图层混合模式效果1

图8-11-22 涂抹效果2

（10）在"图层3"上方新建一个名称为"图层4"的图层，设置前景色的颜色值为R=125、G=150、B=160，使用工具箱中的"渐变工具" ■ ，设置其渐变类型为从前景色到透明，从图像的顶部至中间绘制渐变色，得到如图8-11-24所示的效果。

（11）按Ctrl+Alt+G组合键，创建一个剪贴蒙版。设置"图层4"的混合模式为"色相"，得到如图 8-11-25 所示的效果。

图8-11-23　图层蒙版状态　　　图8-11-24　绘制渐变效果　　　图8-11-25　图层混合模式效果2

（12）单击"图层"面板下方的"添加图层蒙版"按钮 ，为"图层4"添加蒙版，设置前景色为黑色，使用工具箱中的"画笔工具" ，在其选项栏中设置其不透明度为40%及适当的画笔大小，在人物的脸部进行涂抹，以隐藏部分着色，得到如图 8-11-26 所示的效果。

（13）打开一幅如图 8-11-27 所示的"冲浪者"图像。使用工具箱中的"移动工具" ，将图像拖曳到"背景"图像中，并调整好"冲浪者"图像的大小和位置，得到如图 8-11-28 所示的效果。

图8-11-26　涂抹后的效果2　　　图8-11-27　"冲浪者"图像　　　图8-11-28　调整后的效果2

（14）使用案例43中的方法将冲浪者和大海图像融为一体。最后图像的效果如图8-11-1所示。

参考文献

[1] 国家职业技能鉴定专家委员会计算机专业委员会. 计算机图形图像处理（Photoshop 平台）试题汇编（操作员级）[M]. 北京：北京希望电子出版社，1999.

[2] 周建国. Photoshop 7.0 中文版基础培训教程 [M]. 北京：人民邮电出版社，2003.

[3] Adobe 公司北京代表处. Adobe Photoshop 7.0 标准培训教材 [M]. 北京：人民邮电出版社，2002.

[4] 甘登岱，郭玲文，白冰，等. Photoshop CS 教程 [M]. 北京：电子工业出版社，2004.

[5] Adobe 专业人士资格认证教材编委会. Photoshop 7.0 专业资格认证试题汇编 [M]. 北京：科学出版社，2003.

[6] 沈大林，王爱赪，邱苏林，等. 全国计算机等级考试一级教程——计算机基础及 Photoshop 应用 [M]. 北京：中国铁道出版社，2015.

[7] 沈大林，张伦，王爱赪，等. 中文 Photoshop CS6 案例教程 [M]. 3 版. 北京：中国铁道出版社，2014.

[8] 关莹，王浩轩，沈大林，等. 中文 Photoshop CS6 案例教程 [M]. 北京：电子工业出版社，2015.